非饱和土水力特性
——从微观到宏观

陶高梁　肖衡林　著

中国建筑工业出版社

图书在版编目（CIP）数据

非饱和土水力特性 ：从微观到宏观 / 陶高梁, 肖衡林著. -- 北京 ：中国建筑工业出版社, 2024. 7.

ISBN 978-7-112-30177-5

Ⅰ. TU43

中国国家版本馆 CIP 数据核字第 2024L66S90 号

责任编辑：李静伟　杨　允

责任校对：赵　力

非饱和土水力特性——从微观到宏观

陶高梁　肖衡林　著

*

中国建筑工业出版社出版、发行（北京海淀三里河路 9 号）

各地新华书店、建筑书店经销

国排高科（北京）信息技术有限公司制版

建工社（河北）印刷有限公司印刷

*

开本：787 毫米×1092 毫米　1/16　印张：11　字数：273 千字

2024 年 11 月第一版　　2024 年 11 月第一次印刷

定价：**59.00** 元

ISBN 978-7-112-30177-5

（43137）

FOREWORD 前言

非饱和土的力学性质、水力特性往往难以准确刻画和预测，具有复杂性和多变性，本质主要受其微观结构的控制。岩土工程学科的先驱很早就指出了“在评价岩土工程性质时考虑其微观结构的必要性”，王思敬院士曾指出，“土体的微观研究极为必要且可能解决岩土工程领域迄今悬而未决的难题”。本书是笔者 15 年从事非饱和土微观水力特性研究的总结，目的是从微观角度出发，建立基于非饱和土微观特性的宏观水力特性系列理论模型，期待推动非饱和土理论进一步发展。

本书创新性地给出了准确刻画土体孔隙和颗粒尺度分布的两类分形模型，阐述了其适用范围以及和已有模型的关系，有效避免了分形理论在土体微观结构研究中的错用。提出了描述微观孔隙孔径分布的孔隙率新模型，实现了对土体孔隙尺度分布的准确刻画。

结合提出的分形模型，从微观特性出发建立了具有明确物理意义参数的单峰和双峰土-水特征曲线模型。基于此，结合压汞技术和核磁共振技术，提出了多种快速、准确预测土-水特征曲线的方法，首次建立了描述黏粒含量的土-水特征曲线新模型，阐述了黏粒含量对土-水特征曲线的影响机制。

建立了基于微观孔隙通道的饱和/非饱和土渗透系数新模型，相比于已有经典模型，该模型更加适合黏性土。以此模型为基础，本书首次提出了考虑微观孔隙通道起始水头的饱和土非线性渗流理论模型；给出了基于核磁共振技术的非饱和土渗透系数快速预测方法；利用分形理论首次建立了非饱和土渗透系数统一模型，将已有经典模型统一起来，给出了明确的适用范围。

发现了压缩变形条件下土-水特征曲线“扫帚形”分布规律，以此建立了变形条件下土-水特征曲线简便预测方法，进而成功实现了变形条件下饱和/非饱和渗透系数的精确预测。进一步，提出了变形条件下土-水特征曲线和饱和/非饱和渗透系数分形预测方法。最后，提出了一种全新的基于轴平移技术的非饱和土土-水特征曲线和渗透系数同步测量新方法。

本书主要特点是结合分形理论、毛细理论及渗流理论等，系统地建立非饱和土微观结构特性——宏观水力特性的定量关系模型，做到了从微观特性到宏观工程性质的应用，较好地解决了非饱和土水力特性难以准确预测的难题。模型推导过程逻辑清晰、简单易懂，模型预测精度较高、应用简便。本书具有较高的学术研究和工程应用价值，适合岩土工程研究生选用，也可供从事相关工作的科研人员和工程技术人员参考。本书出版得到了湖北工业大学河湖健康智慧感知与生态修复教育部重点实验室和武昌理工学院的资助，在此表示感谢!

CONTENTS 目 录

第 1 章

微观孔隙和颗粒分布特性的分形表征

岩土介质的微观、细观研究是 21 世纪岩土工程中的热门课题，定量化地把微观、细观结构与宏观特性准确联系起来是较新颖的研究方向。研究表明，土体的微观结构和土体的工程性状有紧密联系，在变形条件下，其微观结构会发生改变，进而影响土体宏观物理力学特性。本章从分形理论的角度出发，研究了岩土多孔介质的微观结构，并与土体的力学特性进行了联系。

1.1 分形理论概述

岩土多孔介质微观结构的研究对象是颗粒和孔隙，但是颗粒和孔隙的形状、大小各异，数量繁多，并且尺度上跨越多个数量级，用传统方法去描述难度较大。1967 年 Mandelbrot 在《科学》杂志上发表“英国的海岸线有多长”一文[1]，认为测量尺度不一样，海岸线长度也不相同，测量尺度越小，海岸线越长，随着测量尺度接近无穷小，海岸线便有无穷长，这些观点引起了很多科学家的兴趣，分形开始被很多人所了解。自此以后，分形理论不断发展，成为科学界一支生力军，在材料科学、生物学、土壤科学，甚至经济学等众多领域得到应用。大量研究表明，由形状与大小各异的颗粒和孔隙组成的岩土多孔介质具有分形特性[2-77]，用分形理论来描述岩土多孔介质颗粒和孔隙的分布特性成为一种有效手段。

实际上，在人们的日常生活当中，分形现象到处可见，天空中云朵的分布，树枝及树叶的生长规律，山峦、河流、岛屿、海岸线的分布等。分形理论的研究是具有自相似性的复杂线、面、体。它和经典几何的主要区别在于，经典几何中的维数是整数，而分形理论中的维数是分数。比如，一条直线，经典几何中维数为 1，但是如果这条线无限曲折，那么经典几何是无法描述其复杂程度的，这时只能采用分形理论，它所得的分维数是大于 1 的。具有分形特性的物质应具有以下几种特性：

（1）不规则性。它的整体和局部结构不能用简单的方法来描述。

（2）结构精细。在任意尺度下，结构都非常复杂。

（3）自相似性。即局部和整体存在相似性。

（4）具有大于拓扑维数的分维数。

（5）一般情况下，结构可以用迭代法生成。

自分形理论应用于岩土多孔介质以来，国内外学者提出了许多岩土多孔介质颗粒或孔隙的分形模型，虽取得了不少成果，但仍存在一些问题。目前岩土多孔介质的分形模型种类繁多，模型之间的联系与区别尚不清楚，有些模型看上去还相互矛盾，不同模型的适用范围有待查清，以避免错用。因此，有必要对岩土多孔介质分形模型进行深入研究，并提出比较统一的、有明确适用范围的岩土多孔介质分形模型，以利于分形理论在岩土工程中的广泛应用。

1.2 已有岩土介质分形模型

1.2.1 孔隙分形模型

Katz 和 Thompson[13]利用扫描电镜和光学显微镜来研究砂岩孔隙，结果表明砂岩孔隙表现出明显的分形现象。他们证明了砂岩的孔隙率可用下面的孔隙率模型来预测：

$$\phi = A(L_1/L_2)^{3-D} \tag{1.2-1}$$

式中，A——常数，在一定范围内可取 1；

L_1——测量尺度，当计算砂岩总孔隙率时，L_1可取砂岩晶体最小颗粒粒径；

L_2——计算孔隙率所考虑范围的尺度。

Yu 等[81]以 Sierpinski 地毯模型为基础，将上述分形模型改为：

$$\text{二维：}\phi = \left(\frac{\lambda_{\min}}{\lambda_{\max}}\right)^{2-D_{\mathrm{f}}} \tag{1.2-2}$$

$$\text{三维：}\phi = \left(\frac{\lambda_{\min}}{\lambda_{\max}}\right)^{3-D_{\mathrm{f}}} \tag{1.2-3}$$

式中，ϕ——孔隙率；

$\lambda_{\max}$、$\lambda_{\min}$——自我相似区域的上下限；

D_{f}——分维数。

实质上，当A取 1 时，式(1.2-1)与式(1.2-3)完全一致。

Friesen[23]、谢和平[72]等根据海绵体模型提出孔隙体积满足下述表达式：

$$-\frac{\mathrm{d}V_{\mathrm{p}}}{\mathrm{d}r} \propto r^{2-D_{\mathrm{b}}} \tag{1.2-4}$$

式中，V_{p}——孔径大于或等于r的孔隙体积；

D_{b}——分维数。

式(1.2-4)是以孔隙作为研究对象，表示随着小孔径孔隙不断被发现孔隙率不断增大的规律。

徐永福[27]建立了膨胀土微观孔隙分维模型，认为微观孔隙满足：

$$n(r) = br^{-D} \tag{1.2-5}$$

式中，$n(r)$——孔隙半径为r的孔隙数目；

b——常数；

D——孔隙分维数。

一些学者发现储层岩石的孔隙结构具有分形结构特征[63-67]，储层岩石中的孔隙半径大于r的孔隙数目$N(>r)$与孔隙半径r之间关系为：

$$N(>r) = \alpha r^{-D} \tag{1.2-6}$$

式中，α——常数；

D——孔隙分维数。

1.2.2　颗粒分形模型

1983 年，Mandelbrot 首先建立了二维空间的颗粒大小分形特征模型[75]：

$$A(r>R)=C_{\alpha}\left[1-\left(\frac{R}{\lambda_{\alpha}}\right)^{2-D}\right] \tag{1.2-7}$$

式中，$A(r>R)$——颗粒尺寸大于R的颗粒面积；

C_{α}、λ_{α}——描述颗粒形状和尺寸的常量；

R——颗粒尺寸；

D——分维数。

Tyler 在此基础上进行了推广，建立了三维空间的颗粒分形模型[4]：

$$V(r>R)=C_{\mathrm{v}}\left[1-\left(\frac{R}{\lambda_{\mathrm{v}}}\right)^{3-D}\right] \tag{1.2-8}$$

式中，Tyler 在原文中解释$V(r>R)$为颗粒尺寸大于或等于R的颗粒体积；C_{v}、λ_{v}也是描述颗粒形状和尺寸的常量。

在假设颗粒有相同颗粒密度的条件下，Tyler 对式(1.2-8)变换得[4]：

$$\frac{M(r<R)}{M_{\mathrm{T}}}=\left(\frac{R}{R_{\mathrm{L}}}\right)^{3-D} \tag{1.2-9}$$

式中，$M(r<R)$——颗粒尺寸小于R的颗粒质量；

M_{T}——颗粒总质量；

R——颗粒尺寸；

R_{L}——最大颗粒尺寸。

我国学者杨培岭用相似的方法得出了与式(1.2-9)相似的结论[7]。

王国梁等[79]对 Tyler 的假设“颗粒具有相同的密度”提出质疑，对式(1.2-8)进行变形，得出如下结论：

$$\frac{V(r<R)}{V_{\mathrm{T}}}=\left(\frac{R}{\lambda_{\mathrm{v}}}\right)^{3-D} \tag{1.2-10}$$

式中，$V(r<R)$——粒径小于R的颗粒体积；

V_{T}——颗粒的总体积；

λ_{v}——实质上为颗粒的最大粒径。

可以看出，式(1.2-9)、式(1.2-10)形式虽异，但实质相同，都是由式(1.2-8)导出。另外，1986 年 Turcotte 根据分形的概念，提出的颗粒数量-粒径的分形模型[5]可表示为：

$$N(r>R)\propto R^{-D} \tag{1.2-11}$$

式中，$N(r>R)$——粒径大于R的颗粒数量。需要说明的是对于$N(r>R)$，Tyler 认为应该是大于或等于R的颗粒数量。

1.3　两类岩土介质统一分形模型

上述模型中，孔隙分形模型主要包括孔隙体积分形模型和孔径分布分形模型；颗粒分形模型主要包括颗粒体积分形模型和粒径分布分形模型。这些模型由不同的学者提出，种类繁多，模型间联系与区别尚不清楚，使用时应查清模型适用范围，以免发生错用与乱用。

应特别指出的是，式(1.2-1)与式(1.2-4)表达的概念完全不一样，式(1.2-1)表达的是随着观测尺度的减小，孔隙体积不断减小，而式(1.2-4)表达的是随着孔径（可以理解为观测尺度）不断减小；孔隙总体积不断增大，那么式(1.2-1)与式(1.2-4)的适用条件就值得我们思考。

造成这种问题的根本原因是二者研究对象并不一样，式(1.2-1)是以颗粒为研究对象，随着小粒径颗粒不断被发现，孔隙率当然不断减小；而式(1.2-4)是以孔隙作为研究对象，随着小孔径孔隙不断被发现，孔隙率当然不断增大。

此外，岩土多孔介质是由岩土孔隙与岩土颗粒组成的整体，孔隙体积分形模型、颗粒体积分形模型及孔径或粒径分布分形模型间并不是相互独立的。因而，有待提出比较统一的、有明确适用范围的岩土多孔介质分形模型，以利于分形理论在岩土工程中进一步的应用。本章以著名的 Sierpinski 地毯和 Menger 海绵模型为基础，按岩土体颗粒和孔隙的不同填充方式，提出了两类岩土体分形模型，其中每类模型都是由孔隙体积分形模型、颗粒体积分形模型及孔径或粒径分布分形模型组成。

1.3.1 第一类岩土体分形模型

1. 孔隙分形模型

图 1.3-1 为 Sierpinski 地毯模型，其中黑色为岩土多孔介质颗粒，白色为孔隙。当分辨率较低时，只能发现最大粒径的颗粒，见图 1.3-1（a），其他面积则暂认为是孔隙。当分辨率增大时，小一级粒径的颗粒不断被发现，见图 1.3-1（b）、（c）、（d），实际孔隙面积不断减小。这就好像是粒径大小各异的岩土多孔介质颗粒不断填充一方格。用L表示观测尺度，可以是颗粒粒径；L_2是观测总范围，即图 1.3-1 中的总边长。

根据分形理论，与观测尺度L对应的孔隙个数$N(L)$可表示为[80]：

$$N(L) = C^* L^{-D} \tag{1.3-1}$$

式中，C^*——常数；

D——孔隙原状面积分布分维数，这与李向全[16]所定义的孔隙分布分维意义相同。

那么，$N(L)$个孔隙的总面积可表示为：

$$A(L) = C^* L^{2-D} \tag{1.3-2}$$

所以，$N(L)$个孔隙所对应的孔隙率ϕ可表示为：

$$\phi = \frac{A(L)}{L_2^2} = \frac{C^* L^{2-D}}{L_2^2} = C^* L_2^{-D} \left(\frac{L}{L_2}\right)^{2-D} \tag{1.3-3}$$

令$C = C^* L_2^{-D}$，则式(1.3-3)可变为：

$$\phi = C \left(\frac{L}{L_2}\right)^{2-D} \tag{1.3-4}$$

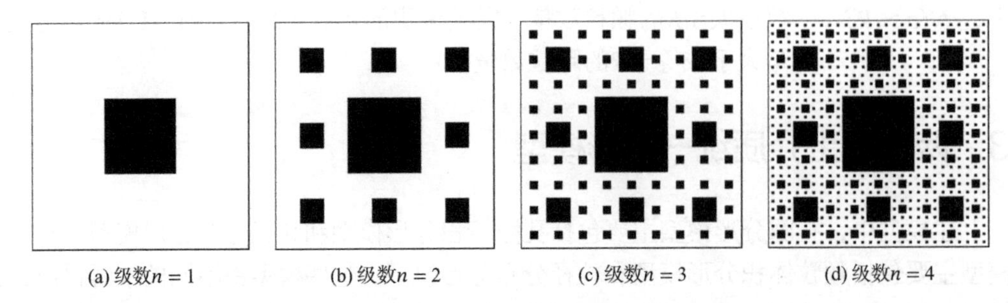

图 1.3-1 Sierpinski 地毯模型（一）

对图 1.3-1 进行分析，发现当$L = L_2$时，$\phi = 1$，式(1.3-4)中$C = 1$，所以式(1.3-4)可变为：

$$\phi = \left(\frac{L}{L_2}\right)^{2-D} \tag{1.3-5}$$

图 1.3-2 为 Menger 海绵模型，其构造方法与 Sierpinski 地毯模型相似。

(a) 级数n =1

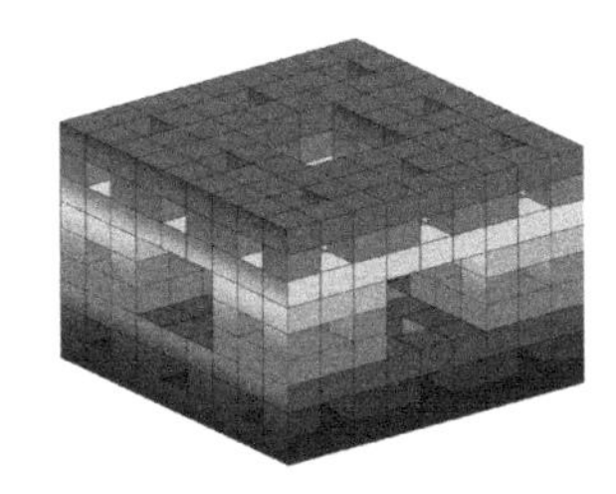

(b) 级数n =2

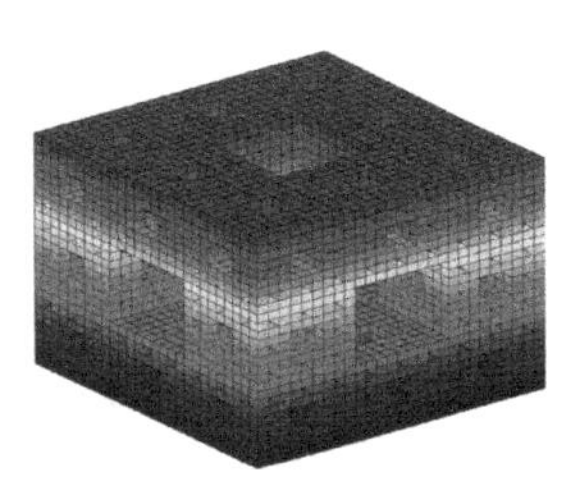

(c) 级数n =3

图 1.3-2　Menger 海绵模型

同理可得出：

$$\phi = C\left(\frac{L}{L_2}\right)^{3-D} \tag{1.3-6}$$

比较式(1.3-5)与 Katz 提出的式(1.2-1)，不难发现式(1.3-6)与式(1.2-1)完全一致，实际观测时，L可取颗粒尺度；计算总孔隙率时，L取最小颗粒尺度。

当$L = L_2$时，$\phi = 1$，式(1.3-4)中$C = 1$，所以式(1.3-6)可变为：

$$\phi = \left(\frac{L}{L_2}\right)^{3-D} \tag{1.3-7}$$

实质上，式(1.3-7)与 Yu 提出的式(1.2-3)完全一致，但这里明确指出D为孔隙原状面积分布分维数，L可取为颗粒尺度，L_2为观测范围尺寸。现在以式(1.3-7)作为第一类岩土多孔介质孔隙体积分形模型。

2. 颗粒体积分形模型

分析图 1.3-1 可知，当用L的观测尺度去观测时，只能发现粒径大于或等于L的颗粒，其面积应为总面积减去相应孔隙面积：

$$A(\geqslant L) = A_{\mathrm{a}}(1-\phi) \tag{1.3-8}$$

将式(1.3-5)代入式(1.3-8)可得：

$$A(\geqslant L) = A_{\mathrm{a}}\left[1-\left(\frac{L}{L_2}\right)^{2-D}\right] \tag{1.3-9}$$

式中，$A(\geqslant L)$——粒径大于或等于L的颗粒总面积；

A_{a}——观测范围的总面积；

D——孔隙原状面积分布分维数，与式(1.3-5)中的D一致。当观测尺度取颗粒粒径R时，式(1.3-9)与式(1.3-6)形式一致，不过式(1.3-9)中参数的物理意义更加明确。

在三维空间内，以 Menger 海绵模型为基础用相同的方法可得出与式(1.3-9)相似的结论：

$$V(\geqslant L) = V_{\mathrm{a}}\left[1-\left(\frac{L}{L_2}\right)^{3-D}\right] \tag{1.3-10}$$

当观测尺度取颗粒粒径R时，式(1.3-10)可变为：

$$V(\geqslant R)=V_{\mathrm{a}}\left[1-\left(\frac{R}{L_2}\right)^{3-D}\right] \tag{1.3-11}$$

式中，$V(\geqslant R)$——粒径大于或等于R的颗粒总体积；

V_{a}——考虑范围的总体积；

L_2——考虑范围的尺寸；

D——孔隙原状体积分布分维数。

式(1.3-11)与 Tyler 提出的式(1.2-8)形式完全一致，但是式(1.3-11)中参数的物理意义更加明确。我们以式(1.3-11)作为第一类岩土多孔介质颗粒体积分形模型。

3. 颗粒粒径分布分形模型

对式(1.3-11)两边同时微分可得：

$$\mathrm{d}V(\geqslant R)=\frac{-V_{\mathrm{a}}(3-D)}{L_2^{3-D}}R^{2-D}\,\mathrm{d}R \tag{1.3-12}$$

颗粒的增加数目$\mathrm{d}N(\geqslant R)$应该是体积增加量除以单个颗粒的体积，假设颗粒具有相同的体积形状因子K_{V}，则：

$$\mathrm{d}N(\geqslant R)=\frac{-V_{\mathrm{a}}(3-D)}{K_{\mathrm{V}}L_2^{3-D}R^3}R^{2-D}\,\mathrm{d}R=-C^*R^{-1-D}\,\mathrm{d}R \tag{1.3-13}$$

式中，$C^*=V_{\mathrm{a}}(3-a)/\left(K_{\mathrm{V}}L_2^{3-D}\right)$。

因此，粒径大于或等于R颗粒总数目$N(\geqslant R)$应由式(1.3-13)从最大颗粒粒径$R_{\max}$到粒径R的积分：

$$N(\geqslant R)=\int_{R_{\max}}^{R}-C^*R^{-1-D}\,\mathrm{d}R=\frac{C^*}{D}\left(R^{-D}-R_{\max}^{-D}\right) \tag{1.3-14}$$

如果$R_{\max}\gg R$，则可忽略$R_{\max}^{-D}$，式(1.3-14)变为：

$$N(\geqslant R)=CR^{-D} \tag{1.3-15}$$

式中，$C=C^*/D=V_{\mathrm{a}}(3-D)/\left(DK_{\mathrm{V}}L_2^{3-D}\right)$，$D$为颗粒数量-粒径分布分维数，但是式(1.3-15)又是由式(1.3-11)导来，而式(1.3-11)中的D为孔隙原状体积分布分维数，故在第一类岩土多孔介质分形模型中，在假设颗粒具有相同体积形状因子的情况下，孔隙原状体积分布分维值应等于颗粒数量-粒径分布分维值。

实质上，对于式(1.3-14)还可做如下简单变形：

$$N(\geqslant R)=\int_{R_{\max}}^{R}-C^*R^{-1-D}\,\mathrm{d}R=\int_{R}^{R_{\max}}C^*R^{-1-D}\mathrm{d}R \tag{1.3-16}$$

令

$$f(R)=C^*R^{-1-D} \tag{1.3-17}$$

则式(1.3-16)可变为：

$$N(\geqslant R)=\int_{R}^{R_{\max}}f(R)\mathrm{d}R \tag{1.3-18}$$

不难看出，$f(R)$实质为颗粒粒径分布密度函数。在这里必须指出，Katz[13]、徐永福[73]曾根据岩石结晶动力学的知识推导出：

$$n(R) \propto R^{-P/(P-1)} \tag{1.3-19}$$

式中，$n(R)$——相应于粒径R的颗粒数目；

P——常数。若令$D = P/(P-1)$，则式(1.3-19)与式(1.3-22)结论完全一致。

实质上对于粒径大于R的颗粒总数目$N(>R)$同样可看作颗粒粒径分布密度函数$f(R)$在区间$(R, R_{\max})$上的积分，那么忽略$R_{\max}^{-D}$后，很容易得到如下结论：

$$N(>R) = CR^{-D} \tag{1.3-20}$$

式(1.3-20)与式(1.3-15)结论完全一致，但这里明确指出$C = C^*/D = V_a(3-D)/\left(DK_V L_2^{3-D}\right)$。

对于第一类岩土多孔介质颗粒粒径分形模型有两种表达方式，即式(1.3-15)、式(1.3-20)。式(1.3-17)中的$f(R)$为颗粒粒径分布密度函数。

值得说明的是，在实际工程中$f(R)$很难测得，分析对象往往是一粒径范围内（某粒级）的颗粒数目。

假设两相邻粒级区间的平均粒径分别为R_1、R_2（$R_1 < R_2$），选择一实数k（$0 < k < 1$）使得：$kR_1 + kR_2 = R_2 - R_1$，即$R_2 = R_1(1+k)/(1-k)$。那么可认为前一粒级区间为$(R_1 - kR_1, R_1 + kR_1)$，后一粒级区间为$(R_2 - kR_2, R_2 + kR_2)$，很明显$R_1 + kR_1 = R_2 - kR_2$，即两区间连续。

如果按上述方法构造粒级区间，用每一粒级区间平均粒径R表示这一粒级区间，用$N(R)$代表这一粒级区间的颗粒总数目，则有：

$$N(R) = \int_{R-kR}^{R+kR} f(R)\,\mathrm{d}R = \int_{R-kR}^{R+kR} C^* R^{-1-D}\,\mathrm{d}R = -\frac{C^*}{D}\left[(1+k)^{-D} - (1-k)^{-D}\right]R^{-D} \tag{1.3-21}$$

令$C^{**} = -\frac{C^*}{D}\left[(1+k)^{-D} - (1-k)^{-D}\right]$，则式(1.3-21)可变为：

$$N(R) = C^{**}R^{-D} \tag{1.3-22}$$

式中，R——粒级区间平均粒径；

$N(R)$——粒级区间的颗粒总数目；

D——颗粒数量-粒径分布分维数。

理论上式(1.3-22)与式(1.3-15)、式(1.3-17)、式(1.3-20)中的D值相等。对于式(1.3-22)中的$N(R)$、式(1.3-20)中的$N(>R)$和式(1.3-15)中的$N(\geqslant R)$具有相同分维值这一观点，可以直接利用 Sierpinski 地毯模型来论证。

假设图 1.3-1 中 Sierpinski 地毯模型总边长为 1，则第n级颗粒粒径R为$(1/3)^n$（可以理解为第n级粒级区间平均粒径），表 1.3-1 说明了粒径R与相应的颗粒数目。

Sierpinski 地毯模型中粒径与颗粒数目　　表 1.3-1

颗粒数目	粒径R				
	1/3	1/9	1/27	…	$(1/3)^n$
$N(>R)$	0	1	9	…	$(8^{\upsilon-1}-1)/7$

续表

颗粒数目	粒径R				
	1/3	1/9	1/27	…	$(1/3)^n$
$N(\geqslant R)$	1	9	73	…	$(8^{v-1}-1)/7$
$N(R)$	1	8	64	…	8^{v-1}

取粒级级数n等于 1,2…21，以$\ln R$为横坐标，分别以$\ln N(>R)$、$\ln N(\geqslant R)$、$\ln N(R)$为纵坐标做散点图，再做直线拟合，求直线斜率，如图 1.3-3 所示。

从图 1.3-3 可以得知，散点图完全满足直线关系，说明 Sierpinski 地毯模型中颗粒粒径具有式(1.3-15)、式(1.3-20)、式(1.3-22)所表达的分形特征，从而证明了三式的正确性。其中，相对于颗粒粒径分形模型$N(R)$的分维数为 1.8928，相对于颗粒粒径分形模型$N(>R)$的分维数为 1.8947，相对于颗粒粒径分形模型$N(\geqslant R)$的分维数为 1.8946。经过演算，随着粒级级数n的增大，$N(>R)$与$N(\geqslant R)$的分维数无穷逼近$N(R)$的分维数 1.8928，这是因为式(1.3-15)、式(1.3-20)成立的条件是$R_{\max} \gg R$（这样才能忽略$R_{\max}^{-D}$）。

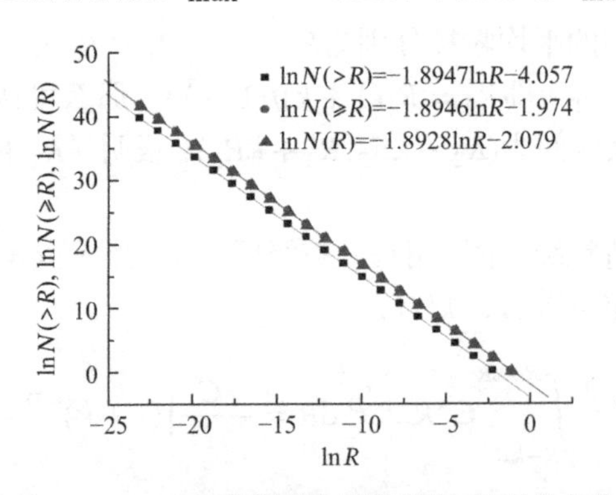

图 1.3-3 Sierpinski 地毯模型中颗粒数量-粒径分布分维数

特别指出，由分形几何的知识很容易得出图 1.3-1 中孔隙原状面积分布分维数为$\ln 8/\ln 3 = 1.8928$，由此可以证实前述观点：第一类岩土多孔介质分形模型中，在假设颗粒具有相同面积（体积）形状因子的情况下，孔隙原状面积（体积）分布分维数等于颗粒数量-粒径分布分维数。此外，两相邻粒级区间的平均粒径R_1、R_2满足$R_2 = R_1(1+k)/(1-k)$时式(1.3-22)才成立，但实际工程中这点很难满足，故对于第一类岩土多孔介质分形模型中的颗粒粒径分形模型，建议采用式(1.3-15)或式(1.3-20)，颗粒粒径分布密度函数采用式(1.3-17)。

4. 颗粒粒径分布密度函数的应用

用$V(>R)$表示粒径大于R的颗粒总体积（实质上也可以理解为粒径大于或等于R的颗粒总体积），$R_{\max}$表示颗粒最大粒径，假设颗粒具有相同的体积形状因子K_{V}，由式(1.3-17)中的颗粒粒径分布密度函数$f(R)$可以得出：

$$V(>R) = \int_R^{R_{\max}} f(R) K_{\mathrm{V}} R^3 \, \mathrm{d}R = \int_R^{R_{\max}} C^* R^{-1-D} K_{\mathrm{V}} R^3 \, \mathrm{d}R = \lambda \left[1 - \left(\frac{R}{R_{\max}}\right)^{3-D}\right] \tag{1.3-23}$$

式中，$\lambda = \frac{C^* K_{\mathrm{V}}}{3-D} R_{\max}^{3-D}$。

应该指出，式(1.3-23)与 Tyler 提出的式(1.2-8)完全一致。Tyler、杨培岭、李德成、王国梁等曾采用式(1.3-23)的变形形式对土壤颗粒进行了研究，得出了许多有价值的结论[4,7-8,79]。他们认为当颗粒最小粒径$R_{\min}$趋近于 0 时，$V(>R_{\min})=\lambda$，故将λ视为颗粒总体积。这种做法实质上没有考虑孔隙的存在，只考虑岩土多孔介质颗粒，并非岩土多孔介质原状结构模型。本书认为，对于岩土多孔介质原状结构模型应该使用式(1.3-11)。

1.3.2　第二类岩土体分形模型

图 1.3-4 同样为 Sierpinski 地毯模型，白色为孔隙，黑色为岩土实体（如颗粒）。当分辨率很低时，只能看到最大孔径的孔隙，见图 1.3-4（a），随着分辨率不断增大，更小孔径的孔隙不断被发现，见图 1.3-4（b）、（c）、（d）。采用第一类岩土多孔介质分形模型的相似推导方法，不难得出如下结论。

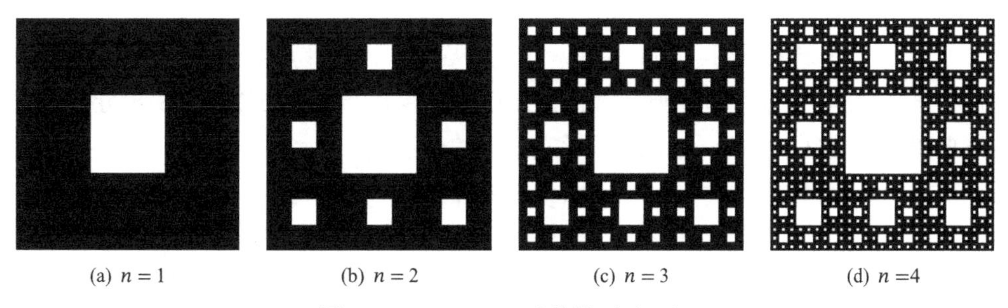

图 1.3-4　Sierpinski 地毯模型（二）

1. 岩土实体（颗粒）体积分形模型

利用分形理论的知识，通过对图 1.3-4 和相应的 Menger 海绵模型分析研究，采用与第一类岩土多孔介质分形模型相似的推导方法，不难得出第二类岩土多孔介质中岩土实体（颗粒）的体积，可用下式来表达：

$$V(r)=V_{\mathrm{a}}\left(\frac{r}{L_2}\right)^{3-D} \tag{1.3-24}$$

式中，$V(r)$——观测尺度为r时的岩土实体体积；

V_{a}——考虑范围内岩土多孔介质总体积（包括孔隙体积）；

L_2——考虑范围尺度；

r——观测尺度，一般情况下其大小可取为孔径值，故可以理解为孔径；

D——颗粒原状面积分布分维数。

2. 孔隙体积的分形模型

对于孔隙体积，应该用岩土多孔介质的总体积减去岩土实体（颗粒）体积，故孔隙体积可以表示为：

$$\text{二维空间：}A(\geqslant r)=A_{\mathrm{a}}\left[1-\left(\frac{r}{L_2}\right)^{2-D}\right] \tag{1.3-25}$$

$$\text{三维空间：}V(\geqslant r)=V_{\mathrm{a}}\left[1-\left(\frac{r}{L_2}\right)^{3-D}\right] \tag{1.3-26}$$

上两式中，$A(\geqslant r)$、$V(\geqslant r)$分别为孔径大于或等于r的孔隙总面积和体积；A_{a}、V_{a}为考

虑范围内岩土多孔介质总面积和体积；L_2为考虑范围的尺寸；D为颗粒原状面积（体积）分布分维数，式(1.3-26)与式(1.3-24)中D值相等。

对式(1.3-26)两边同时微分，可得：

$$\frac{\mathrm{d}V(\geqslant r)}{\mathrm{d}r}=-\frac{V_{\mathrm{a}}(3-D)}{L_2^{3-D}}r^{2-D} \tag{1.3-27}$$

不难看出，式(1.3-27)与 Friesen、谢和平提出的式(1.2-4)完全吻合。

3. 孔径分布分形模型

由式(1.3-26)不难得出与式(1.3-17)形式类似的孔径分布密度函数：

$$f(r)=cr^{-1-D} \tag{1.3-28}$$

式中，r——孔隙孔径；

c——常数；

D——分维数，在孔隙具有相同体积形状因子时，理论上与式(1.3-26)中D值相等。基于式(1.3-28)，采用与式(1.3-22)相似的推导方法，很容易得出与式(1.2-5)相同的结论。

在$r\sim r_{\max}$区间内（$r_{\max}$为孔隙最大孔径并且$r_{\max}\gg r$），通过对式(1.3-28)积分并忽略$r_{\max}^{-D}$后，不难得出与式(1.3-15)、式(1.3-20)形式相似的表达式：

$$N(\geqslant r)=cr^{-D} \tag{1.3-29}$$

$$N(>r)=cr^{-D} \tag{1.3-30}$$

上两式中，r为孔隙孔径；c为常数；$N(\geqslant r)$为孔径大于或等于r的孔隙数；$N(>r)$为孔径大于r的孔隙数；D为孔隙数量-孔径分布分维数，在孔隙具有相同体积形状因子时，理论上同样与式(1.3-26)中D值相等。应该特别指出在实际工程中，由于岩土多孔介质并非满足绝对分形特性，孔隙并不具有完全相同的体积形状因子，故式(1.3-26)与式(1.3-28)、式(1.3-29)、式(1.3-30)中的D值不一定相等。

很明显，式(1.3-30)与式(1.2-6)结论是一致的，但是式(1.3-30)中参数定义更加准确。

（1）第一类岩土多孔介质分形模型中：孔隙率可用式(1.3-7)表示，颗粒体积可用式(1.3-11)表示，颗粒粒径分布密度函数可用式(1.3-17)表示，颗粒粒径分布分形模型可采用式(1.3-15)或式(1.3-20)。在假设颗粒具有相同体积（面积）形状因子时，孔隙原状体积（面积）分布分维数等于颗粒数量-粒径分布分维数。

（2）在第二类岩土多孔介质分形模型中：孔隙体积可用式(1.3-26)表示，孔径分布密度函数可用式(1.3-28)表示，孔径分布分形模型可采用式(1.3-29)或式(1.3-30)，岩土实体（颗粒）体积可用式(1.3-24)表示。在假设孔隙具有相同体积（面积）形状因子时，孔隙数量-孔径分布分维数等于岩土颗粒原状体积（面积）分布分维数。

1.3.3 两类岩土介质统一分形模型验证

本节通过比较和分析国内外学者提出的分形模型，验证了本章提出的岩土体分形模型的统一性。

1. 第一类岩土体分形模型验证

Katz 对砂岩的试验结果[13]表明砂岩孔隙率可用式(1.3-7)表示，从而证明了砂岩的分形特性可用第一类岩土体分形模型来描述。

2. 第二类岩土体分形模型验证

为了进一步验证第二类岩土体分形模型的正确性，利用扫描电镜（SEM）来研究软黏土在各固结压力下的微观结构。

取汉宜铁路某路段的原状软黏土做试样，试样直径 61.8mm，高度 20mm。取固结压力 $p = 50$kPa、100kPa、200kPa、400kPa、800kPa 五级，在中压固结仪上进行固结试验[17]。选择固结前和各级固结压力下的土样分别制备 SEM 试样，各土样经低温干燥后切成直径 20mm，厚 3mm 的试样，再用锋利小刀将试样切成两半，暴露出新鲜表面供研究。

该方法的优点是能够获得土体截面穿过的所有微结构单元，避免因固体颗粒剥离而在截面上形成伪孔隙，导致孔隙结构失真。然后，采用 JSM-5610LV 型扫描电镜分析试样固结前和在各固结压力下的微观变化情况。

在固结前和每级固结压力的土样中各选择一幅代表性强的 SEM 图像作为分析对象，为使分析结果具有可比性，每次分析区域都定为（127.8μm × 95.8μm）。固结前和高固结压力（800kPa）的 SEM 图像，如图 1.3-5 所示。

(a) 固结前

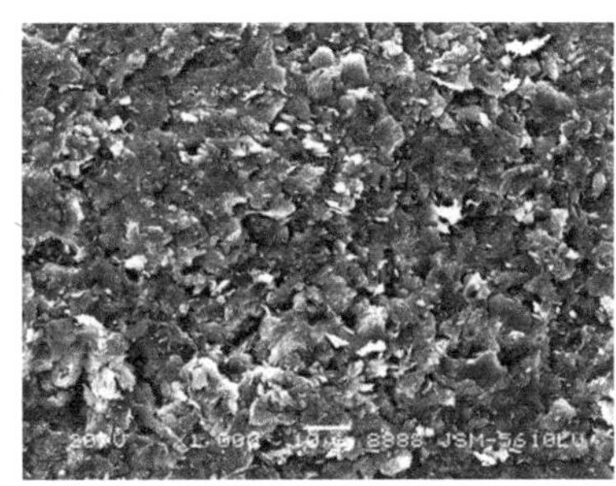

(b) 高固结压力（800kPa）

图 1.3-5　软黏土固结前后的 SEM 图像

利用 IPP 专业图像分析软件实现 SEM 图像采集、图像处理等操作，并对图像中孔隙的大小、面积和数量进行测量和统计。

将固结前和不同压力下的土样按测量的孔径范围划分成$n = 11$～13 个孔径级别，r为每孔径级别对应的平均孔径。固结前和高固结压力（800kPa）下孔隙的孔径、数量、面积测量结果见表 1.3-2。

孔径、数量、面积测量结果　　表 1.3-2

固结压力（kPa）	孔隙性质	孔隙级别												
		1	2	3	4	5	6	7	8	9	10	11	12	13
0	孔隙数量（个）	313	34	6	3	3	3	3	2	2	1	1	—	—
	孔径（μm）	1.44	3.97	6.01	8.61	11.32	14.02	15.88	20.86	23.18	30.76	38.44	—	—
	面积（μm^2）	1.69	11.64	25.35	42.65	76.91	108.8	170.5	277.8	326.6	617.2	577.9	—	—
800	孔隙数量（个）	374	141	65	29	11	7	6	2	3	2	2	1	1
	孔径（μm）	1.09	1.9	2.831	3.754	4.761	5.472	6.39	7.306	8.275	9.438	10.32	10.83	15.28

续表

固结压力（kPa）	孔隙性质	孔隙级别												
		1	2	3	4	5	6	7	8	9	10	11	12	13
800	面积（μm^2）	0.83	2.46	5.65	9.03	14.29	18.24	23.19	18.58	39.6	54.36	55.48	35.48	122.0

（1）孔隙体积分形模型的验证

通过对上述软黏土孔隙分布规律进行研究，初步判断软黏土应该属于第二类岩土体。因为是在二维空间内研究孔隙特性，故应该采用式(1.3-25)来表达孔隙面积。对式(1.3-25)进行简单变形可得：

$$\left[1-\frac{A(\geqslant r)}{A_a}\right]=\left(\frac{r}{L_2}\right)^{2-D} \tag{1.3-31}$$

以$\ln\left[1-\frac{A(\geqslant r)}{A_a}\right]$、$\ln\left(\frac{r}{L_2}\right)$为纵、横坐标，将各级固结压力下的孔隙的大小、面积和数量的测量结果（表 1.3-2 中的数据）绘成散点图。

通过计算，各级固结压力下的图形绘制结果见图 1.3-6。分析图 1.3-6 可知拟合直线的相关系数在 0.94～0.99 之间，可见散点图较好地满足直线关系，由此可以证明第二类岩土体分形模型可用来模拟软黏土的分形特点。不难看出，随着固结压力不断增大，岩土实体（颗粒）分布分维值D越来越大，这是因为在固结压力作用下，相同面积中的实体（颗粒）面积越来越大的缘故。

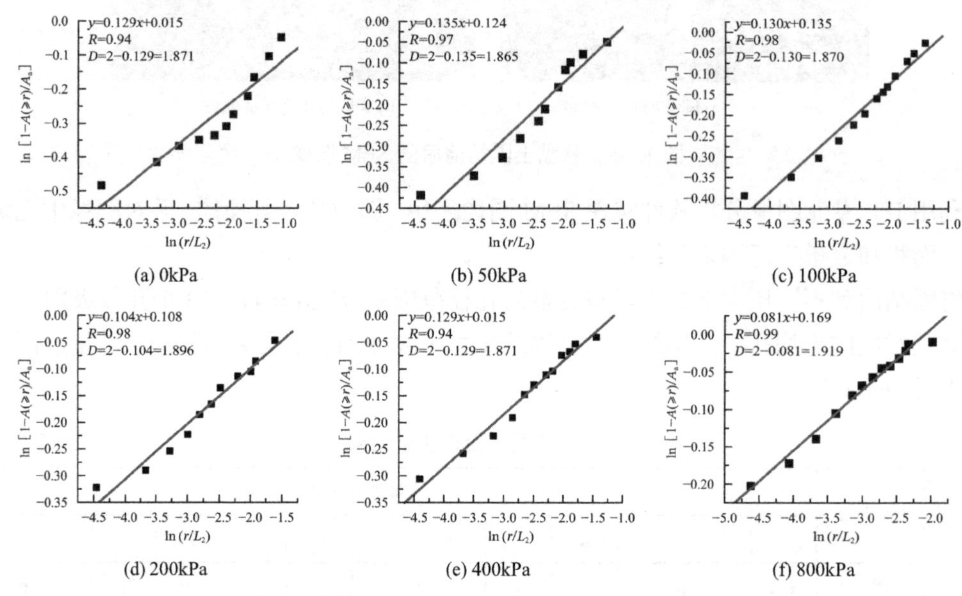

图 1.3-6　不同固结压力下软黏土实体（颗粒）分布分维数

（2）孔径分布分形模型的验证

第二类岩土体分形模型中的孔径分布分形模型可用式(1.3-29)或式(1.3-30)表示，如果两相邻孔径区间平均孔径r_1、r_2近似满足$r_2=(1+k)r_1/(1-k)$时，可用与式(1.3-22)形式相似的表达式来表示。本书对三种情况进行了验算，发现上述黏土孔径分布很好地满足上述三种表达式。且三种情况中的孔径分布分维值近似相等，这就证明前文论述的观点：第二类岩土体分形模型中孔径分形模型可用式(1.3-29)、式(1.3-30)来表达，且两式中分维数相等。

以$\ln N(\geqslant r)$、$\ln r$为纵、横坐标，将各级固结压力下的孔径分布数据（表 1.3-2）绘成散点图，如果这些点满足直线关系，且假设斜率为k，则孔径分布分维值$D=-k$，那么就说明软黏土孔径分布分形模型可以用式(1.3-29)来表示。通过计算，各级固结压力下孔径的分布分维数图绘制结果见图 1.3-7。分析图 1.3-7 可知拟合直线的相关系数在 0.98～0.99 之间，可见散点图较好地满足直线关系，由此可以证明软黏土孔径分形模型可以用式(1.3-29)来表示，进一步证明了第二类岩土体分形模型的可靠性。不难看出，随着固结压力不断增大，孔径的分布分维数越来越大，这是因为在固结压力的作用下，相同面积中的小孔径孔隙越来越多的缘故。

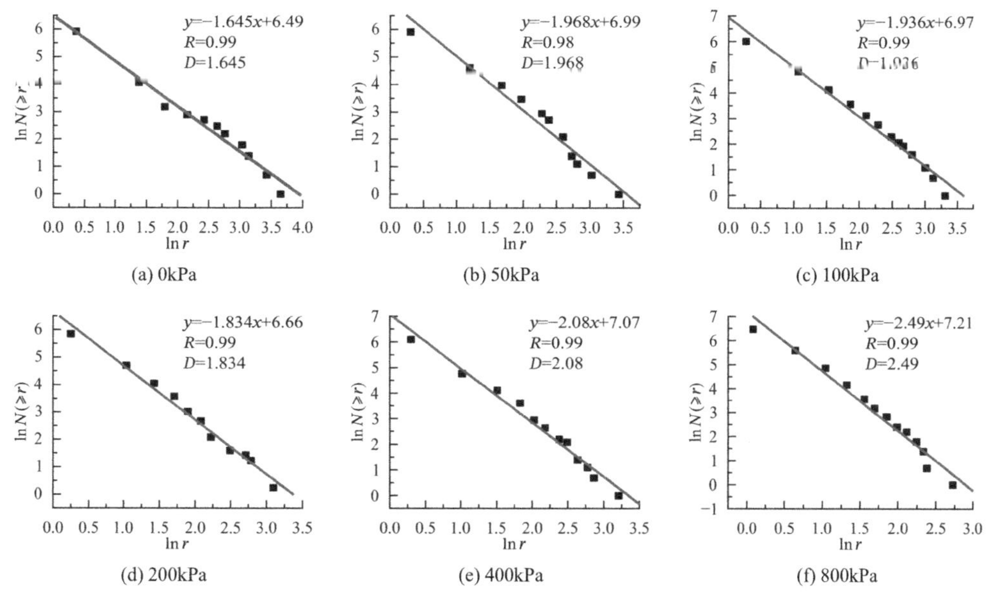

图 1.3-7　不同固结压力下软黏土的孔径分布分维数

值得说明的是，在二维空间内孔径的分布分维数理论上应该小于 2，但对于 400kPa、800kPa 固结压力下实测分维数均超过了 2。分析式(1.3-29)后，不难找到误差产生的原因。式(1.3-29)成立的条件是$r_{\max} \gg r$，因为只有这样才能忽略$r_{\max}^{-D}$。对于图 1.3-7 中横坐标靠近$\ln r_{\max}$的点，由于其孔径r接近$r_{\max}$，故不能忽略$r_{\max}^{-D}$，所以这些点的实测纵坐标比用式(1.3-29)预测的纵坐标要小（图 1.3-7 中，100kPa 的散点图尤为明显）。所以要准确测定孔径的分布分维数，实际上最好舍去与最大孔径$r_{\max}$相近的数据，本书在只选取从最小孔径算起 5 个数据点的基础上，重新计算孔径的分布分维数，计算得出的孔径分布分维数都小于 2，由于篇幅限制，不再赘述。

1.4　基于孔隙率模型的孔隙分布分形表征

岩土介质的微观、细观特性决定了其宏观性质，定量化地把微观、细观结构与宏观特性准确联系起来，可能会为解释岩土工程中的复杂现象，解决工程中的难题提供新的思路。前文已述岩土介质微观、细观颗粒及孔隙虽然形状和大小各异，却能表现出分形特性。目前为止，分形理论在研究岩土体的孔隙率[13,81-83]、持水曲线[53,55-56,84,89]、渗透性[39,46,84]、结构性强度[25,46]等方面取得了初步成效。这些成果大多是建立在模拟岩土体孔隙孔径分布的假想模型基础之上（如 Sierpinsi 地毯模型和 Menger 海绵模型[81,83]，PSF 模型[55]，Rieu 假想的团聚体模型[84]等），实质上这些模型与实际情况不完全一致。很明显，模型所表示的孔隙孔径分布特性与岩土体孔隙实际情况越接近，则建立在此基础之上的研究成果将会越理想。累计孔隙率模型可以直观地反映孔隙孔径分布情况以及孔隙与岩土实体的比例关系，并且它可以直接通过试验来检验与修正，因此累计孔隙率模型可能成为一种更简洁适用的研究基础性模型。

本节首先对已有孔隙率模型进行分析与研究，然后提出了三种表征孔隙孔径分布的孔隙率模型。最后，本节论证了所提出的孔隙率模型基于微观孔隙结构的土体固结变形计算、非饱和土的水分特征曲线模型、土体黏聚力及体积密度与土样尺寸关系等方面的应用，阐明了所提出的孔隙率模型所具备的学术和工程价值。

1.4.1 已有孔隙率模型

目前，Katz 等[13,81-86]已给出了几种岩土体孔隙率表达式。Katz 和 Thompson 使用扫描电子显微镜和光学显微镜证明砂岩的孔隙率ϕ可以表示为[13]：

$$\phi = A(L_1/L_2)^{3-D} \tag{1.4-1}$$

式中，A——常数，在一定范围内取 1；

L_1——测量尺度，计算砂岩总孔隙率时，取砂岩晶体最小颗粒粒径；

L_2——计算孔隙率所考虑岩土体的范围；

D——孔隙分布分维数。

由于这种表达式没有理论依据，早有学者提出质疑[87-88]。Yu 等[81,83]采用不同的方法得到了与式(1.4-1)一致的结论，为式(1.4-1)提供了理论依据，这种相似的表达式为：

$$二维：\phi = (L/L_2)^{2-D} \tag{1.4-2}$$

$$三维：\phi = (L/L_2)^{3-D} \tag{1.4-3}$$

式中，L——同样是测量尺度，可直接取为颗粒尺度。

式(1.4-1)～式(1.4-3)实质上是以颗粒为研究对象、孔隙为研究背景推导出来的（见文献[83]中的图 1），它反映的是随着观测尺度的减小，更小尺度的颗粒不断被发现，因此观测的孔隙率不断减小。这是因为当观测尺度较大时，将一些未被观测到的颗粒看成孔隙的一部分。很明显，观测尺度越大，式(1.4-1)～式(1.4-3)计算的孔隙率与实际误差越大，只有当观测尺度取最小颗粒粒径时，计算的总孔隙率才与实际情况一致，也就是说式(1.4-1)～式(1.4-3)并不能反映岩土体真实的孔隙孔径分布情况。

Rieu 和 Sposito 以假想的团聚体模型为基础，推导出的孔隙率表达式为[82]：

$$\phi = 1 - (d_m/\ d_o)^{3-D} \tag{1.4-4}$$

式中，d_m和d_o——分别是团聚体的最小和最大尺寸；

D——多孔介质的分维数。

分维数接近 3 时，式(1.4-4)所表示的孔隙率趋近于 0，Yu 对式(1.4-4)提出了质疑[89]，认为实际情况应该是孔隙率趋近于 1，因为孔隙分布分维数［Yu 对式(1.4-4)中D的理解］等于 3 时表明研究区域全部被孔隙所占据，而 Sposito 并没有给出简洁又使人信服的回答[90]。分析该模型的推导过程，可知式(1.4-4)中D实质为颗粒分布分维数（其定义与文献[83]中的一致），当颗粒分布分维数趋近于 3 时表明分析区域全部被颗粒实体填充，孔隙率趋近于 0 便是合理的现象。Rieu 和 Sposito 给出的数据表明随着团聚体尺寸的减小团聚体体积密度越来越大[82]，从侧面证明了式(1.4-4)具有一定的合理性，但是目前还没见到证明式(1.4-4)合理性的直接证据。另外，式(1.4-4)反映的是孔隙率与团聚体尺度的关系，并不是我们想要得到的反映孔隙孔径分布的累计孔隙率模型。最重要的是，Rieu 和 Sposito 认为式(1.4-4)中D值是通过计算团聚体体积密度、数量与团聚体尺寸之间的对数关系求得[82]，实质上这种方法求得的分维数已经不能准确反映原状土体孔隙分布特性，因为只有在获得准确孔隙孔径分布实测数据和岩土体总面积（体积）基础之上，才能求得反映原状土体孔隙分布特性的颗粒分布分维数。

1.4.2　三种孔隙率新模型

前文推导的一种表示孔隙面积分布的分形模型如下：

$$A(\geqslant r) = A_a\left[1 - \left(\frac{r}{L_2}\right)^{2-D}\right] \tag{1.4-5}$$

根据式(1.4-5)很容易得到孔径大于r的孔隙率：

$$\phi(> r) = 1 - (r/L)^{2-D} \tag{1.4-6a}$$

三维空间内，用相似的方法得到：

$$\phi(> r) = 1 - (r/L)^{3-D} \tag{1.4-6b}$$

当式(1.4-6)中的孔径r取为最大孔径r_{max}时，则有：

$$\phi(> r_{max}) = 1 - (r_{max}/L)^{2-D} \tag{1.4-7}$$

式(1.4-6a)中认为孔隙最大孔径可以接近L，此时孔径大于L的孔隙率$\phi(> L) = 0$，而实际上最大孔径r_{max}要小于岩土体观测总尺度L，所以利用式(1.4-6a)计算的孔径大于r的孔隙率应该准确限定在$r \sim r_{max}$孔径区间内，即用式(1.4-6a)减去式(1.4-7)得：

$$\phi(> r) = (r_{max}/L)^{2-D} - (r/L)^{2-D} \tag{1.4-8a}$$

三维空间内，用相似的方法得到：

$$\phi(> r) = (r_{max}/L)^{3-D} - (r/L)^{3-D} \tag{1.4-8b}$$

另外，前文已给出了一种孔隙孔径分布密度函数：

$$f(r) = cr^{-1-D} \tag{1.4-9}$$

利用式(1.4-9)很容易得到$r \sim r_{max}$孔径区间内孔隙总面积$A(> r)$：

$$A(> r) = \int_r^{r_{max}} f(r) k_v r^2\,\mathrm{d}r = \lambda\left[1 - (r/r_{max})^{2-D}\right] \tag{1.4-10}$$

式中，$\lambda = ck_v r_{max}^{2-D}/(2 - D)$为常数，其中$k_v$为孔隙面积形状因子（二维）。Sierpinski 地毯模型中，当孔隙孔径趋近于 0 时，地毯全被孔隙覆盖，按照如此相似的概念，假设实际最小孔径r_{min}能取为 0，则由式(1.4-10)可得$A(> 0) = \lambda = A_T$，A_T为岩土体总面积。那么，利用式(1.4-10)，孔径大于r的孔隙率可表示为：

$$\phi(> r) = 1 - (r/r_{max})^{2-D} \tag{1.4-11a}$$

三维空间内，用相似的方法得到：

$$\phi(> r) = 1 - (r/r_{max})^{3-D} \tag{1.4-11b}$$

式(1.4-11b)与式(1.4-4)形式相似，但式(1.4-11b)反映的是累计孔隙率与孔径的关系，而式(1.4-4)反映的是总孔隙率与团聚体尺寸之间的关系，可见仅前者属于我们想要得到的表征孔隙孔径分布的孔隙率模型。更重要的是二者分维数定义不一样，我们明确规定式(1.4-11b)中颗粒分布分维数D应按前文所建立的方法求得。如二维平面内，以$\ln[1-(A(\geqslant r)/A_a)]$、$\ln(r/L)$为纵、横坐标求直线斜率$k$，然后再求得颗粒分布分维数$D=2-k$，这种方法是建立在准确孔隙分布实测数据$A(\geqslant r)$与岩土体总面积$A_a$的基础之上，获得的分维数最能反映孔隙的分布特性。

总之，有式(1.4-6)、式(1.4-8)、式(1.4-11)三种表征孔隙孔径分布的孔隙率模型，计算总孔隙率时取最小孔径即可。

1.4.3 新模型的验证

1. 基于理想分形模型的验证

图 1.3-4 为 Sierpinski 地毯模型，白色代表已经辨别的孔隙，黑色代表未被辨别的孔隙与岩土颗粒的共存体，随着观测尺度的减小，更小孔径的孔隙不断被发现。图 1.3-2 为 Menger 海绵模型，其构造方法与 Sierpinski 地毯模型相似。假设分析区域总边长为 1，则最大孔径为 1/3，相对于级数为n的最小孔径是$(1/3)n$，可计算得 Sierpinski 地毯模型和 Menger 海绵模型中累计孔隙率分别为$\phi(>r)=1-(8/9)^n$、$\phi(>r)=1-(26/27)^n$。

根据分形的基本知识，上述地毯模型中颗粒分布分维数为$\ln 8/\ln 3=1.8928$，海绵模型中颗粒分布分维数为$\ln 20/\ln 3=2.7268$，取$L=1$、$r_{\max}=1/3$，分别用式(1.4-6)、式(1.4-8)、式(1.4-11)预测了相应的累计孔隙率，并与地毯模型和海绵模型中的实际累计孔隙率进行比较，见图 1.4-1。

从图 1.4-1（a）可以看出式(1.4-6a)的预测值与 Sierpinski 地毯型中的实际累计孔隙率完全一致，式(1.4-11a)与实际情况存在一定的误差，但随着孔隙孔径的减小，累计孔隙率无限接近实际情况，式(1.4-8a)的预测值误差较大。另外，式(1.4-11a)的预测值总是介于式(1.4-6a)和式(1.4-11a)预测值的中间，其中式(1.4-6a)预测值最大而式(1.4-8a)预测值最小。对于 Menger 海绵模型，从图 1.4-1（b）可知上述结论同样适用于式(1.4-6b)、式(1.4-8b)、式(1.4-11b)。

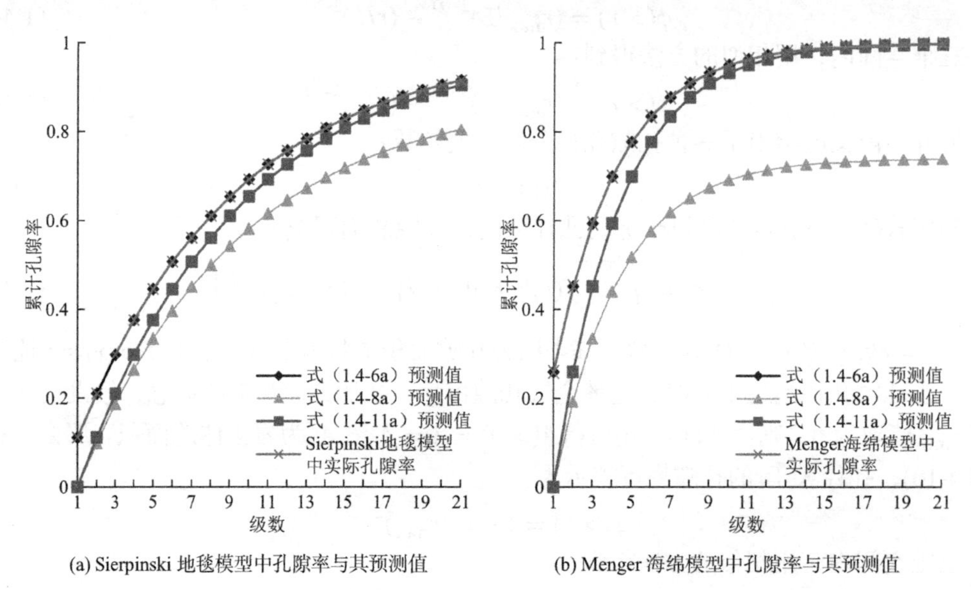

(a) Sierpinski 地毯模型中孔隙率与其预测值　　(b) Menger 海绵模型中孔隙率与其预测值

图 1.4-1　Sierpinski 地毯模型和 Menger 海绵模型中的孔隙率与其预测值

注：累计孔隙率为孔径区间$(1/3)^n$～1/3的总孔隙率。

2. 二维平面内的试验验证

Sierpinski 地毯模型与 Menger 海绵模型毕竟是理想的分形孔隙模型，实际岩土体的情况还必须通过试验来验证。利用扫描电子显微镜（SEM）来研究软黏土在各固结压力下的微观结构[83,91]。取汉宜铁路某路段的原状软黏土做试样，试样直径 61.8mm，高度 20mm，取固结压力$p = 50$kPa、100kPa、200kPa、400kPa、800kPa 五级，在中压固结仪上进行固结试验并记录压缩量随时间的变化情况。选择固结前和各级固结压力下的土样分别制备 SEM 试样，采用 JSM-5610LV 型扫描电子显微镜分析试样固结前和在各固结压力下的微观变化情况。在固结前和每级固结压力的土样中各选择一幅代表性强的 SEM 图像作为分析对象，为使分析结果具有可比性，所选图像的放大倍数为 1000 倍，图像分辨率（0.095μm pixel-1）、分析区域（127.8μm × 95.8μm）完全相同。利用 IPP 专业图像分析软件实现 SEM 图像采集、图像处理等操作，并对图像中孔隙的大小、面积和数量进行测量和统计。将固结前和不同压力下的土样按测量的孔径范围划分成$n = 11 \sim 13$ 个孔径级别，r为每孔径级别对应的平均孔径。孔隙的孔径、数量、面积测量结果见表 1.4-1。

孔径、数量、面积测量结果　　表 1.4-1

固结压力（kPa）	孔隙性质	孔隙级别												
		1	2	3	4	5	6	7	8	9	10	11	12	13
0	孔隙数量（个）	313	34	6	3	3	3	3	2	2	1	1		
	孔径（m）	1.439	3.965	6.013	8.607	11.318	14.019	15.878	20.861	23.177	30.758	38.436		
	面积（m²）	1.69	11.64	25.35	42.65	76.91	108.76	170.53	277.8	326.58	617.16	577.9		
50	孔隙数量（个）	267	48	21	13	4	7	4	1	1	1	1		
	孔径（m）	1.355	3.306	5.332	7.179	9.778	10.864	13.477	15.347	16.640	20.626	31.004		
	面积（m²）	1.46	7.99	19.51	31.07	71.78	75.95	110.80	196.88	215.88	335.84	570.80		
100	孔隙数量（个）	291	65	27	13	7	6	2	1	2	2	1	1	1
	孔径（m）	1.312	2.900	4.612	6.450	8.238	9.885	12.073	13.443	14.434	16.477	20.161	22.719	27.296
	面积（m²）	1.29	6.39	14.22	28.37	38.38	61.44	84.88	131.88	138.26	199.96	216.40	296.12	313.48
200	孔隙数量（个）	237	57	24	18	7	8	4	1	1	3	2		
	孔径（m）	1.282	2.830	4.166	5.538	6.682	8.012	9.234	12.124	15.092	16.233	22.133		
	面积（m²）	1.23	5.87	12.57	20.78	28.65	40.27	57.80	96.20	218.32	147.93	278.70		
400	孔隙数量（个）	326	56	24	18	5	5	1	4	1	1	1	1	
	孔径（m）	1.349	2.811	4.634	6.408	7.824	9.150	11.222	12.558	14.569	16.741	18.351	26.016	
	面积（m²）	1.40	6.07	14.83	26.17	39.98	43.02	79.52	88.04	77.24	176.52	155.92	330.00	
800	孔隙数量（个）	374	141	65	29	11	7	6	2	3	2	2	1	1
	孔径（m）	1.088	1.9	2.831	3.754	4.761	5.472	6.39	7.306	8.275	9.438	10.323	10.832	15.28
	面积（m²）	0.83	2.46	5.65	9.03	14.29	18.24	23.19	18.58	39.6	54.36	55.48	35.48	121.96

按前文所述方法，以$\ln\left[1-(A(\geqslant r)/A_a)\right]$、$\ln(r/L)$为纵、横坐标求直线斜率$k$，然后再求

得颗粒分布分维数$D = 2 - k$。L取为$\sqrt{127.8 \times 95.8} = 110.6\mu m$，利用式(1.4-6a)、式(1.4-8a)、式(1.4-11a)计算的总孔隙率与实测总孔隙率见表 1.4-2。由表 1.4-2 可知，式(1.4-11a)预测值与实测总孔隙率最为接近，相对于 0～800kPa 误差分别为 3.7%、0.5%、0.1%、1.9%、0.3%、1.0%。式(1.4-6a)预测值比实测值都要偏大，误差在 10%左右。式(1.4-8a)预测的结果比实测值都要偏小，其误差比式(1.4-6a)的小，但比式(1.4-11a)的大。对于这些结论，用文献[92]中的实测数据得到了进一步验证。文献[92]中采用增大分辨率并测定分散系统背景消失速率的方法来获得质量分维数D_m实质为本节中的颗粒分布分维数，而分析区域与本节一致，故L取值与本节的一致，利用式(1.4-6a)、式(1.4-8a)、式(1.4-11a)计算的总孔隙率与实测总孔隙率见表 1.4-3。表 1.4-3 同样说明式(1.4-11a)预测值与实测值最为接近（除 SL-3 和 CL-1 外），式(1.4-8a)预测值的误差也比较小，而式(1.4-6a)预测值误差相对最大。

各级固结压力下软黏土总孔隙率实测值与孔隙率模型预测　　表 1.4-2

固结压力（kPa）	颗粒分布分维数	最小孔径（μm）	最大孔径（μm）	总孔隙率实测值（%）	式(1.4-6a)预测值（%）	式(1.4-8a)预测值（%）	式(1.4-11a)预测值（%）
0	1.871	1.439	38.436	38.2	42.9	30.1	34.5
50	1.865	1.355	31.004	34.0	44.9	29.0	34.5
100	1.870	1.312	27.296	32.5	43.8	27.2	32.6
200	1.896	1.282	22.133	27.5	37.1	21.7	25.6
400	1.896	1.349	26.016	26.2	36.8	22.8	26.5
800	1.919	1.088	15.28	18.3	31.2	16.4	19.3

文献[92]中土体总孔隙率实测值与本节孔隙率模型预测值　　表 1.4-3

土样编号	颗粒分布分维数	最小孔径（μm）	最大孔径（μm）	总孔隙率实测值（%）	式(1.4-6a)预测值（%）	式(1.4-8a)预测值（%）	式(1.4-11a)预测值（%）
SL-1	1.941	1.3	21.6	16.6	23.1	13.9	15.3
SL-2	1.906	1.3	25.9	26.9	34.1	21.4	24.5
SL-3	1.915	1.4	33.3	20.1	31.0	21.3	23.6
SL-4	1.981	1.2	15.1	6	8.2	4.5	4.7
SL-5	1.952	1.1	16.6	14	19.9	11.2	12.2
CL-1	1.959	0.9	10.4	8.7	17.9	8.7	9.5
CL-2	1.951	1.1	16.4	12.7	20.2	11.3	12.4
CL-3	1.967	0.8	10	7.7	15.0	7.4	8.0

上述结论都是针对总孔隙率而言的，为了验证上述 3 种孔隙率模型是否能表征孔隙孔径分布情况，将上述软黏土固结试验的微观测量数据与上述模型的累计孔隙率预测值进行比较，见图 1.4-2。图 1.4-2 表明式(1.4-11a)对大于某孔径的累计孔隙率预测值与实测值最为接近（0kPa 除外），而且随着固结压力的增大式(1.4-11a)越来越接近实际情况，这可能是因为随着固结压力的增大，颗粒分布分维数越大，计算分维数时的相关系数也越大的缘故。式(1.4-8a)预测值总是比式(1.4-11a)预测值和实测值都要偏小，但与式(1.4-11a)预测值非常接近。式(1.4-6a)的预测值比式(1.4-11a)预测值和实测值都要偏大，而且随着固结压力、孔

径的增大这种趋势越来越明显。总之，对于真实土体，式(1.4-11a)对总孔隙率的预测最为准确，对大于某孔径的累计孔隙率的预测与实际情况最为接近，是目前表征孔隙孔径分布的最为理想的孔隙率模型。式(1.4-8a)的预测值比式(1.4-11a)的略微偏小，式(1.4-6a)预测值最大，与实际情况的误差也最大。

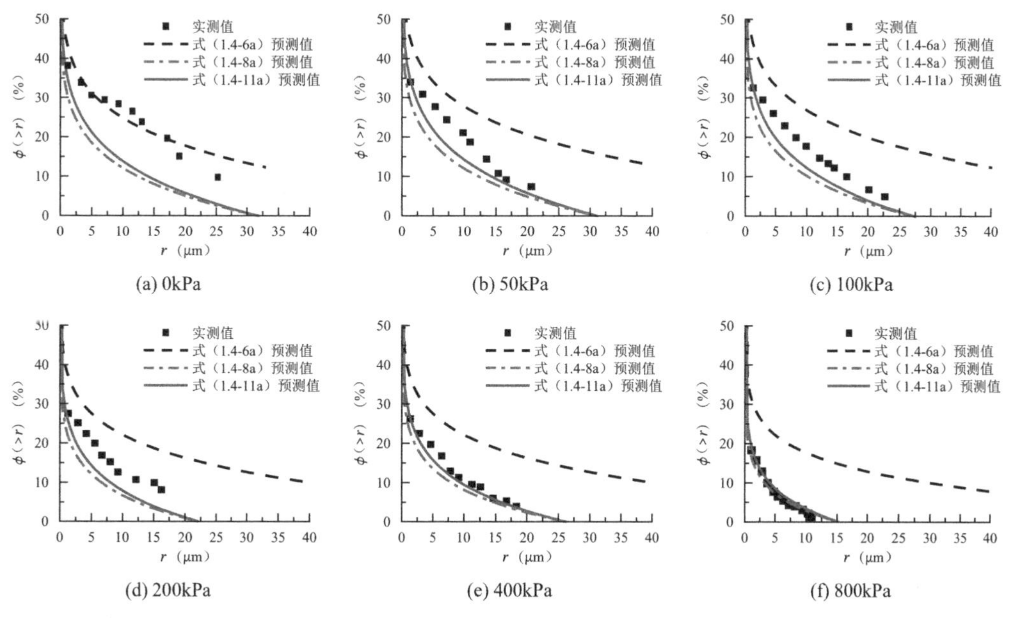

(a) 0kPa　(b) 50kPa　(c) 100kPa

(d) 200kPa　(e) 400kPa　(f) 800kPa

图 1.4-2　不同固结压力下软黏土累计孔隙率实测值与预测值

3. 三维空间内的试验验证

为进一步研究上述孔隙率模型在三维空间内的合理性，利用压汞试验来测量生态护坡材料（材料的详细介绍见文献[93]）的孔隙分布特性。本次试验的压汞试验设备为美国 Quantachrome 公司生产的 PM-33 型全自动压汞仪，其压汞仪孔径分析范围为 0.007～400μm。用钻孔取芯机从生态材料试验现场取原状生态护坡材料，分别制备成为编号为 S1、S2、S3 的 3 个生态护坡材料样品。首先将试验样品置于电热恒温干燥箱内烘干，排除孔隙水，再将 3 个样品分别切成直径约 10mm 的小颗粒（质量约 1.5g），将试样装入膨胀计中，然后抽真空至 0.3MPa，最后进行低压与高压注汞分析，高压加至 30000psi 终止，试验过程中的数据通过 PoreMaster 分析软件显示并处理。按照孔隙体积统计的范围，将试验样本的孔隙划分为 10 个孔径级别，r为每孔径级别对应的平均孔径，孔隙的孔径、体积测量结果见表 1.4-4。

孔径、体积测量结果（统计数据为每克样本的含量）　　表 1.4-4

样本编号	孔隙性质	孔隙级别									
		1	2	3	4	5	6	7	8	9	10
S1	孔径（m）	7.897 $\times 10^{-3}$	1.500 $\times 10^{-2}$	3.500 $\times 10^{-2}$	7.500 $\times 10^{-2}$	0.150	0.350	0.750	1.500	3.500	8.746
	体积（$\times 10^{10}m^3$）	0.971	2.448	3.476	1.943	1.749	2.583	2.140	1.826	1.700	0.291
S2	孔径（m）	7.652 $\times 10^{-3}$	1.500 $\times 10^{-2}$	3.500 $\times 10^{-2}$	7.500 $\times 10^{-2}$	0.150	0.350	0.750	1.500	3.500	7.861
	体积（$\times 10^{10}m^3$）	0.680	1.768	2.426	1.641	1.735	2.426	1.765	1.611	1.670	0.467

续表

样本编号	孔隙性质	孔隙级别									
		1	2	3	4	5	6	7	8	9	10
S3	孔径（m）	7.876×10^{-3}	1.500×10^{-2}	3.500×10^{-2}	7.500×10^{-2}	0.150	0.350	0.750	1.500	3.500	7.011
	体积（$\times10^{10}$m^3）	0.739	1.875	2.670	1.669	1.733	2.884	2.492	2.156	2.136	0.224

按前文所述方法，以$\ln[1-(V(\geqslant r)/V_a)]$、$\ln(r/L)$为纵、横坐标将表 1.4-4 中的数据绘制成散点图，求直线斜率k，然后再求得颗粒分布分维数$D=3-k$，其中$V(\geqslant r)$为孔径大于或等于r的孔隙累计体积，V_a为分析范围内的总体积（样本 S1、S2、S3 分别取 59.2×10^{10}m^3、64.8×10^{10}m^3、60.9×10^{10}m^3），L为分析范围的总尺寸，可取$L=V_a^{1/3}$。分析结果见图 1.4-3，计算的分维数分别为 2.942、2.957、2.945，相应的相关系数分别为 0.992、0.997、0.998，从而可以说明生态护坡材料的孔隙分布很好地符合分形特性。

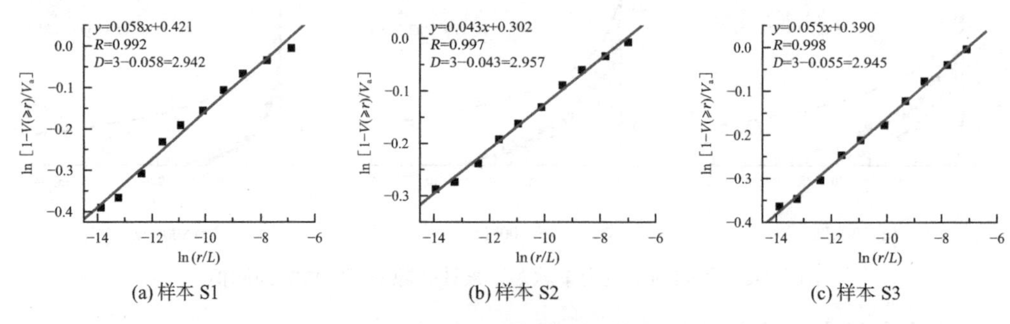

图 1.4-3　生态护坡材料的颗粒分布分维数

基于所求得的分维数，利用式(1.4-6b)、式(1.4-8b)、式(1.4-11b)计算得到大于某孔径的累计孔隙率并与实测情况进行比较，见图 1.4-4。分析图 1.4-4 可知，式(1.4-11b)预测的孔隙率与实测孔隙率最为接近，其误差非常小，比如三种样本的总孔隙率预测值与实测值仅分别相差 1.1%、0.8%、0.7%，式(1.4-6b)预测值比实际情况要偏大很多，误差最大；式(1.4-8b)预测值比实际情况要偏小，误差介于式(1.4-11b)与式(1.4-6b)之间。

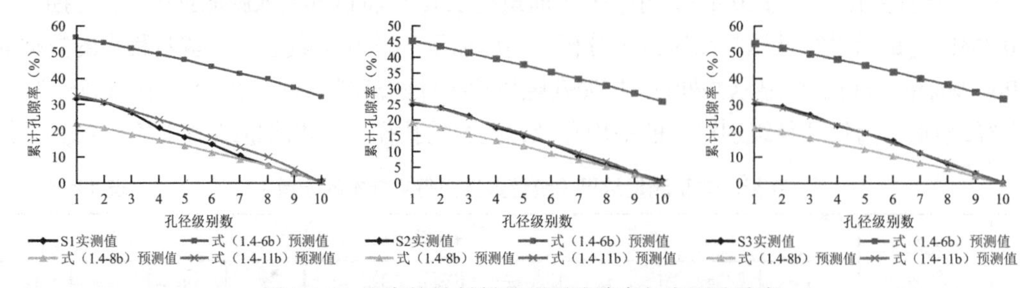

图 1.4-4　生态护坡材料的预测孔隙率与实测孔隙率

1.4.4　新模型的应用

1. 基于微观结构的土体变形计算

（1）计算公式的推导

假设土体固结前的颗粒分布分维数为D_o、最大和最小孔径分别为$r_{max,o}$和$r_{min,o}$，土体固结后的颗粒分布分维数为D_c、最大和最小孔径分别为$r_{max,c}$和$r_{min,c}$，二维条件下利用式(1.4-11a)可计算得到土体固结前后的总孔隙率为：

$$\text{固结前：}\ \phi_o = 1 - (r_{min,o}/r_{max,o})^{2-D_o} \tag{1.4-12}$$

$$\text{固结后：}\ \phi_c = 1 - (r_{min,c}/r_{max,c})^{2-D_c} \tag{1.4-13}$$

假设固结前土体总面积为L^2，若压缩应变为ε，则侧限条件下，压缩后的土体总面积变为$(1-\varepsilon)L^2$。基于式(1.4-12)和式(1.4-13)，根据土体颗粒固结前后面积相等（土体颗粒可以认为是不能压缩的），很容易得到土体压缩应变为：

$$\varepsilon = \frac{\phi_o - \phi_c}{1 - \phi_c} = 1 - \frac{(r_{min,o}/r_{max,o})^{2-D_o}}{(r_{min,c}/r_{max,c})^{2-D_c}} \tag{1.4-14}$$

实际上，利用式(1.4-6a)按照相同的方法，很容易得到：

$$\varepsilon = \frac{\left(\frac{r_{max,o}}{L}\right)^{2-D_o} - \left(\frac{r_{min,o}}{L}\right)^{2-D_o} - \left(\frac{r_{max,c}}{L}\right)^{2-D_c} + \left(\frac{r_{min,c}}{L}\right)^{2-D_c}}{1 - \left(\frac{r_{max,c}}{L}\right)^{2-D_c} + \left(\frac{r_{min,c}}{L}\right)^{2-D_c}} \tag{1.4-15}$$

土体的颗粒分布分维数、最大和最小孔径都可以看作是固结压力P的函数，联合式(1.4-14)或式(1.4-15)很容易求得不同固结压力下的土体应变。值得说明的是，在三维空间内按照相似的方法可以得到形式如式(1.4-14)和式(1.4-15)的结论，另外在无侧限的条件下，考虑土体的泊松比，同样可计算土体的压缩变形。

（2）计算公式的验证

为了验证上述公式，利用前文中的软黏土固结试验数据，先求得颗粒分布分维数、最大和最小孔径与固结压力P的拟合函数见式(1.4-16)，拟合图例见图 1.4-5。联合式(1.4-14)、式(1.4-16)或式(1.4-15)、式(1.4-16)求得压缩应变，并与实测最终应变进行比较，见图 1.4-6。

$$\begin{cases} D(P) = 2 - 0.1325 \times 0.9380^P \\ r_{max}(P) = 1 + 31.7327 \times e^{-P/10.1874} \\ r_{min}(P) = 0.0743 + 1.3173 \times e^{-P/30.8940} \end{cases} \tag{1.4-16}$$

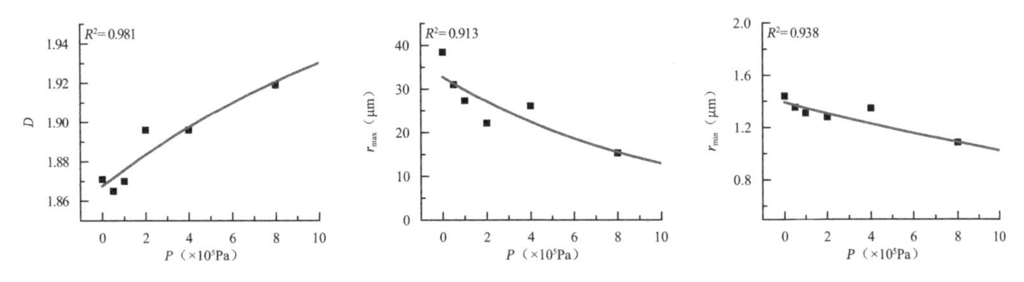

图 1.4-5　软黏土颗粒分布分维数、最大及最小孔径与固结压力的拟合曲线

图 1.4-6 表明式(1.4-14)的预测值较式(1.4-15)的更加接近实际情况，其预测值在低固结压力（100kPa 以下）情况下与试验结果仅相差约 0.007，从而说明式(1.4-14)可用于土体压缩应变的预测。式(1.4-14)首次将土体的微观孔隙特性与宏观变形有效地联系起来，有望获得比传统方法更加准确的变形。值得说明的是，式(1.4-14)、式(1.4-15)预测值都比实测值略

微偏小，可能是分析区域（127.8μm × 95.8μm）内的孔隙率并不能完全代表试验土样的真实孔隙率，针对怎样选取合理的分析区域将进一步展开研究工作。

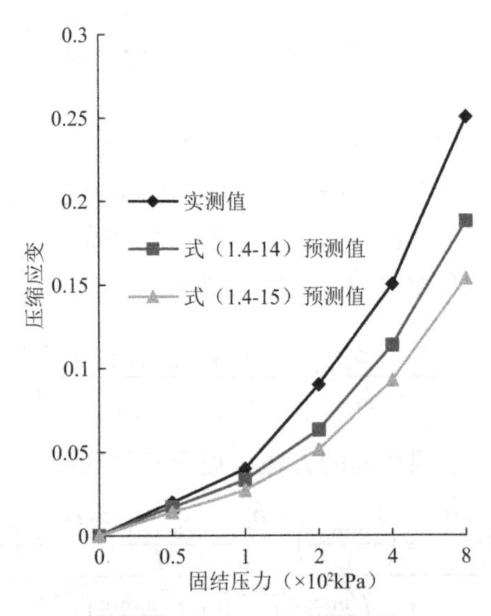

图 1.4-6　不同固结压力下软黏土压缩应变实测值与预测值

2. 非饱和土的水分特征曲线

（1）模型的推导

用θ表示非饱和土的体积含水率，θ_s表示饱和土的体积含水率，结合式(1.4-11b)很容易得到：

$$\theta_s = \theta + 1 - (r/r_{max})^{3-D} \tag{1.4-17}$$

利用 Young-Laplace 方程，式(1.4-17)可变为：

$$\theta_s = \theta + 1 - (\varphi/\varphi_a)^{D-3} \tag{1.4-18}$$

式中，φ、φ_a——分别为非饱和土的基质吸力和进气值。

式(1.4-11b)中取孔径为最小孔径r_{min}，可以认为总孔隙率便是饱和土的体积含水率，即：

$$\theta_s = 1 - (r_{min}/r_{max})^{3-D} \tag{1.4-19}$$

利用 Young-Laplace 方程，式(1.4-19)可变为：

$$\theta_s = 1 - (\varphi_d/\varphi_a)^{D-3} \tag{1.4-20}$$

式中，φ_d——最大基质吸力，此时最小孔隙开始排水。将式(1.4-20)代入式(1.4-18)得：

$$\theta = (\varphi/\varphi_a)^{D-3} - (\varphi_d/\varphi_a)^{D-3} \tag{1.4-21}$$

用式(1.4-21)除以式(1.4-20)后化简得：

$$\theta/\theta_s = \left(\varphi^{D-3} - \varphi_d^{D-3}\right)/\left({\varphi_a}^{D-3} - \varphi_d^{D-3}\right) \tag{1.4-22}$$

将相应于残余含水率的微小孔隙近似看作是颗粒的组成部分，则式(1.4-22)变为：

$$S_e = \left(\varphi^{D-3} - \varphi_d^{D-3}\right)/\left({\varphi_a}^{D-3} - \varphi_d^{D-3}\right) \tag{1.4-23}$$

式中，S_e——有效饱和度，$S_e = (\theta - \theta_r)/(\theta_s - \theta_r)$，$\theta_r$为残余含水率。实际上利用式(1.4-8b)同样可以得到与式(1.4-23)完全一致的结论，这里不再赘述。以下介绍利用式(1.4-8b)得出的另外一种非饱和土的水分特征曲线模型。结合饱和土和非饱和土体积含水率的概念，由式(1.4-8b)可知：

$$\theta_s = \theta + (r_{max}/L)^{3-D} - (r/L)^{3-D} = \theta + (r_{max}/L)^{3-D}\left[1 - (r/r_{max})^{3-D}\right] \tag{1.4-24}$$

取$A = (r_{max}/L)^{3-D}$，结合 Young-Laplace 方程可得：

$$\theta_s = \theta + A\left[1 - (\varphi/\varphi_a)^{D-3}\right] \tag{1.4-25}$$

式(1.4-8)中，当r趋近于 0 时，可以认为饱和土的体积含水率（总孔隙率）$\theta_s = A$，代入式(1.4-25)得：

$$\theta/\theta_s = (\varphi/\varphi_a)^{D-3} \tag{1.4-26}$$

只要将相应于残余含水率的微小孔隙近似看作是颗粒的组成部分，则式(1.4-26)变为：

$$S_e = (\varphi/\varphi_a)^{D-3} \tag{1.4-27}$$

那么以本节的孔隙率模型为基础，推导的非饱和土的水分特征曲线模型有式(1.4-21)～式(1.4-23)、式(1.4-25)～式(1.4-27)。

（2）已有模型

Rieu 和 Sposito 根据假想的团聚体分布模型建立了一种非饱和土的水分特征曲线模型[82]，其表达式为：

$$\theta = \phi - 1 + (\varphi/\varphi_a)^{D-3} \tag{1.4-28}$$

Rieu 和 Sposito 认为通过计算团聚体的体积密度或数量与尺度的对数关系求得式(1.4-28)中的分维数。

Bird 等根据孔隙-土体-分形集（PSF）模型建立了非饱和土的水分特征曲线模型[55]，其表达式为：

$$\theta/\theta_s = (\varphi/\varphi_a)^{D-3} \tag{1.4-29}$$

Bird 等通过计算颗粒累计质量与颗粒粒径的对数关系求得式(1.4-29)中的分维数。

Perfect 等在 Rieu 和 Sposito 的研究基础之上提出另外一种非饱和土的水分特征曲线模型[53,94]：

$$S_e = \left(\varphi^{D-3} - \varphi_d^{D-3}\right)/\left({\varphi_a}^{D-3} - \varphi_d^{D-3}\right) \tag{1.4-30}$$

Perfect 等基于式(1.4-30)反推了分维数，但没给出分维数的其他计算方法，所以式(1.4-30)不能应用于非饱和土的水分特征曲线预测。

Perrier 等基于一种用微分形式表征孔隙累计体积与孔径关系的模型建立了另外一种水分特征曲线模型[86]：

$$\theta_s = \theta + \frac{V_o}{V_T}\left[1 - (\varphi/\varphi_a)^{D-3}\right] \tag{1.4-31}$$

式中，D——孔隙体积-孔径分布分维数；

V_T——土体总体积；

V_o——常数，当最小孔径趋近于 0 时，V_o便是孔隙总体积。当V_o被看作是孔隙总体积时，可以认为$\theta_s = V_o/V_T$，则式(1.4-31)可变为：

$$\theta/\theta_s = (\varphi/\varphi_a)^{D-3} \tag{1.4-32}$$

徐永福基于一种表示孔隙累计数量与孔径关系的模型建立了如下水分特征曲线模型[56]：

$$S_e = (\varphi/\varphi_a)^{D-3} \tag{1.4-33}$$

式中，D——孔隙数量-孔径分布分维数。

式(1.4-28)～式(1.4-33)便是目前主要的水分特征曲线模型。

（3）讨论

不难看出式(1.4-18)与式(1.4-28)、式(1.4-23)与式(1.4-30)、式(1.4-15)与式(1.4-31)、式(1.4-16)与式(1.4-29)及式(1.4-32)、式(1.4-28)与式(1.4-33)形式完全一致，也就是说本节推导的水分特征曲线模型从形式上包含了已有模型。但是它们是有区别的，首先已有水分特征曲线模型是不同学者通过不同假想的孔隙分布模型建立的，而这些基础模型并不能准确反映实际情况；其次本节推导的水分特征曲线模型是建立在表征孔隙孔径分布的孔隙率模型基础之上的，而这种孔隙率模型已经通过了试验验证，它和实际土体的孔隙分布情况十分接近；再者，已有水分特征曲线模型中的分维数求解时，都不需要同时获得孔隙分布的实测数据与岩土体总面积（体积），因此都不能准确反映孔隙分布特性，建立在这种分维数基础之上的水分特征曲线模型理论上不够准确。如式(1.4-29)中分维数通过计算颗粒累计质量与颗粒粒径的对数关系求得，这种通过分析土体分散后颗粒分布特性而获得的分维数与原状土的孔隙分布情况几乎不能直接联系起来。本节推导的水分特征曲线模型中的分维数都是颗粒分布分维数，按文献[83]的方法（如前文所述）求得，更能直接反映原状土孔隙分布情况。总之，我们用更为简单而又可信的方法得出了更有可能接近真实情况的多种水分特征曲线模型，至于这些模型中哪一种更加准确是下一步的研究目标。

3. 黏聚力与尺寸的关系

假设原始土样尺寸为L_1，最大与最小孔径分别为$r_{\max}$、$r_{\min}$，若试验土样尺寸变为L_2，由分形理论的基本概念可知相应的最大孔径变为$r_{\max}L_1/L_2$，最小孔径和分维数不变，根据式(1.4-11b)可求得相应于尺寸为L_1、L_2的土样的总孔隙率分别为：

$$\phi_1 = 1-(r_{\min}/r_{\max})^{3-D} \tag{1.4-34a}$$

$$\phi_2 = 1-[r_{\min}L_2/(r_{\max}L_1)]^{3-D} \tag{1.4-34b}$$

可以认为土体黏聚力与土体实体（颗粒）体积含量的比例成正比，则：

$$c_1/c_2 = (1-\phi_1)/(1-\phi_2) = (L_1/L_2)^{3-D} \tag{1.4-35}$$

式中，c_1、c_2——相应于尺寸为L_1、L_2的土样的黏聚力。

式(1.4-34)表明土体黏聚力随着土样尺寸的增大而减小，这与其他学者的发现是一致的[95-97]。值得说明的是文献[25]曾以一种比较复杂的方法得出了与式(1.4-35)相似的结论，但这里明确表示D为颗粒分布分维数。

4. 岩土体体积密度

假设相应于尺寸为L_1、L_2的岩土体样本的颗粒体积所占总体积的比例为ξ_1、ξ_2，按照式(1.4-35)相似的推导方法很容易得出：

$$\xi_1/\xi_2 = (L_1/L_2)^{3-D} \tag{1.4-36}$$

假设颗粒密度相等，则由式(1.4-36)得：

$$\rho_1/\rho_2 = (L_1/L_2)^{3-D} \tag{1.4-37}$$

式中，ρ_1、ρ_2——相应于尺寸为L_1、L_2的岩土体样本的体积密度。

式(1.4-37)与文献[51]中结论相似，值得说明的是利用式(1.4-37)求得的分维数理论上与式(1.4-11)的颗粒分布分维数相等，但实际情况却不一样，因为在式(1.4-37)推导过程中存在一些假设条件（如颗粒密度相等、孔隙分布具有绝对分形特性等）。

第2章

基于微观角度的土-水特征曲线拟合及预测方法

土-水特征曲线在非饱和土工程性质研究中扮演着很重要的角色，通过数学模型进行拟合是目前常用的方式，但存在误差较大、参数物理意义不明确的问题。而分形方法能将土体的结构与土-水特征曲线进行结合，是较为理想的方法。

本章从分形的角度出发，对单/双峰土-水特征曲线进行了拟合，并基于分形理论中的孔隙分布特征和颗粒分形特征以及目前快速发展的核磁共振技术，提出了多种土-水特征曲线的预测方法，试验数据表明预测结果较为准确。

2.1 单峰土-水特征曲线分形拟合

2.1.1 土-水特征曲线与微观孔隙分布特性的关系

土-水特征曲线表征的是基质吸力与含水率（体积含水率、饱和度、质量含水率）之间的关系，它在非饱和土工程性质研究中扮演着很重要的角色。土-水特征曲线试验测量获得的试验数据较离散，一般通过数学模型进行拟合。而分形方法所确定的土-水特征曲线中的参数与土壤结构性质联系紧密，具有明确的物理意义，是较为理想的方法。该类方法是采用分形理论研究土体颗粒[48-49,120-121]、团聚体[25-51]、孔隙[54-56,122-123]的分布特性，然后通过土壤结构与土-水特征曲线之间的关系建立土-水特征曲线数学模型，其关键工作之一就是求解分形维数。孔隙分维数一般通过测量的孔隙分布数据计算得到。

土-水特征曲线给出的水的体积（质量）实质反映了土体孔隙的体积，而基质吸力与等效孔径成反比，故土-水特征曲线实质反映了孔隙体积（质量）-孔径的分布规律。基于这一思想，本节给出了一种直接通过土-水特征曲线实测数据求解反映孔隙分布规律的分维数计算方法，建议了一种土-水特征曲线分形模型。利用压力板仪测量了不同干密度黏性土试样的土-水特征曲线，基于土-水特征曲线实测值计算了分维数。结果表明试样相关系数集中在 0.97～0.99，从而证明了质量含水率-基质吸力具有良好的分形特性，本质上反映了土体孔隙分布的分形行为。对土-水特征曲线实测数据进行拟合，结果表明建议的土-水特征曲线分形模型拟合效果较好，相应的进气值随干密度几乎呈线性增加。

2.1.2 土-水特征曲线的分形模型

1. 基于土-水特征曲线直接求解孔隙分维数

陶高梁[83]给出的三维空间内孔隙体积的分形模型可以用下式表示：

$$V(>r)=V_a\left[1-\left(\frac{r}{L_2}\right)^{3-D}\right] \tag{2.1-1}$$

式中，$V(>r)$——孔径大于r的孔隙累计体积；

V_a——土体总体积；

L_2——研究区域尺度。

Young-Laplace 理论认为基质吸力ψ与有效孔径r之间的关系可以表示为：

$$\psi=2T_s\cos\alpha/r \tag{2.1-2}$$

式中，T_s——表面张力；

α——接触角；温度一定时，$2T_s\cos\alpha$为常数。

将式(2.1-2)代入式(2.1-1)消除r后，式(2.1-1)变为：

$$\frac{V_a-V(>r)}{V_a}=A\psi^{D-3} \tag{2.1-3}$$

式中，$A=(2T_s\cos\alpha/L_2)^{3-D}$为常数。

假设水的密度$\rho_w=1\text{g/cm}^3$不变，若考虑相应于 1g 颗粒的土体，则有质量含水率$w=V(\leqslant r)$，其中$V(\leqslant r)$为孔径小于等于r的孔隙累计体积，此处假设孔径小于等于r的孔隙充满水。用V_s表示颗粒体积，ρ_d表示干密度，则式(2.1-3)变化为：

$$\frac{V_a-V(>r)}{V_a}=\frac{V_s+V(\leqslant r)}{V_a}=\frac{1/G_s+w}{1/\rho_d}=A\psi^{D-3} \tag{2.1-4}$$

式(2.1-4)进一步化简得：

$$1/G_s+w=B\psi^{D-3} \tag{2.1-5}$$

式中，$B=A/\rho_d$，为常数。式(2.1-5)两边同时取对数，变化为：

$$\ln(1/G_s+w)=-(3-D)\ln\psi+\ln B \tag{2.1-6}$$

根据式(2.1-6)，若已知土体质量含水率表示的土-水特征曲线，则以$-\ln\psi$为横坐标、以$\ln(1/G_s+w)$为纵坐标作散点图，如果这些点满足直线关系，假设斜率为k，则分维数$D=3-k$，就可以证明孔隙分布具有分形特性。值得指出，式(2.1-1)中孔径应满足$r\leqslant r_{max}$，故利用土-水特征曲线数据求解分维数时只能采用$\psi\geqslant\psi_a$的数据点。

2. 质量含水率表示的土-水特征曲线分形模型

张季如等[124]提出了表征孔隙孔径分布特性的累计孔隙率模型，并通过实测数据证明了其有效性，其表达式为：

$$\phi(>r)=1-(r/r_{max})^{3-D} \tag{2.1-7}$$

式中，$\phi(>r)$——孔径大于r的孔隙累计孔隙率；

r_{max}——最大孔径；

D——分维数。

假设非饱和土中孔径小于等于r的孔隙充满了水，其体积含水率为θ，总孔隙率为ϕ，结合式(2.1-7)，则有下式成立：

$$\phi=\theta+1-(r/r_{max})^{3-D} \tag{2.1-8}$$

对式(2.1-8)进行简单变形有：

$$\theta=\phi-1+(r/r_{max})^{3-D} \tag{2.1-9}$$

结合 Young-Laplace 方程，将最大孔径r_{max}对应的基质吸力定义为进气值ψ_a，则式(2.1-9)可变为：

$$\theta = \phi - 1 + (\psi_a/\psi)^{3-D} \tag{2.1-10}$$

式(2.1-10)与 Rieu 和 Sposito[82]以假想的团聚体模型建立的表达式是一致的，但二者建立方法不一样，分维数定义也不同。

根据质量含水率与体积含水率的关系，质量含水率表征的土-水特征曲线模型可表示为：

$$w = \frac{(1+e)(\psi_a/\psi)^{3-D} - 1}{G_s} \tag{2.1-11}$$

式中，e——孔隙比；

G_s——土粒相对密度。

值得说明的是，式(2.1-11)适用条件为$\psi > \psi_a$，当$\psi \leqslant \psi_a$时，令$\psi = \psi_a$代入式(2.1-11)，$w = e/G_s$。

2.1.3　土-水特征曲线试验

1. 试样制作

取武汉某工程基坑底部的非饱和黏土，试验测得土粒相对密度为 2.75，液限 38.9，塑限 20.4。土样风干后，过 2mm 筛，采用液压千斤顶静压试验方法制备重塑试样 7 个，干密度ρ_d分别为 1.30g/cm³、1.35g/cm³、1.40g/cm³、1.45g/cm³、1.50g/cm³、1.60g/cm³、1.71g/cm³。图 2.1-1 给出了不同干密度试样的高分辨率数码照片，可以清楚地看到，随着干密度的增加，图中大孔隙尺寸趋于变小。

2. 试验仪器及过程

试验所采用的压力板仪如图 2.1-2 所示。试验步骤如下：（1）将不同干密度试样及试验所采用的陶土板进行饱和。（2）将陶土板放置于压力器中，连接好排水管。（3）将压力器盖盖好，施加预定气压。（4）称量试样排出水的质量，若出水质量恒定，表明该级吸力条件已经平衡。（5）气压调零，称量各试样质量。（6）重复以上步骤，直至完成试验。

3. 试验结果及分析

图 2.1-3 将试验结果以质量含水率的形式给出。从图 2.1-3 中可以看出，低吸力条件下，不同干密度试样质量含水率差别较大。干密度 1.30g/cm³ 饱和质量含水率为 0.41，而干密度 1.71g/cm³ 饱和质量含水率为 0.22，相差近一半。随着吸力增加，这种差别逐渐减小。高吸力条件下，不同干密度试样质量含水率几乎一致，图 2.1-3 中 100kPa 以上的试验数据尤为明显。

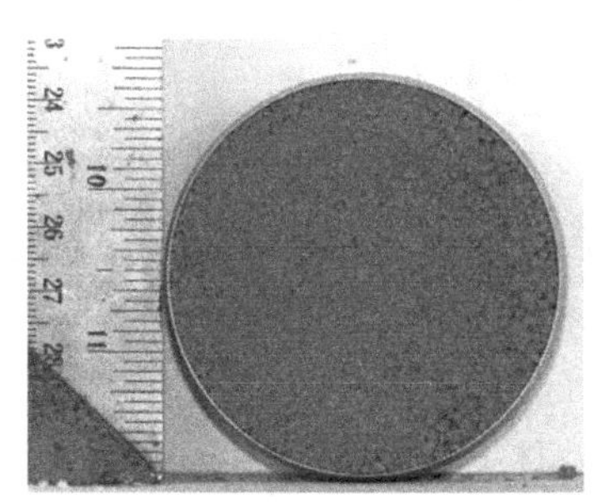

(a) 1.30g/cm³

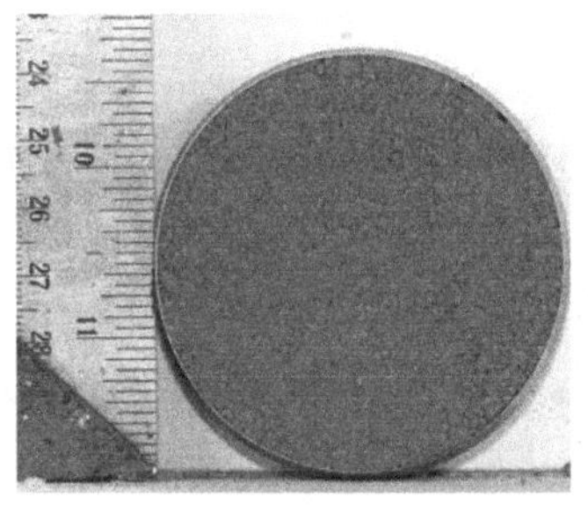

(b) 1.35g/cm³

(c) 1.40g/cm³

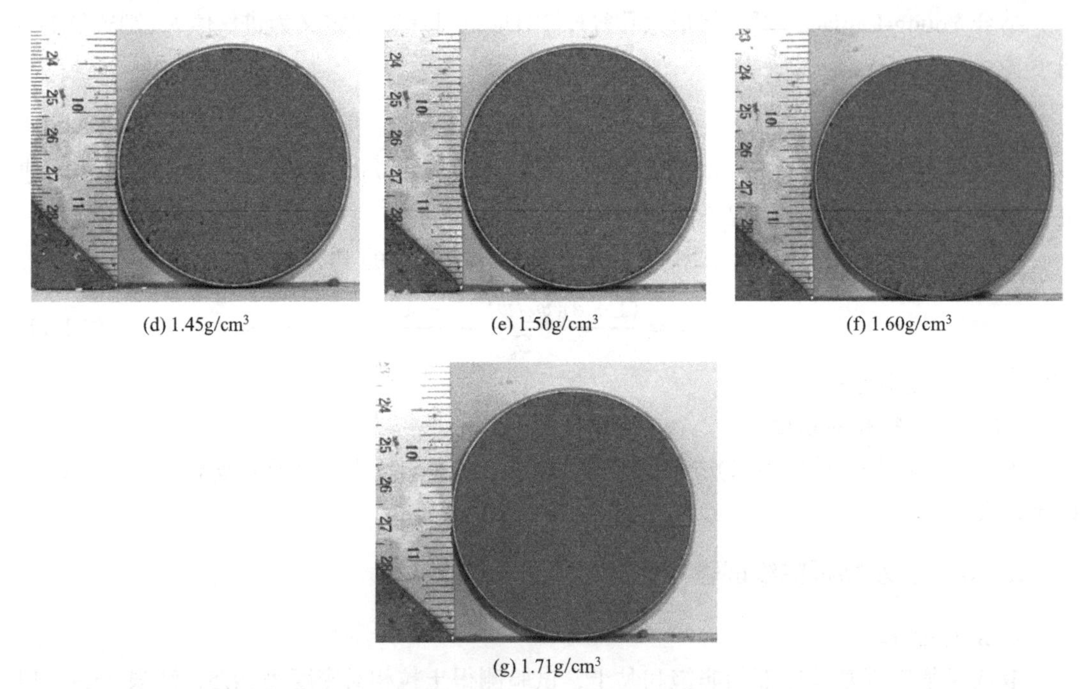

图 2.1-1　不同干密度黏性土高分辨率数码照片

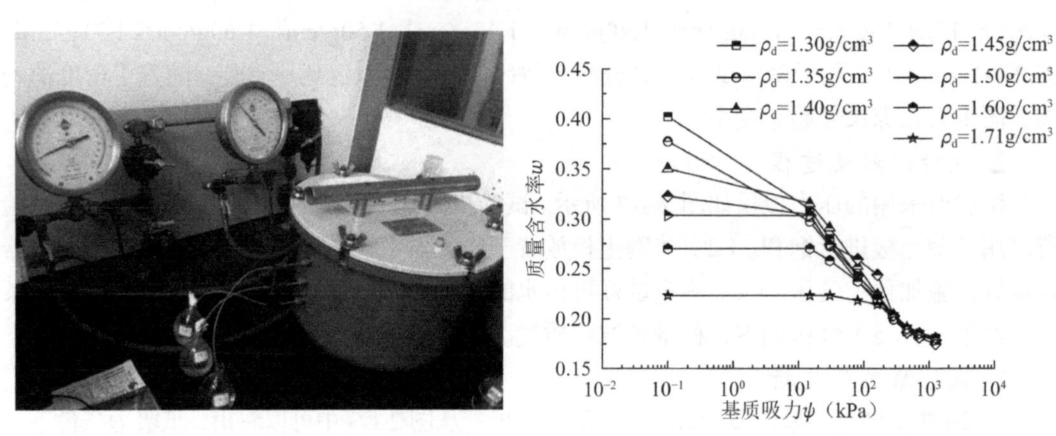

图 2.1-2　压力板仪

图 2.1-3　不同干密度黏性土土-水特征曲线试验结果

2.1.4　土-水特征曲线分形拟合

基于前文不同压实度黏性土土-水特征曲线试验获得的试验数据作散点图，并作线性拟合，如图 2.1-4 所示。表 2.1-1 给出了相应的拟合表达式、相关系数及计算所得的分维数。7 个样本的相关系数都非常高，除干密度 1.71g/cm³ 的为 0.97、1.45g/cm³ 的为 0.98 外，其余 5 个相关系数均为 0.99，说明了第 2.1.2 节提出的分维数计算方法是合理的。这也就证明了土-水特征曲线中质量含水率与基质吸力展现出良好的分形行为，本质上反映了土体孔隙分布具有很强的分形特性。计算获得的分维数随干密度增加整体上呈增加趋势，其原因是孔隙被压缩、孔隙结构发生了改变。

通过干密度便很容易计算相应的孔隙比（表 2.1-1），基于前文土-水特征曲线试验结果及所计算获得的分维数，利用式(2.1-11)可计算进气值ψ_a（表 2.1-1）。采用表 2.1-1 中的参数值，利用式(2.1-11)对前文土-水特征曲线试验数据进行拟合。值得说明的是，当$\psi \leqslant \psi_a$时，质量含水率取饱和含水率，即$w = e/G_s$；当$\psi > \psi_a$时，按式(2.1-11)进行计算。图 2.1-5 给出了质量含水率表示的土-水特征曲线实测值以及按上述方法拟合的曲线，不难发现，上述方法的拟合效果较好，相关系数都非常高，干密度 1.45g/cm³、1.71g/cm³ 的相关系数分别为 0.98、0.97，其余 5 个试样的相关系数均为 0.99，这也就证明了式(2.1-11)的有效性。

此外，图 2.1-6 给出了计算的进气值与干密度之间的关系，随干密度ρ_d增大，进气值ψ_a几乎呈线性增大。这是因为，随着压实度增加，试样中最大孔隙孔径总体呈明显减小的趋势。图 2.1-1 给出的试样高分辨率数码照片显示，随着干密度增加大孔隙孔径趋于减小，为这一结论提供了证据。

参数取值　　　　表 2.1-1

干密度（g/cm³）	孔隙比	拟合直线表达式	相关系数R	分维数D	ψ_a（kPa）
1.30	1.115	$y = 0.051x - 0.270$	0.99	2.949	0.75
1.35	1.037	$y = 0.047x - 0.297$	0.99	2.953	0.96
1.40	0.964	$y = 0.054x - 0.246$	0.99	2.946	4.67
1.45	0.897	$y = 0.052x - 0.262$	0.98	2.948	7.72
1.50	0.833	$y = 0.049x - 0.284$	0.99	2.951	11.14
1.60	0.719	$y = 0.037x - 0.353$	0.99	2.963	20.60
1.71	0.613	$y = 0.022x - 0.449$	0.97	2.978	38.40

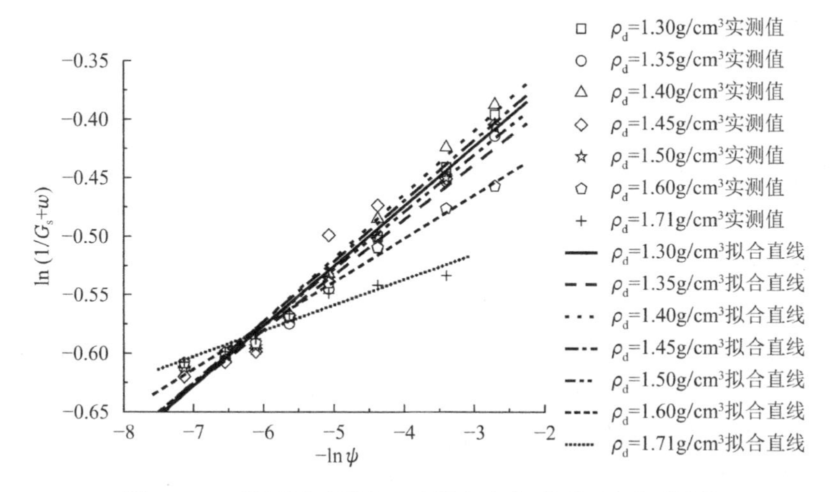

图 2.1-4　不同干密度黏性土质量含水率-基质吸力分形维数

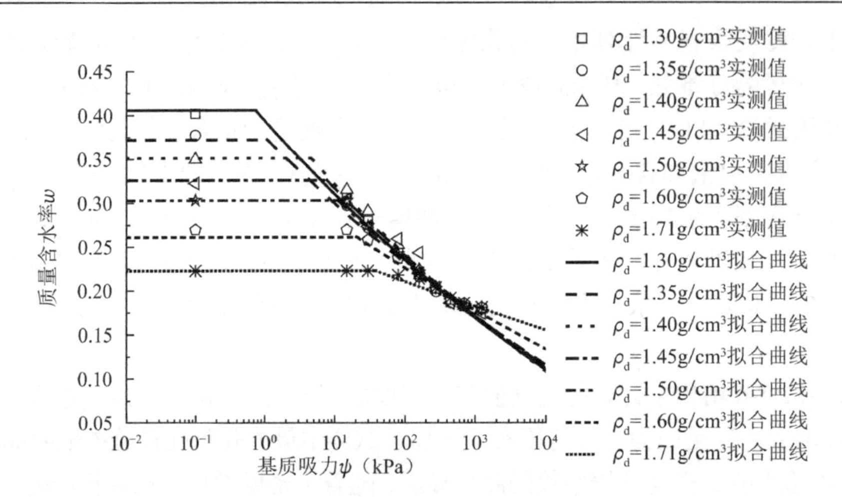

图 2.1-5　不同干密度黏性土土-水特征曲线分形拟合

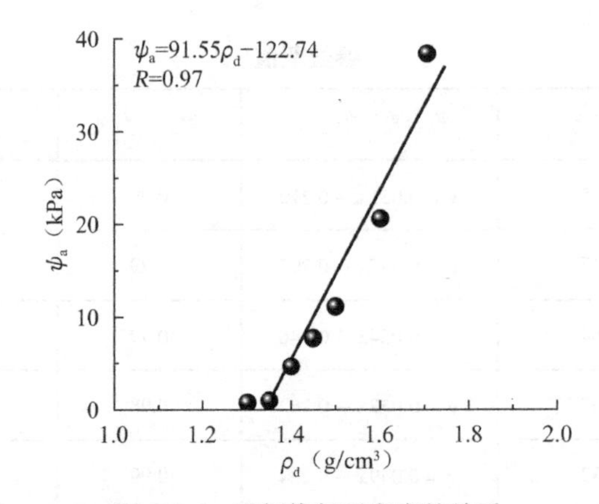

图 2.1-6　进气值与干密度的关系

2.2　双峰土-水特征曲线分形拟合

2.2.1　基于分形理论的双峰土-水特征曲线（SWCC）分形拟合模型

土-水特征曲线是土壤最基础的水力性质之一，研究表明，可以将其应用于土体的水力和力学等性质的研究中。已有研究主要集中在单峰 SWCC，对双峰 SWCC 研究相对较少。目前，双峰土-水特征曲线模型大多是依据单峰的经验模型衍生而成的，这些模型中的参数没有明确物理意义和取值范围，导致通过拟合方法确定参数大小时出现多解情况，很大程度上限制了双峰孔隙结构土的理论研究。研究表明，双峰土-水特征曲线往往具有双峰孔隙分布特性，本节以分形理论为基础，提出了双峰孔隙分布的分形描述方法，并以此推导了一种双峰土-水特征曲线的物理方程。利用该方程对多种双峰土-水特征曲线试验数据进行拟合，结果表明该方程均有较好的拟合效果。此外，本节依据提出的双峰土-水特征曲线方程推导了基于土体孔隙分维的结构孔隙和基质孔隙的区分方法，结合该方法和双峰 SWCC 试验数据对相应孔隙性质进行划分，并与已有孔隙区分方法进行对比，结果表明该方法是简便、有效的。

1. 单峰土-水分特征曲线的分形模型

利用 Sierpinski 地毯模型来描述土壤的孔隙分布规律是一种常用并且非常有效的方法。根据垫片模型中孔隙分布的规律可知边长为d的孔隙个数$N(d)$为[111,125]：

$$N(d) = cd^{-1-D} \tag{2.2-1}$$

式中，d——孔隙直径；

D——孔隙分布分维数，$c = (3-D)/k_{\mathrm{v}}L_2^{-D}$，$k_{\mathrm{v}}$是与孔隙体积相关的形状因子，若孔径为$d$的孔隙体积为$V(d)$，则$k_{\mathrm{v}} = V(d)/d^3$，$L_2$表示观测范围的总尺寸，即 Sierpinski 地毯模型的边长。对于同一系列的土体，c为常数。

假设孔径分布密度函数$f(d)$是连续函数，则在$d_{\min}$～$d_{\max}$的孔径范围内，其表达式为：

$$f(d) = V(d)N(d) = (3-D)L_2^D d^{2-D} = c'd^{2-D} \tag{2.2-2}$$

式中，c'——与孔隙形状相关的常数，$c' = (3-D)L_2^D$。

将土中孔隙按照孔径大小分级，假设土中孔隙水随基质吸力的增加逐级失水，当土体吸力增加至残余基质吸力时，土中孔隙水不再随吸力增加而失去，这一部分孔隙水称为残余水分。储存残余水分的孔隙称为残余饱和孔隙，其中的最大孔径为临界残余孔径，临界残余孔径用d_{r}来表示，则单峰孔隙分布土体的孔径划分如图 2.2-1 所示。

利用式(2.2-2)表示的土体孔隙分布密度，可以计算土中孔隙尺寸小于等于d的累积体积$V(\leqslant d)$为：

$$V(\leqslant d) = \int_{d_{\min}}^{d} f(d)\,\mathrm{d}d = \frac{c'}{3-D}\left[\left(d^{3-D} - d_{\mathrm{r}}^{3-D}\right) + \left(d_{\mathrm{r}}^{3-D} - d_{\min}^{3-D}\right)\right] \tag{2.2-3}$$

基于上述假设条件，当孔径为d的孔隙充满水时，孔径小于等于d的孔隙内也都处于饱和状态。将式(2.2-3)乘以水的密度ρ_{w}可得相对于 1g 土体中孔径小于等于d的孔隙充满水时的含水率$w(\leqslant d)$为：

$$\begin{aligned} w(\leqslant d) = \rho_{\mathrm{w}}V(\leqslant d) &= \frac{c'\rho_{\mathrm{w}}}{3-D}\left[\left(d^{3-D} - d_{\mathrm{r}}^{3-D}\right) + \left(d_{\mathrm{r}}^{3-D} - d_{\min}^{3-D}\right)\right] \\ &= \frac{c'\rho_{\mathrm{w}}}{3-D}\left(d^{3-D} - d_{\mathrm{r}}^{3-D}\right) + w_{\mathrm{r}} \end{aligned} \tag{2.2-4}$$

式中，w_{r}——土体的残余含水率。

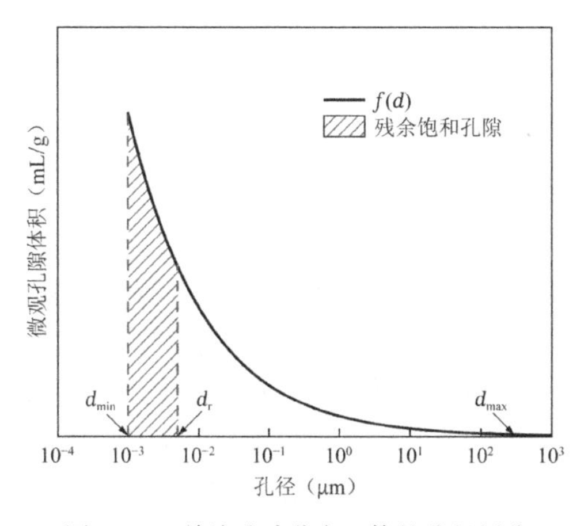

图 2.2-1 单峰孔隙分布土体的孔径划分

Young-Laplace 方程中土体吸力ψ与失水孔径d的函数关系为：

$$\psi = \frac{4T_s \cos\theta}{d} \tag{2.2-5}$$

式中，ψ——吸力；

d——孔隙直径；

T_s——表面张力；

θ——接触角。

式(2.2-5)将孔径d与基质吸力ψ一一对应，因此$w(\leqslant d)$可以转换成$w(\psi)$。将式(2.2-5)代入式(2.2-4)得：

$$w(\psi) = \frac{c' \rho_w (4T_s \cos\theta)^{3-D}}{3-D}\left[\psi^{-(3-D)} - \psi_r^{-(3-D)}\right] + w_r \tag{2.2-6}$$

式中，ψ_r——残余基质吸力，即临界残余孔径对应的基质吸力，$\psi_r = 4T_s \cos\theta / d_r$。

当$d = d_{max}$时，$w(\leqslant d)$为土体的饱和含水率w_s，其表达式为：

$$w_s = \frac{c' \rho_w (4T_s \cos\theta)^{3-D}}{3-D}\left[\psi_a^{-(3-D)} - \psi_r^{-(3-D)}\right] + w_r \tag{2.2-7}$$

式中，ψ_a——进气吸力，即最大孔径对应的基质吸力，$\psi_a = 4T_s \cos\theta / d_{max}$。

联立式(2.2-6)和式(2.2-7)可得：

$$\frac{w(\psi) - w_r}{w_s - w_r} = \frac{\psi^{-(3-D)} - \psi_r^{-(3-D)}}{\psi_a^{-(3-D)} - \psi_r^{-(3-D)}} \tag{2.2-8}$$

由于$\psi_r \gg \psi_a$，故$\psi_r^{-(3-D)}$相比于$\psi_a^{-(3-D)}$忽略不计，式(2.2-8)变为：

$$w(\psi) = w_r + (w_s - w_r)\left(\frac{\psi_a}{\psi}\right)^{3-D} \tag{2.2-9}$$

由于孔隙分布密度函数只在孔径范围$d_{min} \leqslant d \leqslant d_{max}$内取值，在这一区域外孔隙分布密度等于 0。因此，式(2.2-9)适用于从d_{min}到d_{max}的孔隙吸力区间，而d_{min}对应的吸力往往非常大，可以认为式(2.2-9)适用于$\psi \geqslant \psi_a$的吸力范围。在全吸力范围内，土-水特征曲线可以表示为：

$$w = \begin{cases} w_s & (\psi < \psi_a) \\ w_r + (w_s - w_r)\left(\dfrac{\psi_a}{\psi}\right)^{(3-D)} & (\psi \geqslant \psi_a) \end{cases} \tag{2.2-10}$$

为了验证用式(2.2-2)来等效孔径分布密度的可行性，本节利用提出的单峰土-水特征曲线模型对南宁膨胀土的 SWCC 数据[127]（发布数据）进行了拟合，如图 2.2-2 所示。从图 2.2-2（a）可以看出本模型具有较好的拟合效果。此外，利用 SWCC 拟合得到了土体孔隙分维数D，将D代入式(2.2-2)中可以得到土体孔隙分布函数。将得到的基于分形理论的孔径分布密度函数与压汞试验得到的土体孔隙分布密度进行了比较，如图 2.2-2（b）所示。由于压汞试验研究的是单位重量土样的孔隙分布规律，因此式(2.2-2)中观测尺度L_2的取值为$L_2 = \rho_d^{-1/3}$，其中ρ_d为土样的干密度。图 2.2-2（b）表明，对于较大的孔隙，Sierpinski 地毯模型能够比较准确地反映真实的孔隙密度，然而，用来描述较小孔隙的孔隙分布则有所不足。图 2.2-2（b）中V_1为残余饱和孔隙的真实分布，V_2是基于分形理论得到的残余饱和孔隙的分布，两者是不同的，但这并不影响土-水特征曲线的结果。因为我们认为残余饱和孔隙在吸力作用下不失水，因此只需要考虑残余饱和孔隙的含量，而不用考虑其实际的分布情况。

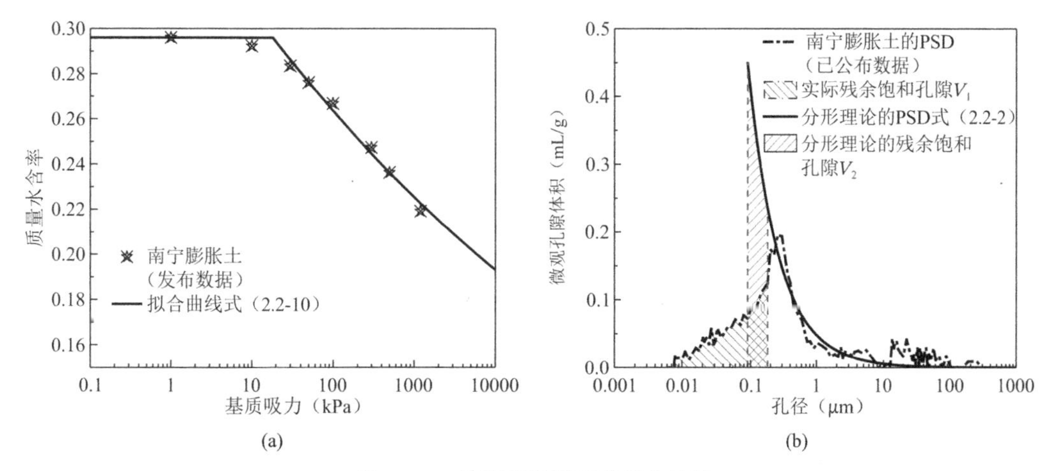

图 2.2-2　分形理论模型的拟合结果

2. 双峰土-水特征曲线分形模型

研究表明，双峰土-水特征曲线与双峰孔隙分布相关[127-129]。具有双峰 SWCC 的土体，其孔隙分布通常呈现为双峰，称为双峰孔隙结构土。有研究表明，双峰粒度分布是形成双峰 SWCC 的必要条件[130]。当双峰粒度分布的土体中粗颗粒和细颗粒的尺寸相差较大时，细颗粒不能完全填充粗颗粒形成的孔隙，因此土中存在两个层次的孔隙，即粗颗粒间的孔隙（被称为结构孔隙）和细颗粒间的孔隙（被称为基质孔隙），如图 2.2-3 所示。

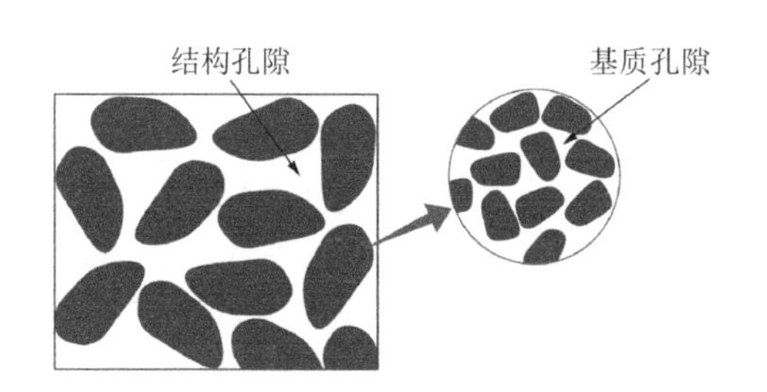

图 2.2-3　双峰孔隙结构土的微观孔隙结构

前文证明了利用分形理论可以较为准确地描述单峰孔径分布密度，接下来提出利用分形理论描述双峰孔径分布密度的方法。图 2.2-4 中展示了一个典型的双峰孔径密度分布，第一峰孔隙分布对应土中的基质孔隙，第二峰孔隙分布对应土中的结构孔隙。结构孔隙的孔隙分布和基质孔隙的孔隙分布独立存在不产生交叉，因此可以认为双峰孔隙结构土的孔隙分布是结构孔隙和基质孔隙在不同孔径区间的叠加。基质孔隙和结构孔隙分别满足不同的分形分布规律，根据式(2.2-2)所给出的孔隙分布规律，分别计算结构孔隙和基质孔隙的孔隙分布密度函数，然后将它们叠加在一起就可以得到双峰孔隙结构土的孔隙分布，如图 2.2-4 所示。

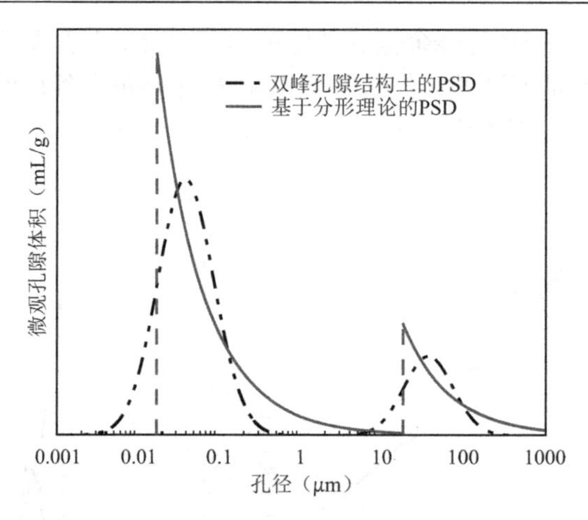

图 2.2-4　双峰孔隙结构土的孔隙分形描述

类比单峰土-水特征曲线的推导方法推导出双峰土-水特征曲线的表达式。在这之前，需要对双峰孔隙结构土的残余饱和孔隙进行划分。假定土中孔隙水按孔径大小逐级失水。在结构孔隙的失水阶段，土体随基质吸力增加逐渐失去水分，最终结构孔隙中的水分全部被排出，而基质孔隙仍处于饱和状态；基质孔隙的排水阶段，随着吸力增加逐级排水至基质孔隙的残余含水率直到随着吸力的继续增大土体含水率不再改变，根据上述排水规律，可将双峰孔隙结构土的残余饱和孔隙进行划分，即全体的基质孔隙均为结构孔隙吸力区段的残余饱和孔隙，而基质孔隙吸力区段的残余饱和孔隙划分与上文中单峰孔隙的情况相同。图 2.2-5（a）为结构孔隙失水阶段的残余饱和孔隙，图 2.2-5（b）为基质孔隙失水阶段的残余饱和孔隙。图中用于孔径划分的一些物理量的定义如下：d_{mmin}、d_{mmax}、d_{smin}、d_{smax}分别为基质孔隙和结构孔隙的最大和最小孔径；d_{mr}和d_{sr}分别为基质孔隙吸力段和结构孔隙吸力段的临界残余孔隙。

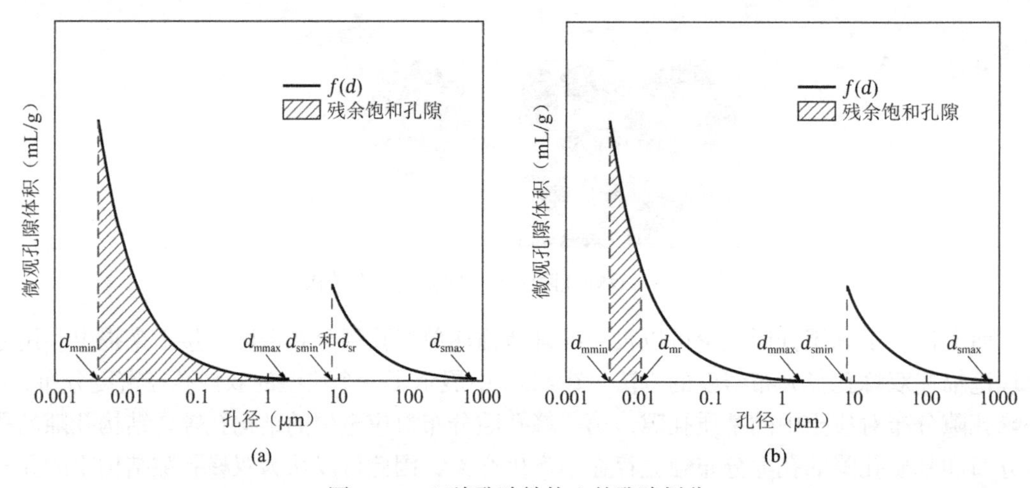

图 2.2-5　双峰孔隙结构土的孔隙划分

利用式(2.2-2)等效孔隙分布密度函数，则基质孔隙和结构孔隙的分布密度函数的表达式为：

$$f_{\mathrm{s}}(d) = c_{\mathrm{s}} d^{2-D_{\mathrm{s}}} \quad (d_{\mathrm{smin}} \leqslant d \leqslant d_{\mathrm{smax}}) \tag{2.2-11}$$

$$f_{\mathrm{m}}(d) = c_{\mathrm{m}} d^{2-D_{\mathrm{m}}} \quad (d_{\mathrm{mmin}} \leqslant d \leqslant d_{\mathrm{mmax}}) \tag{2.2-12}$$

式中，c_{s}、c_{m}——基质孔隙和结构孔隙的孔隙形状系数；

D_{s}、D_{m}——结构孔隙和基质孔隙的孔隙分布分维。

通过积分运算得到孔隙的累计体积，其中结构孔隙失水阶段的残余饱和孔隙体积V_{sr}和基质孔隙失水阶段的残余饱和孔隙体积V_{mr}分别为：

$$V_{\mathrm{sr}} = \int_{d_{\mathrm{mmin}}}^{d_{\mathrm{mmax}}} c_{\mathrm{m}} d^{2-D_{\mathrm{m}}} \, \mathrm{d}d = \frac{c_{\mathrm{m}}}{3-D_{\mathrm{m}}}(d_{\mathrm{mmax}} - d_{\mathrm{mmin}}) \tag{2.2-13}$$

$$V_{\mathrm{mr}} = \int_{d_{\mathrm{mmin}}}^{d_{\mathrm{mr}}} c_{\mathrm{m}} d^{2-D_{\mathrm{m}}} \, \mathrm{d}d = \frac{c_{\mathrm{m}}}{3-D_{\mathrm{m}}}(d_{\mathrm{mr}} - d_{\mathrm{mmin}}) \tag{2.2-14}$$

假设基质孔隙和结构孔隙的密度函数均连续，可以计算双峰孔隙结构土的累计孔隙体积$V(\leqslant d)$为：

$$V(\leqslant d) = \begin{cases} \dfrac{c_{\mathrm{m}}}{3-D_{\mathrm{m}}}\Big[(d^{3-D_{\mathrm{m}}} - d_{\mathrm{mr}}^{3-D_{\mathrm{m}}}) + (d_{\mathrm{mr}}^{3-D_{\mathrm{m}}} - d_{\mathrm{mmin}}^{3-D_{\mathrm{m}}})\Big] & (d_{\mathrm{mmin}} \leqslant d < d_{\mathrm{mmax}}) \\ \dfrac{c_{\mathrm{m}}}{3-D_{\mathrm{m}}}(d_{\mathrm{mmax}}^{3-D_{\mathrm{m}}} - d_{\mathrm{mmin}}^{3-D_{\mathrm{m}}}) & (d_{\mathrm{mmax}} \leqslant d < d_{\mathrm{smin}}) \\ \dfrac{c_{\mathrm{s}}}{3-D_{\mathrm{s}}}(d^{3-D_{\mathrm{m}}} - d_{\mathrm{sr}}^{3-D_{\mathrm{s}}}) + \dfrac{c_{\mathrm{m}}}{3-D_{\mathrm{m}}}(d_{\mathrm{mmax}}^{3-D_{\mathrm{m}}} - d_{\mathrm{mmin}}^{3-D_{\mathrm{m}}}) & (d_{\mathrm{smin}} \leqslant d \leqslant d_{\mathrm{smax}}) \end{cases} \tag{2.2-15}$$

基质孔隙的分布密度$f_{\mathrm{m}}(d)$在$d = d_{\mathrm{mmax}}$处收敛于 0，所以当$d > d_{\mathrm{mmax}}$时$f_{\mathrm{m}}(d) = 0$。将基质孔隙的孔径分布范围延伸至d_{smin}，累计孔隙体积的计算结果不会发生改变。此时，双峰孔隙结构土的累计孔隙体积$V(\leqslant d)$可表示为：

$$V(\leqslant d) = \begin{cases} \dfrac{c_{\mathrm{m}}}{3-D_{\mathrm{m}}}\left(d^{3-D_{\mathrm{m}}} - d_{\mathrm{mr}}^{3-D_{\mathrm{m}}}\right) + V_{\mathrm{mr}} & (d_{\mathrm{mmin}} \leqslant d < d_{\mathrm{smin}}) \\ \dfrac{c_{\mathrm{s}}}{3-D_{\mathrm{s}}}\left(d^{3-D_{\mathrm{s}}} - d_{\mathrm{sr}}^{3-D_{\mathrm{s}}}\right) + V_{\mathrm{sr}} & (d_{\mathrm{smin}} \leqslant d \leqslant d_{\mathrm{smax}}) \end{cases} \tag{2.2-16}$$

式(2.2-16)表示的是单位重量试样中的孔隙分布，将累计体积乘以水的密度ρ_{w}，可以得到土体质量含水率的表达式：

$$w(\leqslant d) = \begin{cases} \dfrac{c_{\mathrm{m}}\rho_{\mathrm{w}}}{3-D_{\mathrm{m}}}(d^{3-D_{\mathrm{m}}} - d_{\mathrm{mr}}^{3-D_{\mathrm{m}}}) + w_{\mathrm{mr}} & (d_{\mathrm{mmin}} \leqslant d < d_{\mathrm{smin}}) \\ \dfrac{c_{\mathrm{s}}\rho_{w}}{3-D_{\mathrm{s}}}(d^{3-D_{\mathrm{s}}} - d_{\mathrm{smin}}^{3-D_{\mathrm{s}}}) + w_{\mathrm{sr}} & (d_{\mathrm{smin}} \leqslant d \leqslant d_{\mathrm{smax}}) \end{cases} \tag{2.2-17}$$

式中，w_{mr}——基质孔隙失水阶段的残余含水率，其值等于V_{mr}充满水时的质量；

w_{sr}——结构孔隙失水阶段的残余含水率，其值等于V_{sr}充满水时的质量。

将式(2.2-5)代入式(2.2-17)中得：

$$w(\psi) = \begin{cases} \dfrac{c_{\mathrm{s}}\rho_{\mathrm{w}}(4T_{\mathrm{s}}\cos\theta)^{3-D_{\mathrm{s}}}}{3-D_{\mathrm{s}}}\left[\psi^{-(3-D_{\mathrm{s}})} - \psi_{\mathrm{sr}}^{-(3-D_{\mathrm{s}})}\right] + w_{\mathrm{sr}} & (\psi_{\mathrm{sa}} \leqslant \psi \leqslant \psi_{\mathrm{sr}}) \\ \dfrac{c_{\mathrm{m}}\rho_{\mathrm{w}}(4T_{\mathrm{s}}\cos\theta)^{3-D_{\mathrm{m}}}}{3-D_{\mathrm{m}}}\left[\psi^{-(3-D_{\mathrm{m}})} - \psi_{\mathrm{mr}}^{-(3-D_{\mathrm{m}})}\right] + w_{\mathrm{mr}} & (\psi_{\mathrm{sr}} \leqslant \psi \leqslant \psi_{\mathrm{mr}}) \end{cases} \tag{2.2-18}$$

式中，ψ_{sa}、ψ_{sr}——结构孔隙的进气基质吸力和残余基质吸力；

ψ_{mr}——基质孔隙的残余基质吸力。其数值分别对应于孔径为d_{smax}、d_{smin}、d_{mr}的孔隙开始排水时的基质吸力。

做如下处理，以简化上述土-水特征曲线表达式：

（1）当土体基质吸力处于结构孔隙的吸力区间时（$\psi_{sa}\sim\psi_{sr}$），土-水特征曲线的表达式为：

$$w(\psi)-w_{sr}=\frac{c_s\rho_w(4T_s\cos\theta)^{3-D_s}}{3-D_s}\left[\psi^{-(3-D_s)}-\psi_{sr}^{-(3-D_s)}\right] \tag{2.2-19}$$

当结构孔隙处于饱和状态时，土体含水率为w_{ss}，其表达式为：

$$w_{ss}-w_{sr}=\frac{c_s\rho_w(4T_s\cos\theta)^{3-D_s}}{3-D_s}\left[\psi_{sa}^{-(3-D_s)}-\psi_{sr}^{-(3-D_s)}\right] \tag{2.2-20}$$

式(2.2-19)与式(2.2-20)相除得：

$$\frac{w(\psi)-w_{sr}}{w_{ss}-w_{sr}}=\frac{\psi^{-(3-D_s)}-\psi_{sr}^{-(3-D_s)}}{\psi_{sa}^{-(3-D_s)}-\psi_{sr}^{-(3-D_s)}} \tag{2.2-21}$$

由于$\psi_{sr}\gg\psi_{sa}$，将式(2.2-21)中的$\psi_{sr}^{-(3-D_s)}$略去，可以得到：

$$\frac{w(\psi)-w_{sr}}{w_{ss}-w_{sr}}=\left(\frac{\psi_{sa}}{\psi}\right)^{3-D_s} \tag{2.2-22}$$

（2）当土体基质吸力处于基质孔隙的吸力区间时（$\psi_{sr}\sim\psi_{mr}$），土-水特征曲线的表达式为：

$$w(\psi)-w_{mr}=\frac{c_m\rho_w(4T_s\cos\theta)^{3-D_m}}{3-D_m}\left[\psi^{-(3-D_m)}-\psi_{mr}^{-(3-D_m)}\right] \tag{2.2-23}$$

当基质孔隙处于饱和状态时，土体含水率为$w_{ms}=w_{sr}$，其表达式为：

$$w_{sr}-w_{mr}=\frac{c_m\rho_w(4T_s\cos\theta)^{3-D_m}}{3-D_m}\left[\psi_{sr}^{-(3-D_m)}-\psi_{mr}^{-(3-D_m)}\right] \tag{2.2-24}$$

式(2.2-23)与式(2.2-24)相除得：

$$\frac{w(\psi)-w_{mr}}{w_{sr}-w_{mr}}=\frac{\psi^{-(3-D_m)}-\psi_{mr}^{-(3-D_m)}}{\psi_{sr}^{-(3-D_m)}-\psi_{mr}^{-(3-D_m)}} \tag{2.2-25}$$

由于$\psi_{mr}\gg\psi_{sr}$，将式(2.2-25)中的$\psi_{mr}^{-(3-D_m)}$略去，可以得到：

$$\frac{w(\psi)-w_{mr}}{w_{sr}-w_{mr}}=\left(\frac{\psi_{sr}}{\psi}\right)^{3-D_m} \tag{2.2-26}$$

由式(2.2-22)和式(2.2-26)得到双峰孔隙结构土的 SWCC 表达式为：

$$w=\begin{cases}w_{ss} & (\psi<\psi_{sa})\\ w_{sr}+(w_{ss}-w_{sr})\left(\dfrac{\psi_{sa}}{\psi}\right)^{3-D_s} & (\psi_{sa}\leqslant\psi<\psi_{sr})\\ w_{mr}+(w_{sr}-w_{mr})\left(\dfrac{\psi_{sr}}{\psi}\right)^{3-D_m} & (\psi\geqslant\psi_{sr})\end{cases} \tag{2.2-27}$$

2.2.2 双峰土-水特征曲线模型验证与比较

在第 2.2.1 节中，分别对单峰和双峰孔隙分布土体进行了分析，推导得到了单峰和双峰形式的 SWCC 方程，模型参数均是较为重要的土壤特性指标，属于物理模型。与已发表的 SWCC 模型相比，本节与 Perrier[86]以及 Xu 和 Sun[131]以不同推导方式得到了表达式相同的单峰 SWCC 模型。前人已经对这一模型进行了充分的理论验证并且对其拟合能力做了足够的评估，所以不需要再重复这一工作。我们将所提出的双峰 SWCC 模型应用于 10 组独立的土壤数据（表 2.2-1）中进行了评价。此外，将利用该模型得到的 SWCC 与使用双峰的 Brooks-Corey 模型[127-128]和 X.Li 模型[132]得到的 SWCC 进行对比，以评价该模型的性能。将上述三个方程进行比较的原因是：（1）提出的模型与双峰 Brooks-Corey 模型具有相同的形式，但是双峰 Brooks-Corey 模型是经验模型，提出的模型是物理模型，通过比较这两种模型的拟合结果解释两模型的联系与不同之处。（2）提出的模型与 X.Li 模型同为物理模型，并且两模型中有较多物理意义相同的参数。X.Li 模型相较于其他已有的模型来说形式较为简单。通过比较两种模型中的物理参数，可以验证提出模型的准确性。

利用三种模型对上述 10 组 SWCC 数据进行了拟合，得到了各个模型的模型参数以及用于评价拟合效果的两个标准：RMSE（Root Mean Squared Error）和R^2_{adjusted}（adjusted determination coefficient），见表 2.2-2。其中，RMSE 越小，则表明拟合效果越好；R^2_{adjusted}是一个介于 0～1 的值，当R^2_{adjusted}越接近 1 时表示拟合效果越好[152]。从表 2.2-2 中可以看出，本节提出的模型对于这 10 组土壤数据的土-水特征曲线数据的拟合效果较好（R^2_{adjusted}均大于 0.95，其中有 8 组大于 0.99，并且 RMSE 都非常接近 0）。

土壤数据编号及来源　　　　表 2.2-1

编号	来源	编号	来源
11491	Soil Vision	2530	UNSODA
11538		2753	
SB3		2760	
S3	Satyanaga (2013)	JF3	Rahardjol (2004)
S4		JF13	

本节所使用模型的拟合结果　　　　表 2.2-2

模型	参数	11491	11538	2530	2753	2760	S3	S4	JF3	JF13	SB3
Proposed SWCC 模型	D_m	2.559	2.039	2.812	2.722	2.808	2.457	2.197	2.538	2.403	2.593
	D_s	2.02	2.517	2.396	2.751	2.553	2.525	2.377	2.075	2.111	2.308
	ψ_{sa}	1.665	1.3	31.49	3.27	7.336	2.753	4.316	20.53	25.28	0.9512
	ψ_{sr}	41.53	80	1800	1089	1522	60	66.68	315	387.4	18.77
	w_{sr}	0.2571	0.2761	0.2241	0.3362	0.3727	0.1333	0.1292	0.1961	0.2007	0.2433
	w_{mr}	0.01664	0.1845	0.001621	2.75×10^{-6}	0.02613	0.009897	0.01417	0.04201	0.127	0.02796
	R^2_{adjusted}	0.9987	0.9955	0.9883	0.9978	0.999	0.9952	0.9924	0.9643	0.9912	0.9991
	RMSE	0.002889	0.003976	0.007784	0.004863	0.002448	0.003353	0.004034	0.004169	0.001971	0.002456

续表

模型	参数	11491	11538	2530	2753	2760	S3	S4	JF3	JF13	SB3
X.Li 模型	ψ_a	2.13	2.256	52.9	5.572	12.25	1.013	15	30.4	33.26	1.655
	ψ_{a2}	72.5	99.9	2037	1848	3000	70.98	30.31	569.2	1204	16
	ψ_r	617.5	4757	1.04×10^5	2.744×10^4	2.07×10^5	468.3	255.9	1110	7290	336.7
	ψ_t	2.498	0.951	91.72	13.9	21.43	100	32.33	41.79	45.83	2.039
	w_r	0.09464	0.1188	0.09787	0.1372	0.1485	0.04948	0.07943	0.06739	0.07216	0.1062
	w_s	0.4159	0.5317	0.5269	0.6141	0.6544	0.2345	0.2449	0.3052	0.3294	0.4493
	$R^2_{adjusted}$	0.9889	0.9849	0.9987	0.9881	0.9899	0.9851	0.986	0.9976	0.9652	0.9873
	RMSE	0.009009	0.008714	0.003372	0.01163	0.008378	0.006198	0.005653	0.001139	0.004412	0.0103
Bimodal Brooks-Corey 模型	λ	0.9299	0.4875	0.6039	0.2489	0.4466	0.4783	0.6225	0.9253	0.9244	0.711
	λ'	0.4509	0.9887	0.1903	0.2782	0.1753	0.5614	0.7859	0.5079	0.5963	0.4214
	ψ_a	1.5	1.287	31.49	3.27	7.342	0.2758	4.308	20.51	25.28	0.9454
	ψ_c	41.45	80	1800	1089	1507	60	66.36	315	387.4	18.67
	w_0	0.2577	0.2766	0.2241	0.3362	0.3728	0.1334	0.1293	0.1961	0.2007	0.2446
	w_r	0.01982	0.1856	0.003904	4.73×10^{-7}	3.94×10^{-7}	0.01211	0.01317	0.05552	0.127	0.03137
	$R^2_{adjusted}$	0.9982	0.9938	0.9917	0.9989	0.9996	0.9951	0.9923	0.973	0.9902	0.9991
	RMSE	0.003368	0.004636	0.006541	0.003439	0.001599	0.003368	0.004038	0.003625	0.002074	0.002447

1. 与 X.Li 模型比较

X.Li 模型的表达式为[132]：

$$w(\psi)=\frac{(0.75w_s-3w_r)\sqrt{\psi_a\psi_t}^{2/\lg(\psi_t/\psi_a)}}{\psi^{2/\lg(\psi_t/\psi_a)}+\sqrt{\psi_t\psi_a}^{2/\lg(\psi_t/\psi_a)}}+\frac{(0.25w_s-w_r)(4\psi_t)^{0.8}}{\psi^{0.8}+(4\psi_t)^{0.8}}+\frac{3w_r\sqrt{\psi_{a2}\psi_r}^{2/\lg(\psi_r/\psi_{a2})}}{\psi^{2/\lg(\psi_r/\psi_{a2})}+\sqrt{\psi_{a2}\psi_r}^{2/\lg(\psi_r/\psi_{a2})}}+\frac{w_r(4\psi_r)^{0.8}}{\psi^{0.8}+(4\psi_r)^{0.8}} \tag{2.2-28}$$

式中，w_s——饱和含水率；

w_r——残余含水率；

ψ_a——双峰土-水特征曲线上的进气值；

ψ_{a2}——微观孔中水的进气值；

ψ_t——宏观孔中水的残余吸力；

ψ_r——双峰土-水特征曲线上的残余吸力。

利用式(2.2-27)和式(2.2-28)对选取的土-水特征曲线进行了拟合，得到的最佳拟合曲线如图 2.2-6 所示。比较两模型的拟合曲线可以得出，利用式(2.2-27)拟合得到的 SWCC 与实测数据点的吻合度更高。对这一说法有两点解释：首先，对于双峰特征不明显的土-水特征曲线，式(2.2-28)会进一步忽略其双峰形式，将结果转化成单峰土-水特征曲线，如 2530、2753、S3 以及 SB3；其次，在高吸力范围，式(2.2-28)曲线的斜率较大，如 11538、S3、JF3、JF13。事实上，在较高吸力时，土体的含水率随吸力变化而产生的变化量非常小，曲线的斜率很小。换句话说，在实测数据以外的范围内，式(2.2-28)的拟合曲线与实际土-水特征曲线的变化趋势存在较大差异。

对两种模型的模型参数进行了比较。式(2.2-27)包括 6 个模型参数（w_{sr}、w_{mr}、ψ_{sa}、ψ_{sr}、D_s、D_m），式(2.2-28)包括 6 个模型参数（ψ_a、ψ_{a2}、ψ_r、ψ_t、w_r、w_s）。其中，ψ_{sa}与ψ_a的物理含义相同，表示土体的进气吸力值（或结构孔隙的进气吸力值）；ψ_{sr}与ψ_{a2}的物理含义相同，表示基质孔隙的进气吸力值；w_{mr}与w_r的含义相同，表示土体的残余含水率。对这三组模型参数进行比较，从表 2.2-2 中可以知道，式(2.2-28)拟合得到的结构孔隙进气吸力值和基质孔隙进气吸力值通常比式(2.2-27)得到的值大；两模型得到的残余含水率的大小没有明确的规律，其原因是两模型中关于残余含水率定义以及假设条件是不相同的。在图 2.2-6 中，将式(2.2-27)拟合得到的土-水特征曲线上的特征点(ψ_{sa}, w_s)和(ψ_{sr}, w_{sr})做了标记。比较特征点的坐标与拟合得到的模型参数ψ_{sa}、ψ_{sr}的数值可知，式(2.2-27)得到的模型参数是比较准确的。此外，表 2.2-2 中给出的拟合评价标准$R^2_{adjusted}$和 RMSE 的数值也可以说明式(2.2-27)的拟合性能更佳。

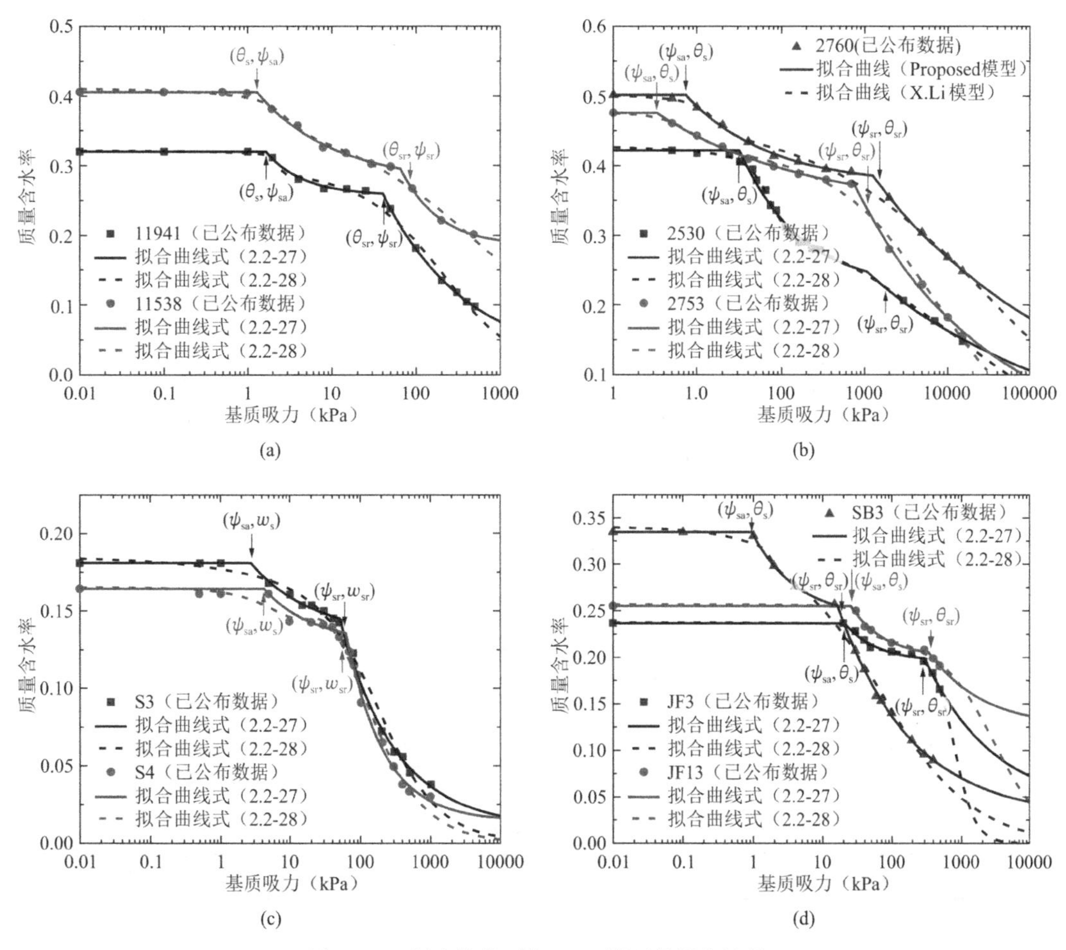

图 2.2-6　提出的模型与 X.Li 模型的拟合效果

2. 与双峰 Brooks-Corey 模型[127-128]比较

双峰 Brooks-Corey 模型的表达式为：

$$w = \begin{cases} w_s & (\psi \leqslant \psi_a) \\ w_0 + (w_s - w_0)\left(\dfrac{\psi}{\psi_a}\right)^{-\lambda} & (\psi_a < \psi \leqslant \psi_c) \\ w_r + (w_0 - w_r)\left(\dfrac{\psi}{\psi_c}\right)^{-\lambda'} & (\psi > \psi_c) \end{cases} \tag{2.2-29}$$

式中，w_s——饱和含水率；

w_r——残余含水率；

w_0——基质孔隙开始失水时土体的含水率；

ψ_a、λ——结构孔隙的进气吸力值和结构孔隙的孔径分布指数；

ψ_c、λ'——基质孔隙的进气吸力值和基质孔隙的孔径分布指数。

令式(2.2-29)中的λ等于$3 - D_s$，λ'等于$3 - D_m$，ψ_c等于ψ_{sr}，则式(2.2-29)就等价于式(2.2-27)。在本节给出的双峰孔隙分布的分形描述方法中，由于基质孔隙的孔径分布函数$f_m(d)$在$d = d_{mmax}$处收敛于 0，如图 2.2-6 所示，因此将基质孔隙的孔径范围扩大为从d_{mmin}～d_{smin}。此时，基质孔隙的最大孔径d_{mmax}等于结构孔隙的最小孔径d_{smin}。这与将基质孔隙当作结构孔隙失水阶段的残余饱和孔隙的假设是吻合的。因此，在上述两个模型中ψ_c与ψ_{sr}就是等价的。对于孔隙分维D与 Brooks-Corey 模型中的孔径分布指数λ之间的关系已经有很多学者做出了探讨[54,134-136]。Tyler 和 Wheatcraft[133]利用二维的 Sierpinski 地毯模型展示了孔隙大小分布指数λ与孔隙分维D的关系，研究结果表明，$D = 2 - \lambda$；基于此研究结果，Brakensiek 和 Rawls[134]利用 11 组由 U.S. Department of Agriculture 给出的土壤数据进一步验证了利用分形几何模型对土壤保水性能建模的实用性。二维空间下，孔隙分维D与$2 - \lambda$基本一致，但在三维空间下，他们报告的分维数比数据库给出的分维数小 1[54]。在三维空间时，孔隙分维与孔径分布指数的等式关系为，$D = 3 - \lambda$。基于土体孔隙的表面分维提出了单峰土-水特征曲线表达式[137]，其中土体表面分维D同样满足等式$D = 3 - \lambda$。其原因是，如果分维数位于 2～3 的范围内，仅测量孔隙大小分布无法区分分形表面和分形体积[23,54]，对于双峰孔隙分布的土体，本节分别对结构孔隙与结构孔隙的孔径分布指数λ和孔隙分维数D进行了比较，如表 2.2-3 所示。这两个参数具有如下等式：

$$D_s = 3 - \lambda \tag{2.2-30}$$

$$D_m = 3 - \lambda' \tag{2.2-31}$$

双峰孔隙结构土的孔隙分维数与孔径分布指数　　表 2.2-3

参数	11491	11538	2530	2753	2760	S3	S4	JF3	JF13	SB3
D_s	2.02	2.517	2.396	2.751	2.553	2.525	2.377	2.075	2.111	2.308
$3-\lambda$	2.0701	2.5125	2.3961	2.7511	2.5534	2.5217	2.3775	2.0747	2.0756	2.289
D_m	2.559	2.039	2.812	2.722	2.808	2.457	2.197	2.538	2.403	2.593
$3-\lambda'$	2.5491	2.0113	2.8097	2.7218	2.8247	2.4386	2.2141	2.4921	2.4037	2.5786

2.2.3 双峰孔隙结构土的孔隙划分方法

1. 土-水特征曲线与孔隙结构的关系

双峰孔隙结构土具有结构孔隙（团聚体间孔隙）和基质孔隙（团聚体内孔隙），这两类孔隙具有不同的孔隙分布特征，并且在尺寸上有很大差异。由于土中吸力的作用，自由水优先处于小空隙中，因此结构孔隙和基质孔隙的失水过程不是同步进行的。此外，饱和孔隙与非饱和孔隙的力学特性是不相同的，这使得传统有效应力理论和本构模型不能适用[137]。找出区分结构孔隙和基质孔隙的标准，并建立区分两种孔隙的力学模型是目前关于非饱和土理论研究中亟须解决的难题。文献报道了多种区分土中结构孔隙和基质孔隙的方法[127,137-138]，不同的区分标准得出的结果不尽相同。因此，提出更加准确地区分土中孔隙的方法是十分有必要的。在本节中，以提出的双峰土-水特征曲线为基础，推导出了双峰孔隙结构土孔隙分维数的计算方法。

土-水特征曲线表示吸力与土体含水率的关系，即单位体积的土体中孔隙水的累计体积随吸力的变化规律。由于土中孔隙具有一定的分形特性，不同孔径的孔隙内水分的分布规律也满足相应的分形特性。假设土中水的失水过程是按孔径大小分级进行的，即大孔内孔隙水的失水过程是绝对先于小孔内孔隙水失水过程的。在此条件下，某一吸力条件对应着相应孔隙的失水过程，其对应关系为式(2.2-5)。将双峰孔隙结构土的失水过程分为三个阶段：饱和状态、结构孔隙失水、基质孔隙失水，如图2.2-7所示。坐标图上方为各临界吸力值所对应的土体状态，其中，黑色颗粒代表土骨架，阴影部分代表水，空白代表空气。在饱和状态时，土中结构孔隙和基质孔隙均处于饱和状态，土中孔隙均被水填充；结构孔隙失水阶段时，随着吸力增加，结构孔隙中的水分逐渐排空，而基质孔隙始终保持饱和状态；基质孔隙失水阶段时，基质孔隙内的水分随吸力增加开始逐级排水，直至土中孔隙水完全排尽。

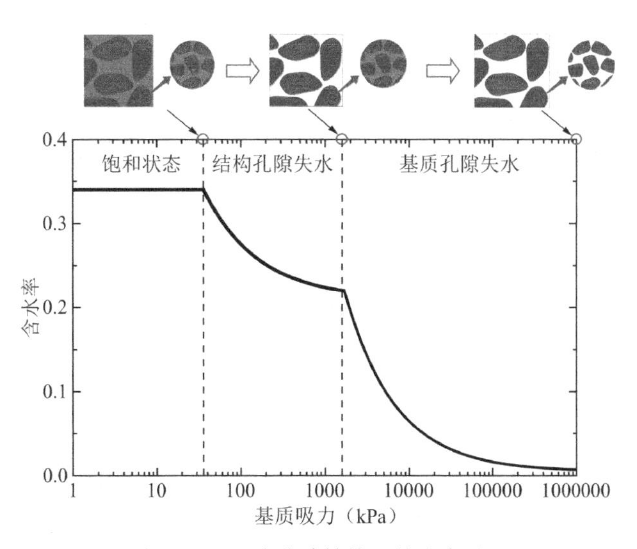

图2.2-7　双峰孔隙结构土的失水过程

2. 利用多重分维理论划分土中孔隙

多重分维理论描述了分形几何体在演化过程中产生的多个层次的分形特征，土中孔隙分维的变化与土体演化程度密切相关，分维数发生变化的拐点对应着土中孔隙结构的标度界限，其实质是土中粒间孔隙与粒内孔隙的界限[140-141]。直接计算孔隙分维数是困难的，因为很难准确得出不同孔径孔隙的数量，因此本节提出了一种利用双峰SWCC计算双峰孔隙结构土分维数的方法。

在结构孔隙失水阶段，只有结构孔隙中的水失去，因此这一部分土-水特征曲线表征的水分体积变化随吸力的规律符合结构孔隙的分形特性，同理，在基质孔隙失水阶段，只有基质孔隙内的水分失去，此时孔隙水的体积变化规律符合基质孔隙的分形特性。因此，可以根据土-水特征曲线得到孔隙的分维。Tao[125]提出了利用单峰土-水特征曲线计算土体孔隙分维的方法，在此基础上，本节推导了双峰孔隙结构土孔隙分维的计算方法，根据双峰土-水特征曲线可以分别得到基质孔隙和结构孔隙的孔隙分维D_s和D_m。由于土-水特征曲线是连续的，因此计算得到的孔隙分维必定在某一吸力处发生突变，即土体失水过程从结构孔隙失水转变为基质孔隙失水的临界吸力值，将该吸力对应的孔径作为区分结构孔隙和基质孔隙的临界孔径。

由式(2.2-18)分别推导结构孔隙和基质孔隙的孔隙分维数计算方法。

（1）对于基质孔隙吸力段，即$\psi_{sr} < \psi < \psi_{mr}$时，土-水特征曲线的表达式为：

$$\begin{aligned} w(\psi) &= \frac{c_m\rho_w(4T_s\cos\theta)^{3-D_m}}{3-D_m}\left[\psi^{-(3-D_m)} - \psi_{mr}^{-(3-D_m)}\right] + w_{mr} \\ &= \frac{c_m\rho_w(4T_s\cos\theta)^{3-D_m}}{3-D_m}\left[\psi^{-(3-D_m)} - \psi_{mmin}^{-(3-D_m)}\right] \end{aligned} \tag{2.2-32}$$

由于$\psi_{mr} \gg \psi_{mmin}$，故可以将式(2.2-32)简化为：

$$w(\psi) = \frac{c_m\rho_w(4T_s\cos\theta)^{3-D_m}}{3-D_m}\psi^{-(3-D_m)} \tag{2.2-33}$$

（2）对于结构孔隙吸力段，即$\psi_{sa} < \psi < \psi_{sr}$时，土-水特征曲线的表达式为：

$$\begin{aligned} w(\psi) &= w_{sr} + (w_{ss} - w_{sr})\left(\frac{\psi_{sa}}{\psi}\right)^{3-D_s} \\ &= \frac{c_m\rho_w}{3-D_m}d_{mmax}^{3-D_m} + (w_{ss} - w_{sr})\left(\frac{\psi_{sa}}{\psi}\right)^{3-D_s} \end{aligned} \tag{2.2-34}$$

基质孔隙的密度函数$f_m(d)$在d_{mmax}处收敛于0，即$c_m d_{mmax}^{2-D_m} = 0$，对于整个结构孔隙的吸力段内，任意时刻的失水孔径d均满足：$d > d_{smin} > d_{mmax}$，则有$c_m d^{(2-D_m)} = 0$。将基质孔隙的密度函数延伸至结构孔隙的分布范围，则式(2.2-34)转换为：

$$\begin{aligned} w &= \frac{c_m\rho_w}{3-D_m}d^{3-D_m} + (w_{ss} - w_{sr})\left(\frac{\psi_{sa}}{\psi}\right)^{3-D_s} \\ &= \frac{c_m\rho_w(4T_s\cos\theta)^{3-D_m}}{3-D_m}\psi^{-(3-D_m)} + (w_{ss} - w_{sr})\left(\frac{\psi_{sa}}{\psi}\right)^{3-D_s} \\ &= \psi^{-(3-D_s)}\left[\frac{c_m\rho_w(4T_s\cos\theta)^{3-D_m}}{3-D_m}\psi^{D_m-D_s} + (w_{ss} - w_{sr})\psi_{sa}^{3-D_s}\right] \\ &= \psi^{-(3-D_s)}\left[\frac{c_m\rho_w(4T_s\cos\theta)^{3-D_m}}{3-D_m}\frac{d^{3-D_m}}{d^{3-D_s}} + (w_{ss} - w_{sr})\psi_{sa}^{3-D_s}\right] \end{aligned} \tag{2.2-35}$$

由基质孔隙的孔径分布密度函数$f_m(d)$可知，当$d > d_{smin}$时：

$$\frac{c_m\rho_w}{3-D_m}d^{3-D_m} = \frac{c_m\rho_w}{3-D_m}d_{smin}^{3-D_m} \tag{2.2-36}$$

基质孔隙的密度函数在d_{smin}处有如下关系：

$$f(d_{smin}) = c_m\rho_w d_{smin}^{2-D_m} \to 0 \tag{2.2-37}$$

$$c_{\mathrm{m}}\rho_{\mathrm{w}}d_{\mathrm{smin}}^{2-D_{\mathrm{m}}} = c_{\mathrm{m}}\rho_{\mathrm{w}}d_{\mathrm{smin}}^{2-D_{\mathrm{s}}}d_{\mathrm{smin}}^{D_{\mathrm{s}}-D_{\mathrm{m}}} \to 0 \tag{2.2-38}$$

由于$d_{\mathrm{smin}}^{(D_{\mathrm{s}}-D_{\mathrm{m}})}$为非零常数，因此

$$c_{\mathrm{m}}\rho_{\mathrm{w}}d_{\mathrm{smin}}^{2-D_{\mathrm{s}}} \to 0 \tag{2.2-39}$$

由式(2.2-39)可知，当$d > d_{\mathrm{smin}}$时，可以得到：

$$\begin{gathered}\int_0^d c_{\mathrm{m}}\rho_{\mathrm{w}}d^{2-D_{\mathrm{s}}}\,\mathrm{d}d = \int_0^{d_{\mathrm{smin}}} c_{\mathrm{m}}\rho_{\mathrm{w}}d^{2-D_{\mathrm{s}}}\,\mathrm{d}d \\ \frac{c_{\mathrm{m}}\rho_{\mathrm{w}}}{3-D_{\mathrm{s}}}d^{3-D_{\mathrm{s}}} = \frac{c_{\mathrm{m}}\rho_{\mathrm{w}}}{3-D_{\mathrm{s}}}d_{\mathrm{smin}}^{3-D_{\mathrm{s}}}\end{gathered} \tag{2.2-40}$$

将式(2.2-36)和式(2.2-40)代入式(2.2-35)得：

$$w = \psi^{-(3-D_{\mathrm{s}})}\left[\frac{c_{\mathrm{m}}\rho_{\mathrm{w}}(4T_{\mathrm{s}}\cos\theta)^{3-D_{\mathrm{s}}}}{3-D_{\mathrm{m}}}\frac{d_{\mathrm{smim}}^{3-D_{\mathrm{m}}}}{d_{\mathrm{smin}}^{3-D_{\mathrm{s}}}} + (w_{\mathrm{ss}}-w_{\mathrm{sr}})\psi_{\mathrm{sa}}^{3-D_{\mathrm{s}}}\right] \tag{2.2-41}$$

对式(2.2-33)和式(2.2-41)两边分别取对数可得：

$$\ln w = \begin{cases} -(3-D_{\mathrm{s}})\ln\psi + \\ \ln\left[\dfrac{c_{\mathrm{m}}\rho_{\mathrm{w}}(4T_{\mathrm{s}}\cos\theta)^{3-D_{\mathrm{s}}}}{3-D_{\mathrm{m}}}\dfrac{d_{\mathrm{smin}}^{3-D_{\mathrm{m}}}}{d_{\mathrm{smin}}^{3-D_{\mathrm{s}}}} + (w_{\mathrm{ss}}-w_{\mathrm{sr}})\psi_{\mathrm{sa}}^{3-D_{\mathrm{s}}}\right] & (\psi_{\mathrm{sa}} \leqslant \psi < \psi_{\mathrm{sr}}) \\ -(3-D_{\mathrm{m}})\ln\psi + \ln\left[\dfrac{c_{\mathrm{m}}\rho_{\mathrm{w}}(4T_{\mathrm{s}}\cos\theta)^{3-D_{\mathrm{m}}}}{3-D_{\mathrm{m}}}\right] & (\psi_{\mathrm{sr}} \leqslant \psi < \psi_{\mathrm{mr}}) \end{cases} \tag{2.2-42}$$

式 (2.2-42) 中，$\ln\left[c_{\mathrm{m}}\rho_{\mathrm{w}}(4T_{\mathrm{s}}\cos\theta)^{3-D_{\mathrm{s}}}/(3-D_{\mathrm{m}}) + d_{\mathrm{smin}}^{3-D_{\mathrm{m}}}/d_{\mathrm{smin}}^{3-D_{\mathrm{s}}} + (w_{\mathrm{ss}}-w_{\mathrm{sr}})\psi_{\mathrm{sa}}^{3-D_{\mathrm{s}}}\right]$与$\ln\left[c_{\mathrm{m}}\rho_{\mathrm{w}}(4T_{\mathrm{s}}\cos\theta)^{3-D_{\mathrm{m}}}/(3-D_{\mathrm{m}})\right]$均为常数，令其为$A$、$B$；则式(2.2-42)可写为：

$$\ln w = \begin{cases} -(3-D_{\mathrm{s}})\ln\psi + A & (\psi_{\mathrm{sa}} \leqslant \psi < \psi_{\mathrm{sr}}) \\ -(3-D_{\mathrm{m}})\ln\psi + B & (\psi_{\mathrm{sr}} \leqslant \psi < \psi_{\mathrm{mr}}) \end{cases} \tag{2.2-43}$$

将土-水特征曲线测得的数据进行双对数处理，得到$\ln w$与$-\ln\psi$的关系，如式(2.2-43)所示。在坐标图中表现为具有一个拐点的折线，如图 2.2-8 所示。孔隙分维发生突变的这个拐点将两种不同分维的孔隙（即结构孔隙和基质孔隙）进行了划分。

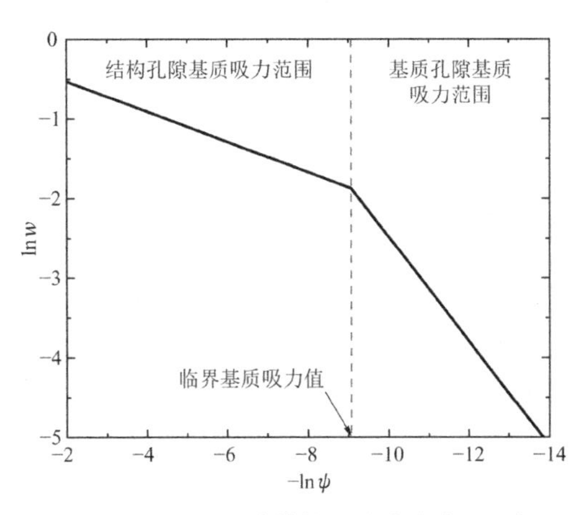

图 2.2-8　双峰孔隙结构土的分维分段现象

3. 方法验证

选取三组试验数据用于验证提出的孔隙划分方法的合理性，土样名称分别为：桂林红黏土（$e = 0.96$）、桂林红黏土（$e = 1.7$）和砂土混合物。除此之外，为了证明该方法划分结果的准确度，需要引入一种较为准确的孔隙划分方法作为参照。在土体吸力的作用下，孔隙水优先处于微小孔中，反过来，随着吸力的不断增加，较大的孔隙中水分的失去过程往往要先于小孔隙的失水过程。这一现象较为明显地表现在双峰 SWCC 上。已有文献提出了利用双峰 SWCC 划分土中结构孔隙和基质孔隙的方法[127,137]，这一类区分方法根据双峰孔隙结构土的失水规律，将 SWCC 的特征点（基质孔隙的进气吸力对应的孔径）作为区分结构孔隙和基质孔隙的界限孔径，具有较为明确的理论依据。

利用多重分维理论方法和双峰土-水特征曲线方法分别对上述三组土壤数据进行处理，根据两种方法确定双峰孔隙结构土中结构孔隙和基质孔隙的临界孔径d_0。首先，确定土体从结构孔隙吸力段到基质孔隙吸力段的临界吸力值ψ_0，然后利用 Young-Laplace 方程得出临界孔径d_0。多重分维理论方法利用式(2.2-43)对土壤数据进行处理，分别得到结构孔隙和基质孔隙的分维数，当分维数发生突变时，对应的吸力值即为临界吸力值ψ_{0a}；双峰 SWCC 方法则是将 SWCC 上结构孔隙吸力段与基质孔隙吸力段的交点作为划分土中孔隙的临界吸力值ψ_{0b}。求出临界吸力值ψ_{0a}和ψ_{0b}对应的孔径大小d_{0a}和d_{0b}，并将得到的孔隙划分结果与压汞试验数据进行比较，验证这两种孔隙划分方法的正确性。在将压汞试验数据与土-水特征曲线试验数据相互转换时，需要考虑两种试验中试样尺寸相差较大所导致的尺度效应，所以需要引入一个尺度影响因子λ，此时将 Young-Laplace 方程改写为[142]：

$$\psi = \frac{4T_s \cos\theta}{\lambda d} \tag{2.2-44}$$

式中，λ——尺度影响因子，其值为 0.1[142]；在计算过程中，T_s按 25℃时取 0.072N/m，θ取 0°[143-144]。

表 2.2-4 中为两种孔隙方法对于三种双峰孔隙土样的孔隙划分结果，临界吸力ψ_0对应的临界孔径d_0依据式(2.2-44)求出。经过比较可以得出，这两种方法的划分结果大致上是相同的，这说明本节提出的利用孔隙分维划分方法是有效的。

图 2.2-9 为三种双峰孔隙结果土体的孔隙划分结果，图 2.2-9（a）、（d）、（g）分别是多重分维理论方法对三种土样的孔隙划分结果。这三幅图中显示的折线形式与前文中提到的多重孔隙分维的现象是一致的，同时这也证明前文中结构孔隙与基质孔隙具有不同孔隙分维的假设是正确的。图 2.2-9（b）、（e）、（h）分别是双峰 SWCC 对三种土样的孔隙划分结果。图 2.2-9（c）、（f）、（i）中将多重孔隙分维理论得到的临界孔径在土体孔隙分布曲线中进行标注，可以看出，临界孔隙d_{0a}能够明确对孔隙分布曲线中的两个峰进行区分，尤其是图 2.2-9（c）和（f）中，临界孔径所在的位置恰好是两峰中间的谷底。换句话说，利用多重分维理论对结构孔隙和基质孔隙进行划分是非常准确的。

同时，这也说明了结构孔隙和基质孔隙的分布规律分别对应双峰孔隙结构土体孔隙分布曲线上的两峰。另外，由式(2.2-43)可知，ψ_{sr}为多重分维方法中理论上的临界吸力值。从图 2.2-9 中还可以看出，ψ_{sr}与两种孔隙区分方法的临界吸力值比较接近，因此将双峰 SWCC 拟合得到的ψ_{sr}作为划分孔隙的临界吸力值也是一种可行的方案。

土中孔隙划分结果　　　　表 2.2-4

方法	土样参数	桂林红黏土（$e=0.96$）	桂林红黏土（$e=1.7$）	砂土混合物
孔隙分维方法	ψ_{0a}	4863.452	14990	208.6579
	微观孔隙	0.1387	0.3716	0.1583
	微观孔隙	0.3503	0.258	0.3828
	d_{0a}（um）	0.598	0.1941	13.946
双峰 SWCC 方法	ψ_{0b}	4909.709	14943.03	216.8834
	微观孔隙	0.1454	0.3785	0.1646
	微观孔隙	0.3436	0.2511	0.3765
	d_{0b}（um）	0.5927	0.1947	13.4173

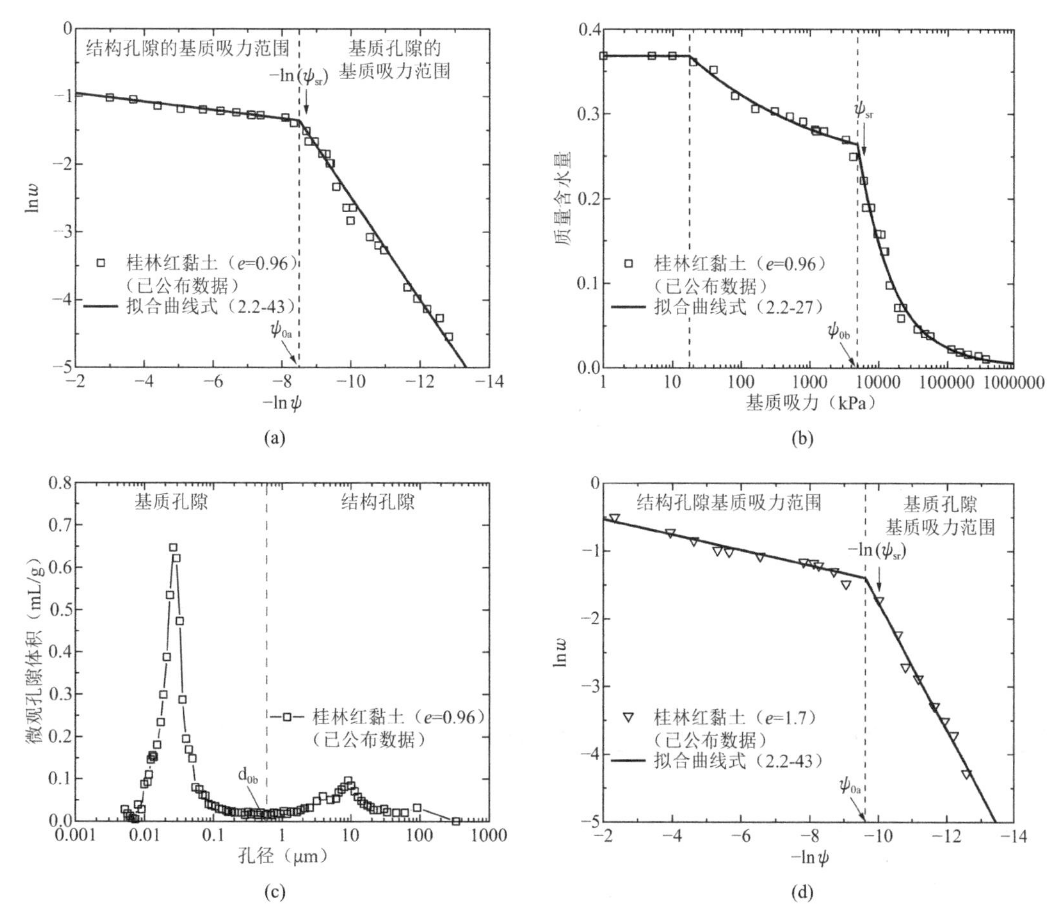

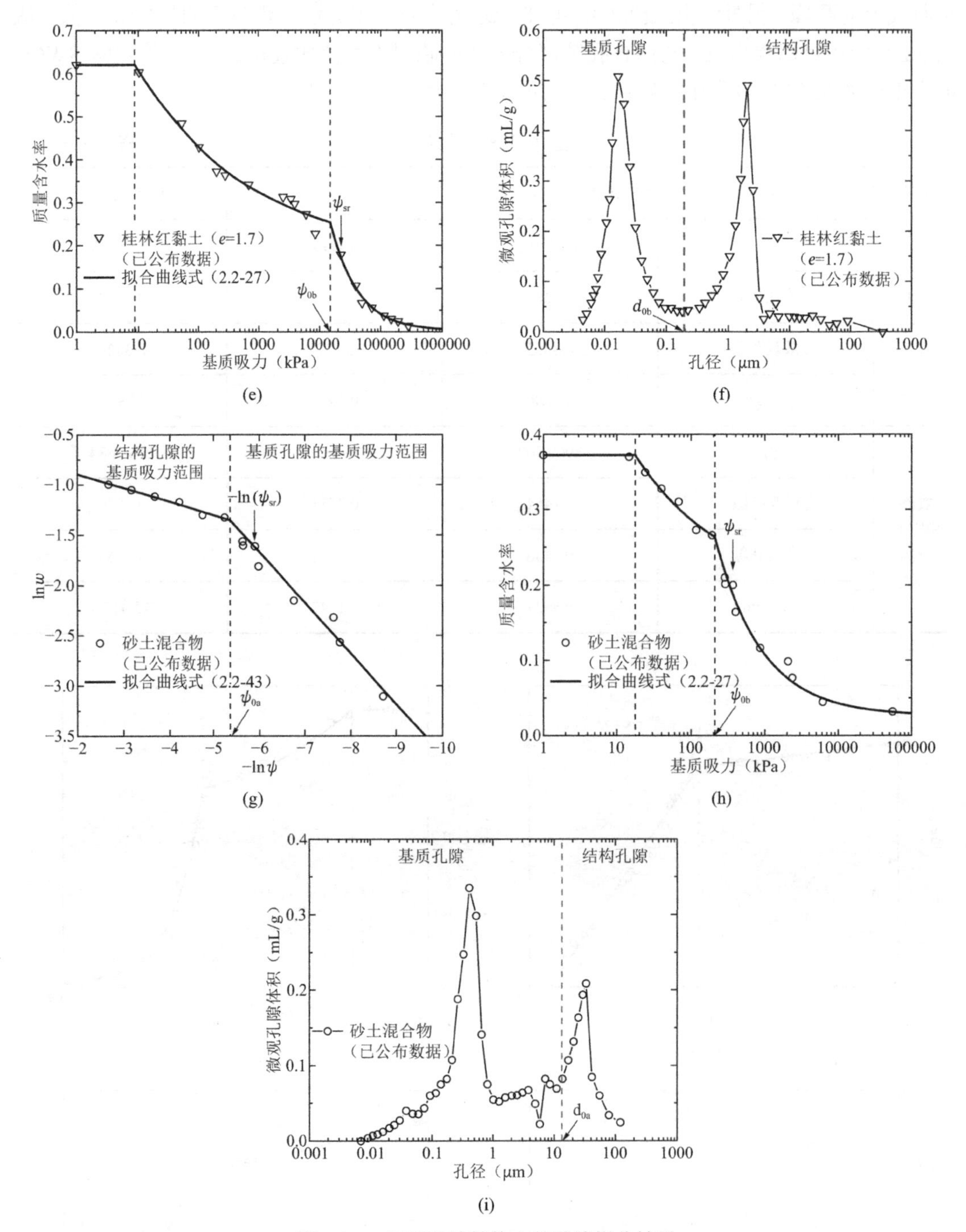

图 2.2-9　双峰孔隙结构土的孔隙划分结果

2.3　基于微观孔隙分布特征的土-水特征曲线预测方法

2.3.1　基于压汞法的土-水特征曲线预测方法

非饱和土的基质吸力与其含水率之间的关系称为土-水特征曲线，土-水特征曲线是预测非饱和土的抗剪强度、渗透系数、体应变，以及地下水面以上水分分布的重要基础。土-水特征曲线直接测量方法耗时较长，通过间接方法预测土-水特征曲线具有重要意义。土-水特征曲线的间接方法大致可以分为三类，即土壤转换函数法、物理经验法和分形几何法。

本节提出一种基于压汞法的土-水特征曲线两特征参数预测方法，该方法根据土体孔隙分布数据求解两参数，分别是分维数D和进气值ψ_a，再基于分形模型预测土-水特征曲线。本节提出了“临界孔径”的概念，选取小于“临界孔径”的孔隙数据进行拟合，可得到反映土-水特征曲线试样孔隙分布本质特征的最优分维数D；提出了“最大特征孔径”d_{max}概念，并引入尺度效应系数λ来考虑压汞试验和土-水特征曲线试验的试样在尺寸上的差异性，结合 Young-Laplace 方程和孔隙率分形模型预测土体进气值ψ_a。压汞试验和土-水特征曲线试验结果表明，通过两特征参数预测的土-水特征曲线与实测值吻合较好。

1. SWCC 分形模型

本书建议了一种孔隙率模型，该模型表达式如下：

$$\phi(>d) = 1-(d/d_{max})^{3-D} \tag{2.3-1}$$

式中，D——分维数；

d——等效连通孔径；

d_{max}——最大特征孔径；

$\phi(>d)$——孔径大于d的孔隙率。

用d_{min}表示最小特征孔径，取$d=d_{min}$，则有：

$$\phi = 1-(d_{min}/d_{max})^{3-D} \tag{2.3-2}$$

式中，ϕ——土样总孔隙率。

用θ表示体积含水率，则有$\theta=\phi(\leqslant d)=\phi-\phi(>d)$，代入式(2.3-1)，则有：

$$\theta = \phi-1+(d/d_{max})^{3-D} \tag{2.3-3}$$

根据 Young-Laplace 方程，基质吸力ψ和孔径d有如下关系：

$$\psi = 4T_s\cos\alpha/d \tag{2.3-4}$$

式中，T_s——表面张力；

α——接触角。

当d取最大孔径d_{max}时，对应的基质吸力ψ为进气值ψ_a，即有：

$$\psi_a = 4T_s\cos\alpha/d_{max} \tag{2.3-5}$$

结合式(2.3-4)和式(2.3-5)，式(2.3-3)可变为：

$$\theta = \phi-1+(\psi_a/\psi)^{3-D} \tag{2.3-6}$$

值得说明的是，Rieu 和 Sposito 根据假想团聚体模型建立的模型与式(2.3-6)在形式上是一致的，但二者分维数的定义不同，建立方法也不一样。

式(2.3-6)是体积含水率表示的土-水特征曲线模型，根据体积含水率与质量含水率之间的关系，质量含水率w表示的数学模型可用式(2.3-7)表示：

$$w = \frac{(1+e)(\psi_a/\psi)^{3-D}-1}{G_s} \tag{2.3-7}$$

式中，G_s、e——土粒相对密度及孔隙比。值得说明的是，式(2.3-7)成立的条件是$\psi>\psi_a$，当$\psi\leqslant\psi_a$时，w统一近似取值饱和质量含水率，即$w=e/G_s$。

对于特定土体而言，式(2.3-7)中的G_s、e为已知值，故通过式(2.3-7)预测土-水特征曲线，其关键是预测未知参数D及ψ_a。

2. 基于压汞技术预测分维数 D 及进气值ψ_a

（1）压汞试验

试验用土为武汉地区黏性土，其土粒相对密度为 2.75，液、塑限分别为 38.9、20.4。具体试验步骤如下：①将试验土样进行风干、碾碎，过 2mm 筛后烘干备用；②计算出含水率为 15%土样所需蒸馏水的质量，用喷雾壶均匀喷洒在干土上并搅拌均匀；③将搅拌均匀的土样放置在培养皿中 24h，复测其含水率；④以复测的含水率作为最终的制样含水率，称取不同干密度试样（干密度ρ_d分别为 1.30g/cm³、1.35g/cm³、1.40g/cm³、1.45g/cm³、1.50g/cm³、1.60g/cm³ 和 1.71g/cm³）所需湿土的质量；⑤利用千斤顶静压制样；⑥试样经抽真空饱和后用液氮进行冷冻干燥；⑦将干燥后的土样用锋利小刀切成约 1cm³ 的小块。压汞试验由专业操作人员完成，采用的仪器为美国康塔公司生产的 PoreMaster33 压汞仪。图 2.3-1 给出了不同干密度试样相应于 1g 颗粒质量的压汞测试结果。

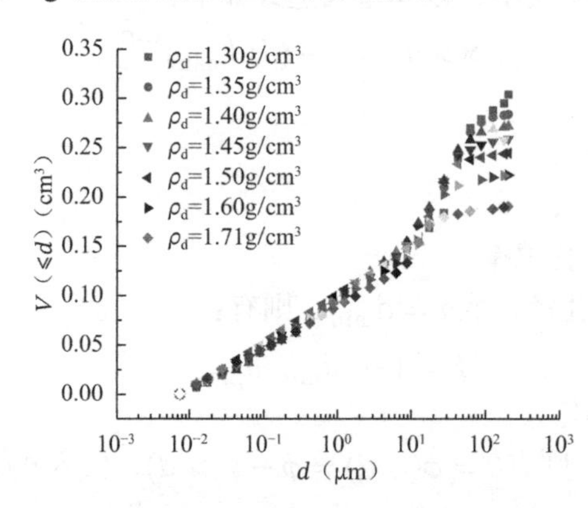

图 2.3-1 不同干密度黏性土压汞试验结果

（2）分维数预测

前文已述表征孔隙孔径分形特性的数学表达式可用式(2.3-8)表示：

$$V(>d)=V_a\left[1-\left(\frac{d}{L_2}\right)^{3-D}\right] \tag{2.3-8}$$

式中，$V(>d)$——孔径大于d的孔隙总体积；

V_a——表示土样总体积；

L_2——表示研究区域尺寸。

根据式(2.3-8)，有：

$$(d)^{3-D}\propto V_a-V(>d) \tag{2.3-9}$$

现假设分析的土样总体积为单位 1，即令$V_a=1$。若土样总孔隙率为ϕ，则有$V(>d)=\phi V(\leqslant d)$，其中$V(\leqslant d)$表示单位土样总体积内包含的孔径小于等于$d$的孔隙总体积。那么式(2.3-9)可变为：

$$(d)^{3-D}\propto 1-\phi+V(\leqslant d) \tag{2.3-10}$$

对式(2.3-10)两边同时取对数，则有：

$$(3-D)\ln d\propto \ln[1-\phi+V(\leqslant d)] \tag{2.3-11}$$

基于压汞试验数据，依据式(2.3-11)以$\ln d$为横坐标，$\ln[1-\phi+V(\leqslant d)]$为纵坐标作散点图，进行线性拟合，拟合结果见图 2.3-2（a），拟合直线表达式、相关系数及求得分维数见表 2.3-1。

结果表明，7 个试样相关系数均较高，分形特征较为明显，分维数随干密度增加有缓慢增加趋势。仔细分析图 2.3-2（a）可知，7 个试样的散点图均存在一个特殊孔径，为前文所述的“临界孔径”。在孔径小于临界孔径之前的数据点，几乎呈直线分布；在孔径大于临界孔径之后的数据点分布明显“上凸”，“临界孔径”正处在“拐点”位置。这说明，小于“临界孔径”的孔隙分形特性较为明显，若仅对小于“临界孔径”的孔隙进行计算分析，会求得更能反映孔隙分形特征的分维数。

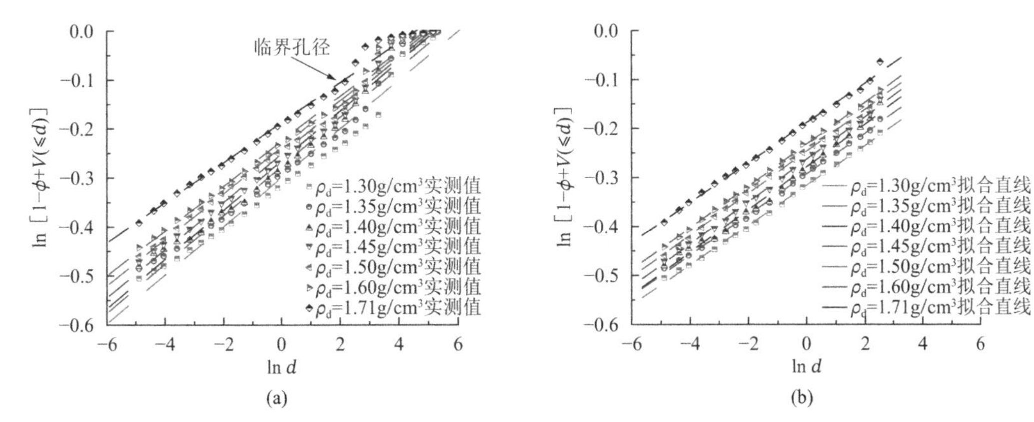

图 2.3-2　分维数计算直线拟合图

图 2.3-2（a）分维数计算结果　　　　表 2.3-1

干密度（g/cm³）	拟合直线表达式	相关系数R	分维数D
1.30	$y = 0.050x - 0.299$	0.985	2.950
1.35	$y = 0.050x - 0.276$	0.989	2.950
1.40	$y = 0.050x - 0.265$	0.991	2.950
1.45	$y = 0.049x - 0.251$	0.994	2.951
1.50	$y = 0.047x - 0.237$	0.994	2.953
1.60	$y = 0.046x - 0.225$	0.995	2.954
1.71	$y = 0.041x - 0.187$	0.994	2.959

图 2.3-2（b）分维数计算结果　　　　表 2.3-2

干密度（g/cm³）	拟合直线表达式	相关系数R	分维数D
1.30	$y = 0.041x - 0.316$	0.999	2.959
1.35	$y = 0.041x - 0.293$	0.999	2.959
1.40	$y = 0.044x - 0.279$	0.996	2.956
1.45	$y = 0.043x - 0.263$	0.999	2.957
1.50	$y = 0.043x - 0.247$	0.999	2.957
1.60	$y = 0.043x - 0.232$	1.000	2.957
1.71	$y = 0.041x - 0.189$	0.998	2.959

仅对小于“临界孔径”的孔隙进行分析拟合具有合理性和可行性。首先，式(2.3-7)给出的预测模型是针对进气值之后的较高吸力部分，对应的是较小孔径孔隙，相应分维数计算只考虑小于“临界孔径”的孔隙可能更加合理。其次，土-水特征曲线试样中大孔隙的数量少于小孔隙，因孔隙数量越多分形特征越明显，故大孔隙的分形特征明显弱于小孔隙。压汞试样取自土-水特征曲线试样中的一小部分，使得原始土-水特征曲线试样中的大孔隙数量减少，进一步弱化了大孔隙的分形特征。基于上述两点，本节认为仅对小于“临界孔径”的孔隙进行分析拟合，可求得最优分维数。经分析，7 个试样“临界孔径”相近，约为 12.5μm。

分维数计算仍采用式(2.3-11)，仅对小于“临界孔径”的孔隙数据进行线性拟合，其线性拟合效果见图 2.3-2（b），具体拟合结果见表 2.3-2。计算结果表明，拟合的相关系数明显更高，拟合效果更加明显，分形特征更加突出，所计算获得的 7 个不同干密度试样的分维数在 2.956～2.959 之间，变化非常小。所以可见在利用式(2.3-11)计算分维数时，仅对小于“临界孔径”的孔隙进行直线拟合是可行的。

（3）进气值预测

由式(2.3-4)可知，d与基质吸力存在一一对应的关系，理论上结合该式和压汞试验结果便可预测土-水特征曲线，但实测数据表明该方法预测误差较大。经深入研究，笔者认为误差可能主要是由尺度效应引起的。

压汞试验试样体积约 1cm^3，而压力板仪试验中试样体积约 60cm^3，两者尺寸相差较大。式(2.3-4)中的d为等效连通孔径，同一土体，分析的尺寸不同，等效连通孔径也会发生变化。把试样看作若干薄层土片组成，很明显，单一薄片土样的等效连通孔径与n层叠加后试样的等效连通孔径是不同的。图 2.3-3 给出了相关示意图，可以看出，对于某特定的孔隙，随着土层不断加厚，等效连通孔径趋于减小。为考虑尺度效应的影响，这里引入尺度效应系数λ，当压汞试验获取的某等效连通孔径为d时，相应于土-水特征曲线试样的等效连通孔径为λ（$\lambda < 1$）。

利用式(2.3-13)预测进气值时，其关键是预测最大特征孔径d_{max}，由于试样的总孔隙率容易测量，如果能将预测d_{max}转化为预测总孔隙率将能有效降低运算复杂度。式(2.3-2)能够有效将两者结合，但还有一个问题需要解决，那就是如何确定最小特征孔径d_{min}，即求解总孔隙率时涉及的最小特征孔径是多少？

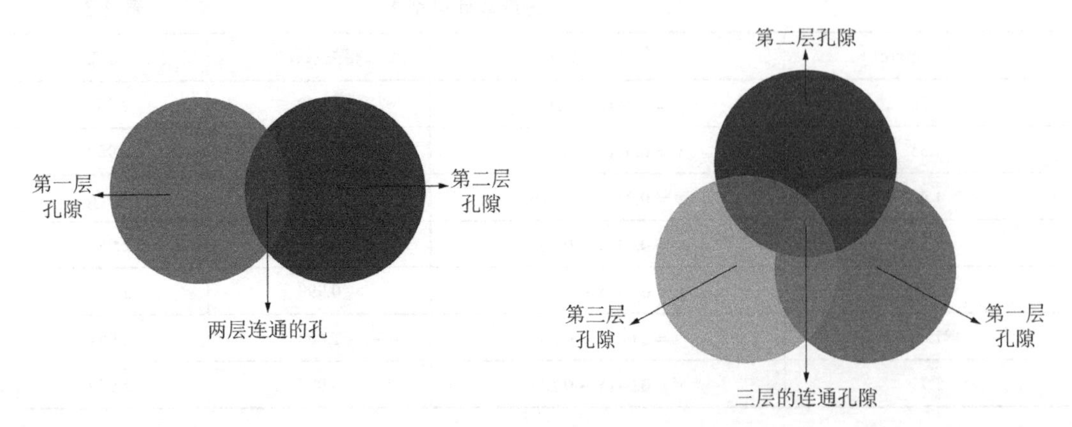

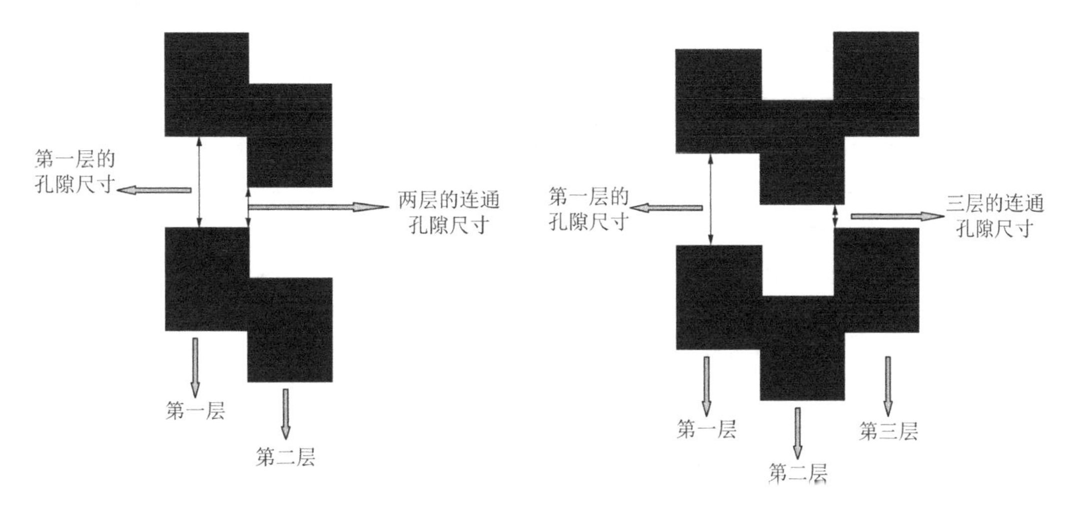

图 2.3-3　等效连通孔径尺度效应示意图

考虑尺度效应后，式(2.3-4)可变为：

$$\psi = \frac{4T_s \cos\alpha}{\lambda d} \tag{2.3-12}$$

根据式(2.3-12)，进气值可按下式计算：

$$\psi_a = \frac{4T_s \cos\alpha}{\lambda d_{max}} \tag{2.3-13}$$

本节计算时尺度效应系数λ取值为 0.1，$4T_s \cos\alpha$统一取值为 300μN/m（其中T_s值在常温 20°C时一般取为 72.75μN/m，接触角α一般取为 0°）。

总孔隙率是通过土的基本物理指标求得，其基本物理指标可由“烘干法”测量，“烘干法”是指在 100～105°C的温度下将试样烘干至恒温。也就是说，最小特征孔径d_{min}应该考虑对应于 100～105°C所能烘干的最小孔径。土中的水分为液态水、固态水及气态水。气态水质量在这里忽略不计，所以土中水的质量主要考虑液态水和固态水。液态水包括：重力水、毛细水和结合水，重力水在本身重力作用下可以运动，毛细水受表面张力作用，力的作用范围约为 1～10^4nm；结合水受分子引力作用，力的作用范围约为 0.3～10^2nm。100～105°C恒温烘干时，液态水几乎会全部挥发（少量结合水未能脱去），也就是说最小特征孔径$d_{min} \leqslant 0.3$nm。对于固态水，认为其受氢键和共价键作用，力的作用范围分别为 0.2～0.3nm、0.1～0.2nm。100～105°C的恒温条件下，大部分水已经脱去。也就是说，所考虑的最小特征孔径范围为 $0.1\text{nm} \leqslant d_{min} \leqslant 0.3\text{nm}$。在预测最大特征孔径时，本书建议采用$d_{min} = 0.2$nm 进行计算。

预测进气值的具体步骤为：首先，由试样的干密度及土粒相对密度计算得到试样的总孔隙率，计算结果表示干密度为 1.30g/cm^3、1.35g/cm^3、1.40g/cm^3、1.45g/cm^3、1.50g/cm^3、1.60g/cm^3、1.71g/cm^3 的 7 个试样，其对应的总孔隙率分别为 0.53、0.51、0.49、0.47、0.45、0.42、0.38；其次，根据上文选取的d_{min}值以及表 2.3-2 中分维数预测值，结合式(2.3-2)即可确定最大特征孔径d_{max}；最后，依托式(2.3-13)即可预测进气值，具体结果见表 2.3-3。

预测的“最大特征孔径”d_{max}及进气值ψ_a 表 2.3-3

干密度（g/cm³）	1.3	1.35	1.4	1.45	1.5	1.6	1.7
d_{max}（μm）	17273	6880	922	583	265	59	23
ψ_a（kPa）	0.17	0.44	3.25	5.15	11.33	50.82	129.56

3. 预测方法验证

采用与上述压汞试验相同的土样和制备方法制备平行试样，试验方法以及结果详见第2.1.3 节。图 2.3-4 给出了不同干密度武汉黏性土土-水特征曲线测量结果。根据表 2.3-2 中的分维数及表 2.3-3 中的进气预测值，利用式(2.3-7)便可预测土样的土-水特征曲线。

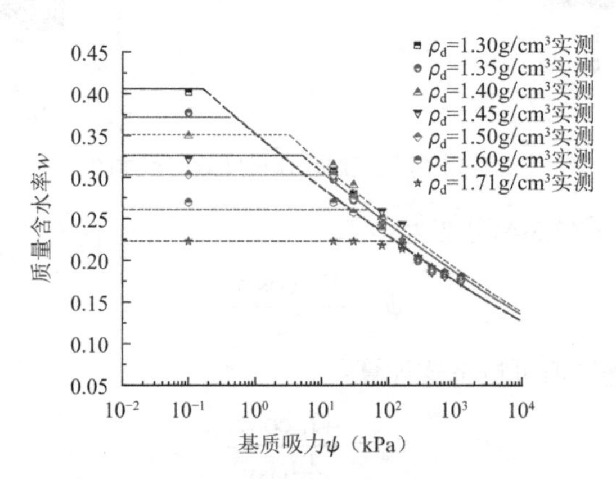

图 2.3-4 土-水特征曲线预测曲线与实测值

2.3.2 基于核磁共振技术的土-水特征曲线预测方法

1. 土-水特征曲线与核磁共振（NMR）曲线的关系

出现于 20 世纪的核磁共振技术，对孔隙结构的探测具有无损、快捷、直观显示等优点，受到岩土学者们的重视。目前，在已知的理论中，通过核磁共振试验的 NMR 曲线（T_2谱）可以很好地反映物体内部孔隙结构的孔径分布。因此，通过土样的 NMR 曲线，即可知道土样内部孔隙体积-孔径的分布特性[145-147]。实际上，土-水特征曲线同样可以反映土体内部孔隙分布的状况，二者之间必定存在一定联系。

基于此，本节探索了 SWCC 曲线和 NMR 曲线之间的关系，期望建立一种简便的土-水特征曲线预测方法。通过制备不同干密度黏性土试样，然后分别进行土-水特征曲线试验及核磁共振试验，对试验数据进行转换及对比分析，建立了基质吸力与T_2值之间理论及经验关系式，并进行了有效性分析，还探讨了经验关系式中的参数与试样初始干密度的关系。

1）核磁共振（NMR）试验

核磁共振试验所采用的是中国科学院武汉岩土力学研究所与苏州纽迈公司联合研制的PQ-001Mini 型 NMR 核磁共振仪，仪器主要是由磁体单元、射频系统、数据采集分析系统等部分组成，磁体单元包含了永久磁体、射频线圈、试样管等部分，如图 2.3-5 所示。永久磁体的磁场强度为 0.52T（特斯拉），磁体温度在 32℃ ± 0.01℃，从而保证主磁场的均匀性和稳定性。试样管主要用于放置待测试样，其有效测试区为 60mm × ϕ60mm。核磁共振技术通过测试氢原子的信号，根据试样水分子中的氢核信号来计算水分含量，核磁共振谱峰的面积正比于氢核的数量，根据苏州纽迈公司所研发的基于迭代寻优算法的反演软件，对测试试样 FID 曲线进行迭代反演，得到试样的横向弛豫时间T_2分布数据，并拟合出横向弛豫时间T_2分布曲线图，其对应的是某一孔径下的含水率。由于水存在于试样的孔隙中，T_2分布曲线实际反映了试样孔隙的分布情况，即T_2值大小分布可以反映孔隙孔径大小分布，T_2分布曲线图的峰面积与该T_2范围内的孔隙体积成正比。因此，通过对横向弛豫时间T_2谱线图的分析，可以得出试样中孔隙的持水特性和孔径大小分布信息。

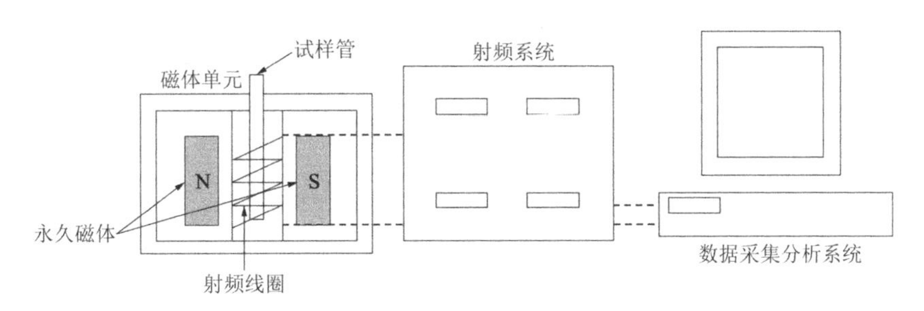

图 2.3-5　核磁共振试验设备示意图

（1）试样制备

试验用非饱和黏性土取自湖北省武汉市汉街某工程深 9m 的基坑底部，测得颗粒相对密度为 2.75[104]。试验用土经烘干、碾碎后，过孔径为 2mm 的筛，制成含水率为 15%的重塑土，采用液压千斤顶静压制样，制备不同干密度的重塑试样 14 个，分两组，分别用于 NMR 试验和土-水特征曲线试验。干密度分别为 1.30g/cm^3、1.35g/cm^3、1.40g/cm^3、1.45g/cm^3、1.50g/cm^3、1.60g/cm^3、1.71g/cm^3。将制备好的试样进行抽真空饱和，为试验备用。

（2）试验设备

本试验使用的试验设备为中科院武汉岩土力学研究所所拥有的苏州纽迈公司生产的 PQ001 型低磁场核磁共振分析仪，如图 2.3-6 所示。设备永久磁体磁场强度为 0.5T，属于低磁场类别[148]，磁体温度为 32℃左右，共振频率为 22MHz + 356.390015kHz。试验信号处理所采用的反演软件为试验设备配套使用的反演软件。

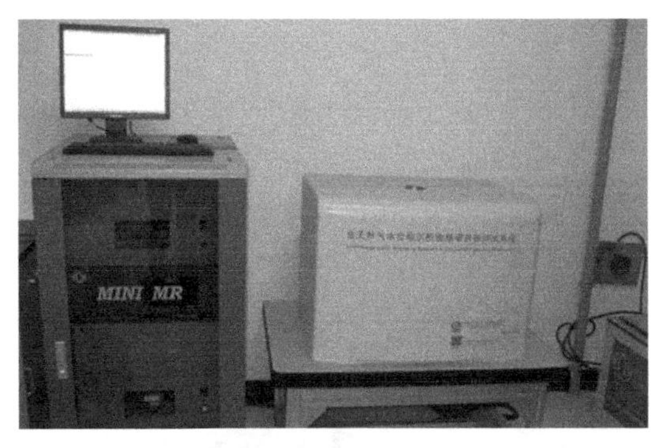

图 2.3-6　PQ001 型低磁场核磁共振分析仪

试验开始前提前一天打开射频单元和磁体恒温系统，以确保试验环境的磁场均匀性。试验过程中多次重复测量，对数据进行累加处理，以达到提高测量信噪比和数据精准度的目的。试验设置扫描次数为 10000 次，测量信噪比 SNR > 80。射频脉冲采用 CPMG 序列，CPMG 脉冲序列的优点在于可以降低磁场不均匀性对数据产生的影响。最终通过试验设备数据采集系统及反演软件可以得到不同干密度下土样横向弛豫时间T_2与信号幅度的关系曲线（NMR 曲线），如图 2.3-7 所示。

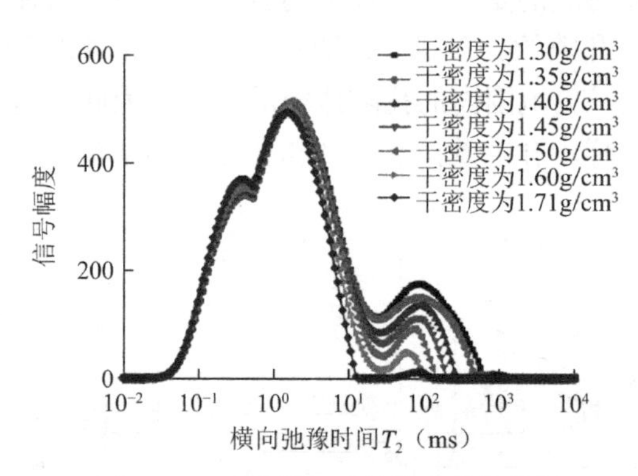

图 2.3-7　反演处理后的核磁共振数据

因为 NMR 曲线可以表征土样孔径的分布，所以由图 2.3-7 可以发现孔径分布的如下规律。对曲线进行整体分析可知，随着干密度的增大，NMR 曲线所围成的区域面积逐渐减小，即表明土样孔隙体积逐渐减小；7 个不同干密度试样的孔隙分布规律有相似之处，即均存在 3 个峰值，峰值位置大致相当，大约分别位于 0.3ms、2.0ms、100.0ms 附近；随着干密度（压实度）增加，100.0ms 处峰值开始不断降低直至几乎消失（干密度 1.70g/cm³），2.0ms 处的峰值稍有降低，而 0.3ms 处的峰值稍有增加。上述现象表明：对于一定总体积的土体而言，压实度越高，大孔隙体积越小（尤其 100.0ms 处附近的最大孔隙），小孔隙（0.3ms 处附近的孔隙）体积反而有增加的趋势，同时孔隙分布峰值的位置变化不大（大孔隙的峰值位置稍有左移的趋势，而小孔隙的峰值几乎没变，尤其对于 0.3ms）。

由于 NMR 试验T_2谱下方的谱积分面积可以表示对应的横向弛豫时间T_2区间内的土样孔隙含水率（孔隙体积），根据试样的总孔隙率，由图 2.3-7（值得说明，图 2.3-7 分析的是相同总体积土样）可得 1g 干土对应的累计孔隙水质量-横向弛豫时间（倒数）的关系曲线，如图 2.3-8 所示。

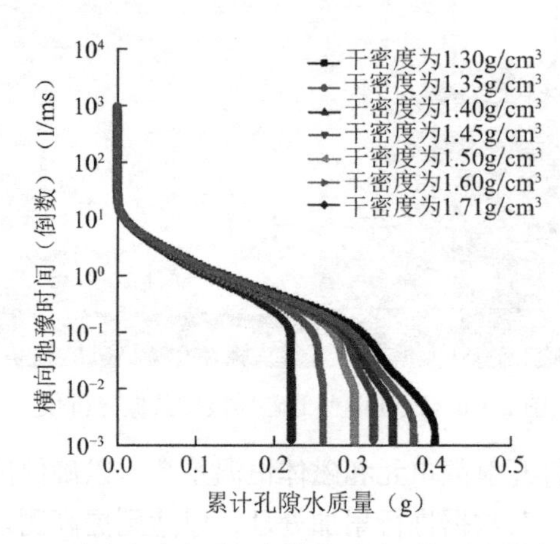

图 2.3-8　累计孔隙水质量与横向弛豫时间（倒数）的关系

2）土-水特征曲线试验及拟合分析

试验采用压力板仪，试验中重复“施压—称量”的试验过程，直至试验结束。试验结果以质量含水率表示，所得试验数据利用 Origin 数据处理软件，处理所得散点图如图 2.3-9 所示[105]。很明显，图 2.3-8 和图 2.3-9 整体形状极其相似，二者均以质量含水率（图 2.3-8 实际也是质量含水率）为横坐标，方便后文基质吸力和横向弛豫时间的关系研究。

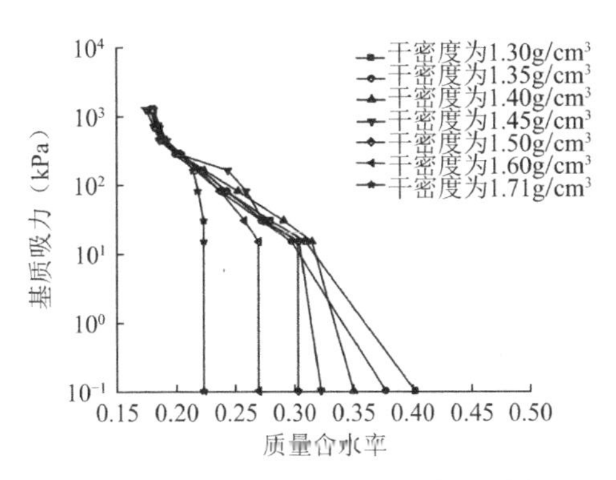

图 2.3-9 土-水特征曲线试验数据散点图

3）土-水特征曲线拟合分析

（1）土-水特征曲线模型介绍

目前较为流行的经典土-水特征曲线模型有：Williams 的两个参数模型[148]，Gardner、Brooks 和 Corey、Mckee 和 Bumb、Fredlund-Xing 各自的 3 个参数模型[149-152]以及 Van Genuchten、Fredlund-Xing 各自的 4 个参数的模型[152-153]。当前被广泛采用的为 4 个参数的基本模型，Van Genuchten 模型表达式为：

$$\theta = \theta_r + \frac{\theta_s - \theta_r}{\left[1 + \left(\frac{\psi}{a}\right)^b\right]^c} \tag{2.3-14}$$

式中，ψ——基质吸力；

θ、θ_s、θ_r——体积含水率、饱和体积含水率和残余体积含水率；

a——与进气值有关的参数；

b——基质吸力大于进气值后，与土体脱水速率有关的参数；

c——与残余含水率有关的参数。

Fredlund-Xing 模型表达式为：

$$\theta = \left[1 - \frac{\ln(1 + \frac{\psi}{C_r})}{\ln(1 + \frac{1000000}{C_r})}\right] \frac{\theta_s}{\left\{\ln\left[e + \left(\frac{\psi}{a}\right)^b\right]\right\}^c} \tag{2.3-15}$$

式中，C_r——与残余体积含水率相关的吸力值。

（2）土-水特征曲线的拟合与分析

基于式(2.3-14)和式(2.3-15)，分别利用 Matlab 软件对土-水特征曲线试验数据进行拟合。其中需要说明的是，模型中的体积含水率通过转化可用相应的质量含水率进行表示。用 Van Genuchten 模型参数的拟合结果具体见表 2.3-4，用 Fredlund-Xing 模型参数的拟合结果具体见表 2.3-5。通过对比上述两种 4 参数模型的拟合结果可知，Fredlund-Xing 模型拟合相关性系数更高，故本节后续研究采用 Fredlund-Xing 模型拟合结果。

Van Genuchten 模型参数拟合结果　　表 2.3-4

干密度（g/cm³）	a	b	c	θ_r	相关系数R
1.30	0.3595	0.9175	0.1945	0.04927	0.9952
1.35	0.3383	0.8650	0.1980	0.04984	0.9949
1.40	0.0130	1.9480	0.0957	0.04998	0.9943
1.45	0.0486	0.7353	0.3625	0.04846	0.9747
1.50	0.0312	1.0740	0.1824	0.04987	0.9765
1.60	0.0105	1.2370	0.1355	0.05000	0.9846
1.71	0.0056	1.0190	0.1377	0.04267	0.9741

Fredlund-Xing 模型参数拟合结果　　表 2.3-5

干密度（g/cm³）	a	b	c	C_r	相关系数R
1.30	5.073	0.4245	1.168	3801	0.9964
1.35	5.347	0.3846	1.218	3896	0.9968
1.40	15.05	0.3528	1.423	3960	0.9954
1.45	20.34	0.2909	1.609	3051	0.9851
1.50	22.73	0.2562	1.8516	4231	0.9925
1.60	36.95	0.1852	2.049	4376	0.9938
1.71	118.1	0.0976	2.239	4352	0.9886

2. 土-水特征曲线与 NMR 曲线的关系研究

（1）理论关系

由 Korringa 等[154]于 1962 年提出的后来被称为 KST 模型的理论可知，土体中孔隙水的横向弛豫时间T_2可以表示为：

$$\frac{1}{T_2}=\frac{1}{T_{2B}}+\frac{1}{T_{2S}}+\frac{1}{T_{2D}}=\frac{1}{T_{2B}}+\frac{\rho_2 S}{V}+\frac{1}{T_{2D}} \tag{2.3-16}$$

式中，T_{2B}——足够大的容器中测得的孔隙流体的横向弛豫时间T_2；

T_{2S}——表面弛豫引起的孔隙流体的横向弛豫时间T_2；

T_{2D}——梯度磁场下扩散引起的孔隙流体的横向弛豫时间T_2；

ρ_2——横向弛豫率，与土颗粒的表面物理化学性质有关；

S、V——水分所处孔隙的表面积与体积。

当孔隙水呈现液态且满足快速扩散条件时，此时T_{2B}和T_{2D}都比T_{2S}大得多，试验土样中的孔隙水即符合上述条件，故可以忽略T_{2B}和T_{2D}对土样横向弛豫时间T_2的影响。因此，土样中孔隙水的横向弛豫时间T_2可以表示为与土体孔隙结构直接相关，如下式所示：

$$\frac{1}{T_2}=\rho_2\frac{S}{V} \tag{2.3-17}$$

把土样中孔隙结构形式看成球形，则式(2.3-17)可简写为：

$$\frac{1}{T_2} \approx \rho_2 \frac{3}{r} \tag{2.3-18}$$

式中，r——孔隙半径。

由式(2.3-18)可以看出，在土样中孔隙水的横向弛豫时间T_2与孔隙半径r成正相关，因此基于土样孔隙水的T_2谱（NMR 曲线）来研究多孔介质土样中孔隙水分布情况是可行的。由 Young-Laplace 理论可知，基质吸力ψ与有效孔径r之间存在如下关系：

$$\psi = \frac{2T_{\mathrm{s}} \cos\alpha}{r} \tag{2.3-19}$$

式中，T_{s}——表面张力；

α——接触角。在温度不变的状态下$2T_{\mathrm{s}} \cos\alpha$为常数。

综合式(2.3-18)和式(2.3-19)可得：

$$\psi = \frac{2T_{\mathrm{s}} \cos\alpha}{3\rho_2 T_2} \tag{2.3-20}$$

即在一定温度下，同一土体可得到如下公式：

$$\psi = \frac{A}{T_2} \tag{2.3-21}$$

式中，$A = 2T_{\mathrm{s}} \cos\alpha / (3\rho_2)$，温度一定时，$A$理论上为常数。

根据式(2.3-21)的结论，基质吸力与T_2值的乘积应该是常数。为验证该关系是否合理，利用图 2.3-8 及图 2.3-9 结果进行论证。对于相同的横坐标（即质量含水率，图 2.3-8 中是单位颗粒质量对应的累计孔隙水质量，实际也是质量含水率），图 2.3-8 对应的纵坐标为$1/T_2$值，图 2.3-9 对应的纵坐标是基质吸力（因为土-水特征曲线试验数据有限，多数质量含水率对应的基质吸力未知，需要利用表 2.3-5 的拟合结果代入式(2.3-15)进行计算），将二者代入式(2.3-21)，计算得到A值。结果表明：对于黏性土，A值并非定值，随横向弛豫时间的增大，约 10ms 前，A值呈现减小趋势；10ms 后增大；100ms 后又呈现减小趋势，整体变化规律较为复杂。对于不同的干密度样本，干密度越大，A值越大（100ms 前）。由此可见，由于矿物成分等其他因素的影响，相应于不同大小孔隙，其A值变化规律较为复杂，较难描述。

（2）经验关系式

将 4 参数 Fredlund-Xing 模型的拟合结果（表 2.3-5）代入式(2.3-15)，得到土-水特征曲线的拟合公式。通过拟合公式即可得到任意含水率下的基质吸力，而核磁共振试验得到了质量含水率（孔隙累计体积）和横向弛豫时间的关系（图 2.3-8）。为建立能定量描述相同质量含水率下基质吸力与弛豫时间的经验关系式，采用多种方法对上述试验及其分析结果进行系列的数据代换和对比分析，得到了基质吸力和横向弛豫时间的关系曲线，其中较有规律且较易用数学公式描述的结果如图 2.3-10 所示。由图 2.3-10 可知，基质吸力与横向弛豫时间T_2的比值和横向弛豫时间T_2的倒数呈现出一定的指数关系。选取下式，利用 Matlab 软件对图 2.3-10 进行非线性拟合：

$$\frac{\psi}{T_2} = a \times \mathrm{e}^{b/T_2} + c \tag{2.3-22}$$

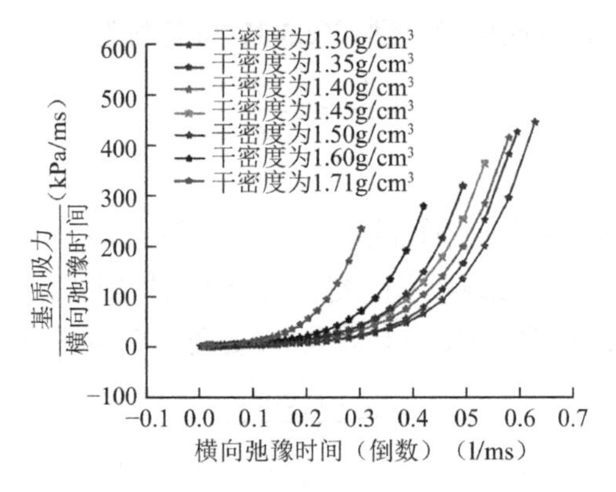

图 2.3-10　基质吸力与横向弛豫时间（倒数）的关系

式(2.3-22)拟合结果如表 2.3-6 所示。

式(2.3-22)的拟合结果　　　　**表 2.3-6**

干密度（g/cm³）	a	b	c	C_r	相关系数R
1.30	2.216	8.423	−2.954	0.9991	1.30
1.35	2.521	8.598	−3.232	0.9981	1.35
1.40	2.746	8.667	−3.576	0.9998	1.40
1.45	2.948	9.024	−3.882	0.9999	1.45
1.50	3.337	9.189	−4.106	0.9965	1.50
1.60	4.058	10.00	−4.809	0.9952	1.60
1.71	4.795	12.82	−5.559	0.9985	1.71

拟合结果的精确性可以通过相关性系数R来进行评价，由表 2.3-6 中的拟合结果可知，相关性系数均达到 0.99 以上，故拟合效果良好。同时，观察到参数a、b与土样的干密度呈现正相关，参数c与土样干密度呈现负相关。对表 2.3-6 中的参数a、b、c与干密度的关系分别进行拟合，拟合结果如表 2.3-7 所示，其中m、n、p均为拟合参数，拟合图形分别如图 2.3-11（a）、（b）、（c）所示。对于武汉黏性土，由表 2.3-6 可知，在干密度一定的情况下，可以确定参数a、b、c值，将结果代入式(2.3-22)中，可得到相同含水率下基质吸力和横向弛豫时间T_2的关系公式，这实际上建立了任意初始干密度下（孔隙比）的土-水特征曲线快速预测方法。

参数 a、b、c 与干密度的关系　　　　**表 2.3-7**

参数	公式	m	n	p	R
a	$y = mx + n$	6.3785	−6.1585		0.9895
b	$y = me^{x/n} + p$	9.4163	0.1110	8.4195	0.9936
c	$y = mx + n$	−6.3859	5.3840		0.9968

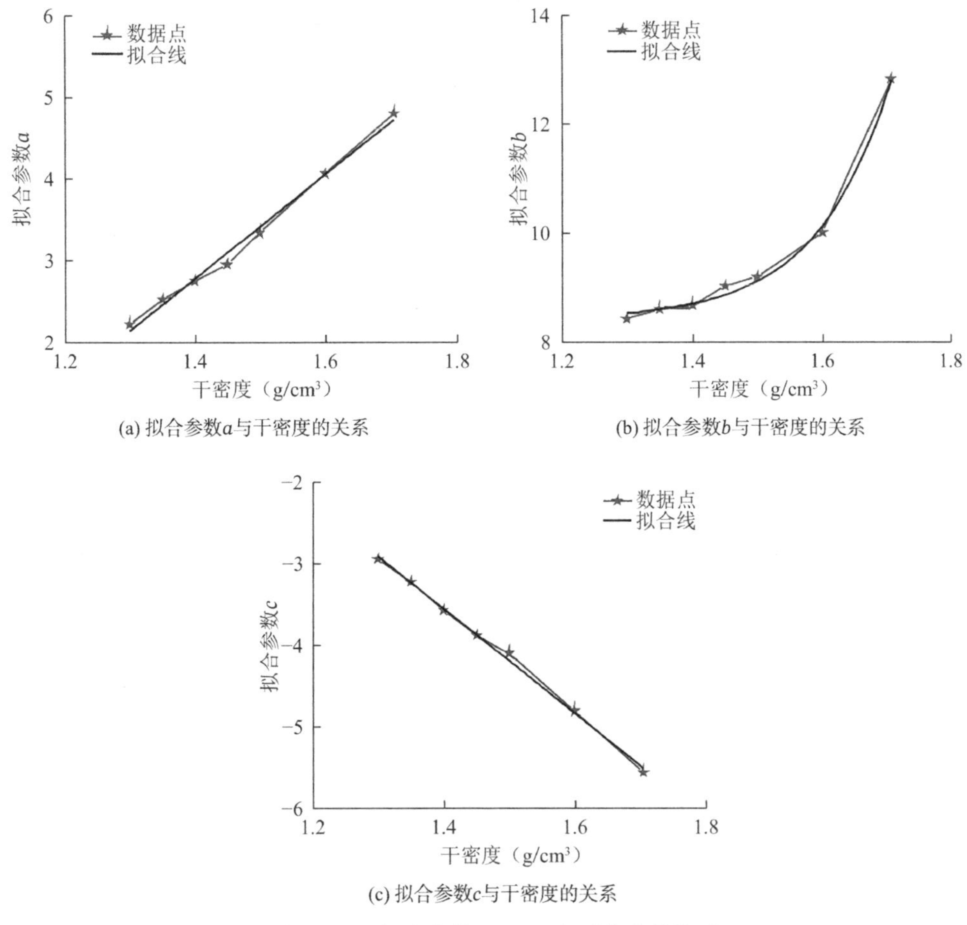

(a) 拟合参数a与干密度的关系

(b) 拟合参数b与干密度的关系

(c) 拟合参数c与干密度的关系

图 2.3-11　拟合参数a、b、c与干密度的关系

3. 基于 NMR 技术及分形理论预测 SWRC

土-水特征曲线（SWRC）描述了基质吸力与含水率之间的关系，是进行非饱和土力学理论研究的基础。SWRC 室内试验测量一般采用滤纸法、压力板仪法等方法，这些方法较为耗时费力，且所得试验数据较为离散，一般不能直接应用于理论研究或工程应用，往往需要利用 SWRC 数学模型（如 Campbell 模型、Van Genuchten 模型等）进行拟合。

目前已有大量研究表明从微观结构预测 SWRC 是可行的，而 Young-Laplace 方程又表示了气-水交界面半径与基质吸力之间的关系，理论上能将 SWRC 和微观结构联系起来。颗粒和孔隙的大小形状各不相同，且数量巨大，同时在尺度上跨越多个数量级，故准确测量土体的孔隙分布特性较为困难。本节引进了 20 世纪 60 年代兴起的核磁共振技术（NMR 技术），并结合前文已述的分形理论及 SWRC 数学模型，给出一种参数意义明确、使用简便的 SWRC 预测方法。

（1）核磁共振试验

本次试验材料选取非饱和黏性土，该土为武汉市汉街土，埋深为 9m，测量所得的土体基本物理指标见表 2.3-8[104]。

土体的基本物理指标　　表 2.3-8

天然密度（g/cm³）	土粒相对密度	天然含水率（%）	液限（%）	塑限（%）
2.03	2.75	21.90	38.95	20.43

利用千斤顶制作两组平行试样，每组试样 7 个，干密度分别为 1.30g/cm³、1.35g/cm³、1.40g/cm³、1.45g/cm³、1.50g/cm³、1.60g/cm³、1.71g/cm³。值得说明的是，根据文献[158]可认为：对于同一种土体，相同的孔隙比土样孔隙结构及 SWRC 近似相同，也就是说通过控制孔隙比可近似控制平行样的相似性。

制样步骤具体为：①将试验土样进行风干、碾碎，过 2mm 筛后烘干备用；②计算出含水率为 15%的土样所需蒸馏水的质量，用喷雾壶均匀喷洒在干土上并搅拌均匀；③将搅拌均匀的土样放置在培养皿中 24h，复测其含水率；④以复测的含水率作为最终的制样含水率，称取不同干密度试样所需湿土的质量；⑤放入环刀中（SWRC 试样为钢环刀；NMR 试样为塑料环刀），利用千斤顶静压制样；⑥抽真空饱和备用。

核磁共振试验选用中科院武汉岩土力学研究所的纽迈 PQ-001 核磁共振分析仪，该设备为低磁场，反演软件为仪器的自带软件。因为核磁共振技术是利用氢原子核的自旋进行检测，脉冲让试样中所有氢原子都受到激励，所以得到的波谱反映的是所有氢原子弛豫信号的叠加，难以有效区分不同成分间弛豫时间的区别，所以必须用软件对所得信号进行反演操作，获取与不同成分相对应的信号幅度和弛豫时间构成的反演谱。此外因低磁场的核磁共振信号较弱，易被外界噪声所干扰，故最好是进行多次测量并把所得数据累加起来，可有效减少误差。最终通过 NMR 试验得到反演后的横向弛豫时间T_2谱。在已知孔隙率的条件下，将T_2谱的总面积换算并标定为单位颗粒质量对应的孔隙体积（相当于饱和质量含水率），进行简单转换后可得单位颗粒质量（1g）对应的累计孔隙体积与横向弛豫时间关系，见图 2.3-12。

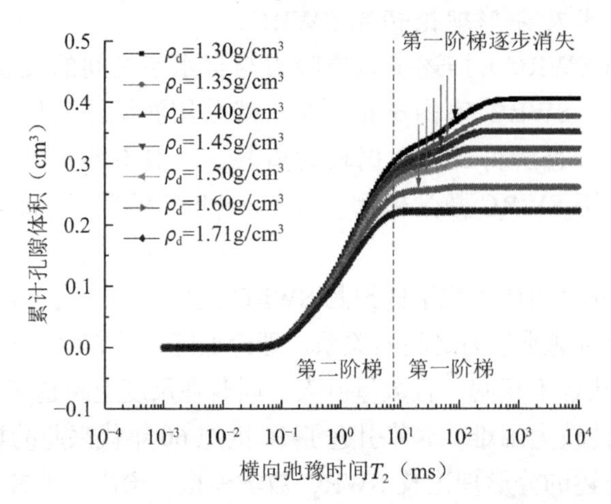

图 2.3-12　不同干密度黏性土累计孔隙体积-横向弛豫时间关系

（2）基于 NMR 谱的分形模型

①基质吸力与横向弛豫时间的关系式

核磁共振试验中，横向弛豫时间T_2不仅与饱和土样中的孔隙水有关，还受到土样孔隙结构的影响，主要影响因素包括体积弛豫（T_{2B}），表面弛豫（T_{2S}）和扩散弛豫（T_{2D}）。根据文献[156]的研究结果，T_2为三种影响因素的叠加，其表达式为：

$$\frac{1}{T_2}=\frac{1}{T_{2B}}+\frac{1}{T_{2S}}+\frac{1}{T_{2D}} \tag{2.3-23}$$

式中，T_{2B}——孔隙水的体积弛豫时间；

T_{2S}——表面相互作用产生的弛豫时间；

T_{2D}——梯度磁场下扩散作用产生的弛豫时间。

对完全为液态的水而言，体积弛豫时间会显著高于表面弛豫时间，因此T_2可近似看作与 $1/T_{2B}$无关，若磁场梯度很小，孔隙水扩散迅速时，T_2也可近似看作与 $1/T_{2D}$无关。因此式(2.3-23)可以转化成：

$$\frac{1}{T_2}=\frac{1}{T_{2S}}-\rho\frac{S}{V} \tag{2.3-24}$$

式中，ρ——横向弛豫率；

S——孔隙表面积；

V——孔隙体积。

若把孔隙形状近似当作球形，式(2.3-24)可简化为：

$$\frac{1}{T_2}=\rho\frac{3}{r} \tag{2.3-25}$$

根据 Young-Laplace 方程，基质吸力ψ与有效孔径r成反比：

$$\psi=\frac{2T_s\cos\alpha}{r} \tag{2.3-26}$$

式中，T_s——表面张力；

α——接触角，温度一定时$2T_s\cos\alpha$可看作定值。

根据式(2.3-25)和式(2.3-26)，可推出如下公式：

$$\psi=\frac{2T_s\cos\alpha}{3T_2\rho}=\frac{A}{T_2} \tag{2.3-27}$$

式中，A等于$2T_s\cos\alpha/3\rho$。

②质量含水率与横向弛豫时间的分形模型

文献[125]中推导出了描述土样内部孔隙分布的累计孔隙率模型：

$$\phi(>r)=1-(r/r_{\max})^{3-D} \tag{2.3-28}$$

式中，D——分维数；

$\phi(>r)$——孔径大于r的孔隙率。

以r为界限，若非饱和土中孔径小于或等于该值的孔隙均填满水，则有$\theta_s=\phi(>r)+\theta$，其中θ是体积含水率，θ_s是饱和土的体积含水率，也可理解为总孔隙率。同时由式(2.3-25)可知，孔径r与横向弛豫时间T_2成正比，则式(2.3-28)可变成：

$$\theta_s=\theta+1-(T_2/T_{2m})^{3-D} \tag{2.3-29}$$

式中，T_{2m}——最大孔径$r_{\max}$对应的横向弛豫时间。

式(2.3-28)中，若取孔径r为最小孔径$r_{\min}$，则可近似取$\phi(>r)$为总孔隙率θ_s，即：

$$\theta_s = 1 - (r_{min}/r_{max})^{3-D} \tag{2.3-30}$$

同理根据孔径r与横向弛豫时间T_2的正比例关系，式(2.3-30)可作如下变换：

$$\theta_s = 1 - (T_{2n}/T_{2m})^{3-D} \tag{2.3-31}$$

式中，T_{2n}——最小孔径r_{min}对应的横向弛豫时间。

将式(2.3-31)代入式(2.3-29)得到θ后，再除以式(2.3-31)的θ_s，可以得到：

$$\theta/\theta_s = \left(T_2^{3-D} - T_{2n}^{3-D}\right)/\left(T_{2m}^{3-D} - T_{2n}^{3-D}\right) \tag{2.3-32}$$

假设r_{min}趋向于0，可认为其对应的横向弛豫时间$T_{2n}=0$。又因为体积含水率θ等于质量含水率w和干密度ρ_d的乘积，总孔隙率$\theta_s = e/(1+e)$，则可得$\theta/\theta_s = w\rho_d(1+e)/e$，其中$e$表示土样孔隙比。式(2.3-32)可转化成：

$$w = e(T_2/T_{2m})^{3-D}/\rho_d(1+e) \tag{2.3-33}$$

通过以上分析，以 NMR 试验的横向弛豫时间T_2作为中间值，联立式(2.3-28)和式(2.3-33)，便可得到基质吸力ψ和质量含水率w的关系模型，具体如下所示：

$$w = \frac{e}{\rho_d(1+e)}\left(\frac{A}{\psi T_{2m}}\right)^{3-D} \tag{2.3-34}$$

（3）相关参数的求解方法

①求解分形维数D

利用前文的土体孔隙体积分形模型：

$$V(>r) = V_a\left[1 - \left(\frac{r}{L}\right)^{3-D}\right] \tag{2.3-35}$$

式中，$V(>r)$——孔径大于r的孔隙体积；

V_a——研究范围内土体的体积；

L——研究范围尺度。

已知核磁共振中横向弛豫时间T_2和孔径r成正比例关系，将式(2.3-25)代入式(2.3-35)，消去r后可得：

$$\frac{V_a - V(>r)}{V_a} = M \cdot T_2^{3-D} \tag{2.3-36}$$

式中，$M = (3\rho/L)^{3-D}$，为常数。

对含单位颗粒质量（1g）的土体进行分析，一般可近似认为水的密度为1g/cm^3，若假设孔径小于或等于r的孔隙全部饱和，则此时的质量含水率$w = V(\leqslant r)$，则式(2.3-36)可转化为：

$$\frac{V_a - V(>r)}{V_a} = \frac{V_s + V(\leqslant r)}{V_a} = \frac{1/G_s + w}{1/\rho_d} \tag{2.3-37}$$

式中，V_s——土颗粒体积；

G_s——土粒的密度。

结合式(2.3-36)进一步化简可得到：

$$1/G_s + w = N \cdot T_2^{3-D} \tag{2.3-38}$$

式中，$N = M/\rho_{\mathrm{d}}$，也是常数。对公式两边同时取对数，可以得到：

$$\ln(1/G_{\mathrm{s}} + w) = (3 - D)\ln T_2 + \ln N \tag{2.3-39}$$

根据式(2.3-39)、不同干密度黏性土的核磁共振试验数据（图 2.3-12），以$\ln T_2$为横坐标、$\ln(1/G_{\mathrm{s}} + w)$为纵坐标作散点图，如图 2.3-13 所示。从图中可以发现数据表现出较为明显的线性关系，故对这些数据采用线性拟合的方法，即拟合直线为$y = ax + b$。若拟合直线的斜率为a，可求得分维数$D = 3 - a$。拟合表达式及参数取值如表 2.3-9 所示，其中R表示拟合相关系数，D为计算后的分维数。值得说明的是，图 2.3-13 计算时舍去了图 2.3-12 中明显不规则的部分数据。分析图 2.3-12 可知，对于干密度较小的试样而言，压实度也相对较小，其曲线表现出明显的“二阶阶梯状”，随着干密度增大，“第一阶阶梯”逐渐消失。分析认为，“第一阶阶梯”产生及消失的原因可能是：压实度或干密度较小时，大孔隙分布尺度范围较大，数量相对小孔隙较少，从而导致其分布规律出现非分形现象，而小孔隙具有天然的分形特性，大小孔隙的不同分布规律造成了孔隙累计分布图中出现“二阶阶梯状”；随着压实度提高（干密度变大），大孔隙逐渐消失，变为较小孔隙，其分布越来越具有分形现象，上述“二阶阶梯状”也逐渐消失。

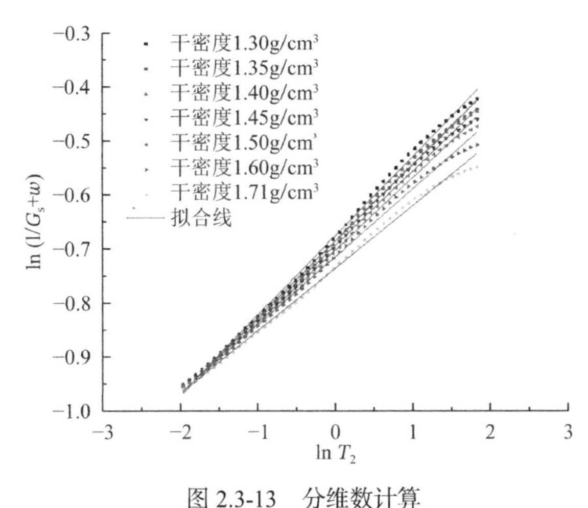

图 2.3-13　分维数计算

线性拟合结果　　　　**表 2.3-9**

干密度（g/cm³）	孔隙比e	a	b	R	D
1.30	1.115	0.147	−0.676	0.998	2.853
1.35	1.037	0.142	−0.686	0.997	2.858
1.40	0.964	0.142	−0.686	0.997	2.859
1.45	0.897	0.138	−0.694	0.996	2.862
1.50	0.833	0.136	−0.703	0.998	2.865
1.60	0.719	0.126	−0.716	0.998	2.874
1.71	0.613	0.116	−0.737	0.997	2.884

也就是说，上述压实过程实际就是分形现象的完善过程，这与前文所述观点是一致的。大孔隙所处的“第一阶阶梯”一般处于进气值附近，对应的基质吸力范围较窄，故本节计算时近似舍掉大孔隙对应的“第一阶阶梯”的试验数据点。另外，当T_2值很小时，对应于最小孔径范围内的这部分水分，可近似看作残余含水率对应的孔隙水，一般认为是结合水，不适合毛细理论描述，故计算分维数时将这部分水分对应的数据也要剔除（残余含水率参考文献[157]确定，本节不再赘述）。

从表 2.3-9 中可以发现相关系数R都大于 0.99，根据线性拟合理论可知，R代表拟合优度，越接近 1 说明拟合结果越好，由此可证明上文给出的分维数计算方法是合理可行的。

②求解关键参数T_{2m}及A

T_{2m}为土样中最大孔径r_{max}所对应的横向弛豫时间，其值等于累计孔隙体积不再随着横向弛豫时间T_2的增大而增加时的横向弛豫时间。根据T_{2m}的定义和图 2.3-12 的数据，可以得到干密度为 1.30g/cm^3、1.35g/cm^3、1.40g/cm^3、1.45g/cm^3、1.50g/cm^3、1.60g/cm^3、1.71g/cm^{3}的黏性土的T_{2m}值分别为 1431.46ms、748.81ms、636.83ms、188.97ms、126.04ms、91.16ms、12.03ms。

已知A值等于$2T_s\cos\alpha/3\rho_2$，在温度不变时本节将大孔隙对应的A值视为常数。直接求解A的值较为困难，而由式(2.3-21)可知A等于基质吸力ψ与对应的横向弛豫时间T_2值的乘积，即基质吸力ψ和横向弛豫时间T_2成反比关系，按此法标定A值较为容易。对于本节而言，只需预测进气值，因此此处特别将A定义为最大孔径对应的弛豫时间T_{2m}与进气值ψ_a之间的转换系数，即，$A=\psi_a\cdot T_{2m}$。下面先开展 SWRC 试验，要确保试验数据具有一定的可比性，需取出与核磁共振试验同期制作的 7 组饱和试样，选用压力板仪进行试验，分别得到不同吸力条件下试样对应的质量含水率[141]。然后以基质吸力为横坐标，质量含水率为纵坐标将试验数据绘制成散点图，如图 2.1-3 所示。

上述最大孔径对应的T_{2m}已根据 NMR 谱获得，再由图 2.1-3 得到 SWRC 进气值，基于$A=\psi_a\cdot T_{2m}$便很容易标定A。本书以干密度 1.3g/cm^{3}为标定试样，通过计算得到$A=1073.6$。文献[158]认为在全吸力范围内，不同干密度试样，A不是简单的定值，但仅对进气值或最大孔径对应的T_{2m}而言（本节预测仅需预测进气值及分维数），本节研究发现A变化范围并不大，其他干密度试样的A值基本在 1073.6 的半数或倍数范围内，故本节近似取$A=1073.6$为定值进行预测，计算所得进气值的误差在可接受范围之内。需要说明的是，本节进气值是利用分形的方法获得的。

（4）SWRC 预测及分析

根据第 2.1 节所求分维数D值及第 2.2 节所求参数T_{2m}、A值、不同干密度下的孔隙比e，利用式(2.3-34)便可预测出 SWRC。图 2.3-14 将预测曲线与图 2.1-3 中实测数据进行对比分析。

由图 2.3-14 可以发现，本节提出的 NMR-fractal 预测方法的预测效果总体较好，但小干密度试样的预测误差相对较大。前文对“二阶阶梯”现象产生的原因进行了初步分析，认为干密度较小时，大孔隙的存在减弱了孔隙的分形特性，而本节 SWRC 预测的基石就是孔隙具有分形分布特征，“第一阶阶梯”所包含的“大孔隙”势必会影响预测精度（尽管在计算分维数时，本节对“大孔隙”产生的影响进行了弱化）。随着干密度增大，“第一阶阶梯”逐步消失，预测精度因此会有所提高。虽然有一些预测误差，但是在可接受范围内，因此以核磁共振试验和分形理论为基础，式(2.3-34)建立了 SWRC 预测的基本模型，该方法为 SWRC 预测提供了新思路，值得探讨。

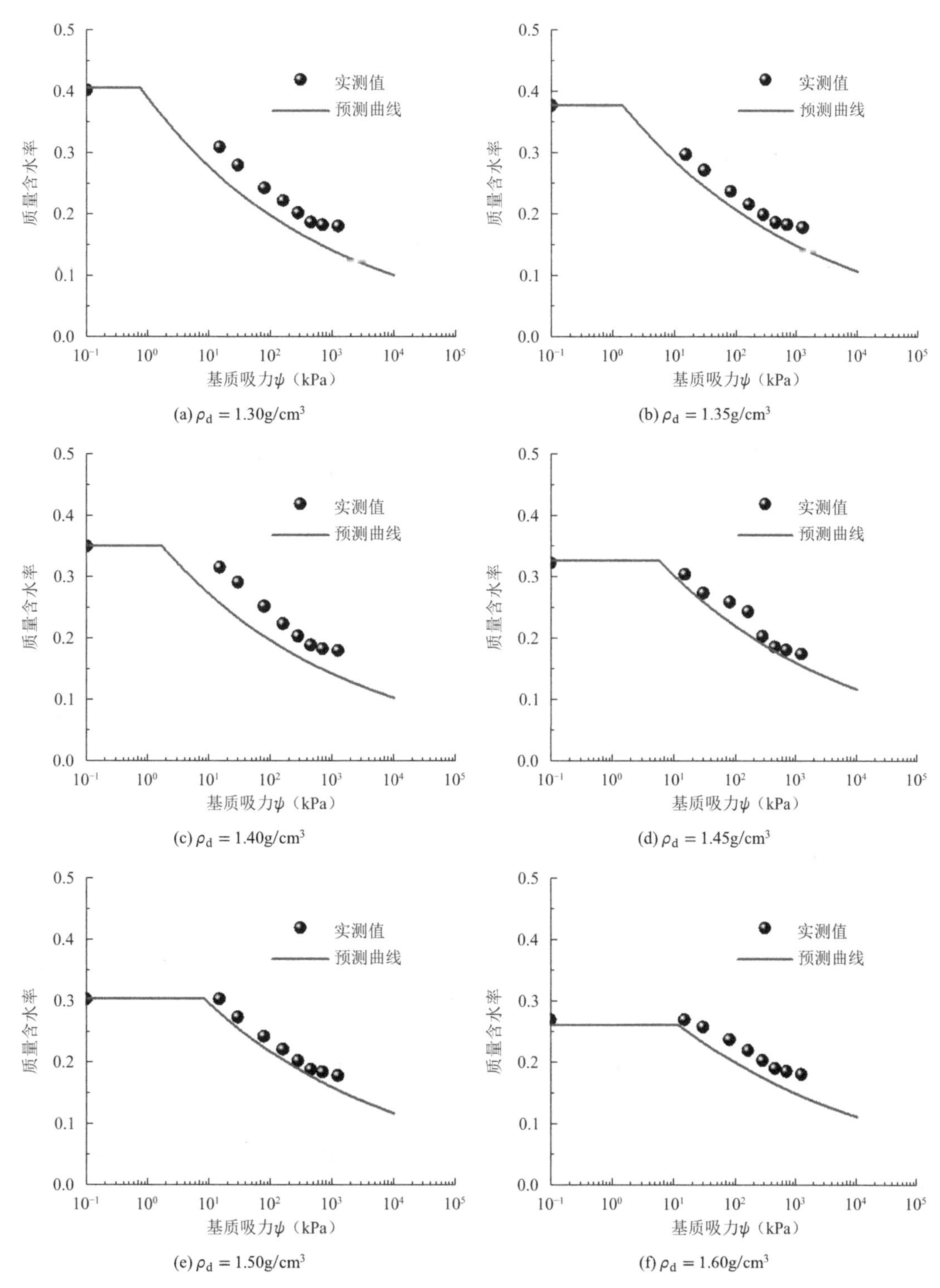

(a) $\rho_d = 1.30g/cm^3$　(b) $\rho_d = 1.35g/cm^3$

(c) $\rho_d = 1.40g/cm^3$　(d) $\rho_d = 1.45g/cm^3$

(e) $\rho_d = 1.50g/cm^3$　(f) $\rho_d = 1.60g/cm^3$

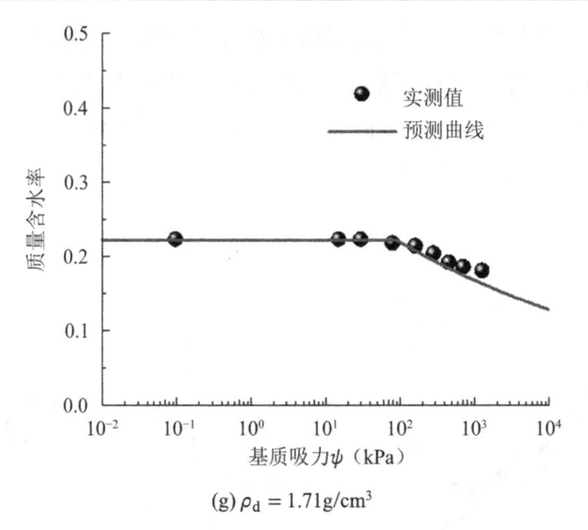

(g) $\rho_d = 1.71\text{g/cm}^3$

图 2.3-14　不同干密度黏性土 SWRC 的预测值和实测值

2.4　描述黏粒含量对土-水特征曲线影响规律的分形模型

土-水特征曲线在非饱和土特性的研究中扮演了重要的角色[46,158]。实际上，土体持水特性（特别在大于 100kPa 的高压力水头时）与土体吸附特性有关[159]，土体中黏粒含量反映土体吸附能力，黏粒含量越高，土体颗粒比表面积越大，则土体吸附性越强。因此，土-水特征曲线与土体黏粒含量之间理论上具有某一特定关系。现有很多基于颗粒分布的预测方法，但从黏粒含量出发的比较少，本书主要从这一角度进行研究。寻求建立黏粒含量与土-水特征曲线之间的关系式，揭示黏粒含量对土-水特征曲线影响的内在机理，形成一种基于黏粒含量的土-水特征曲线的预测新方法。

2.4.1　模型推导

本书第 1 章曾推导出一种颗粒粒径分布密度函数，即：

$$f(R) = CR^{-1-D} \tag{2.4-1}$$

式中，D——土体质量分维数；

R——颗粒粒径；

C——常数。

值得说明的是，式(2.4-1)成立的条件是颗粒分布具有分形特性。

假设颗粒的体积形状因子K_V为恒定值，颗粒相对密度用ρ表示，颗粒质量分维数为D，则粒径区间$R_1 \sim R_2$（$R_1 < R_2$）上的颗粒质量可表示为：

$$M = \int_{R_1}^{R_2} \rho f(R) K_V R^3 \, dR = \int_{R_1}^{R_2} \rho K_V C R^{2-D} \, dR = C^*\left(R_2^{3-D} - R_1^{3-D}\right) \tag{2.4-2}$$

式中，$C^* = \rho K_V C/(3 - \text{D})$。

假设土体样本的总质量为M_T，最大粒径是R_{max}，最小粒径是 0，则可令$R_1 = 0$，$R_2 = R_{max}$，根据式(2.4-2)有，$M_T = C^* R_{max}^{3-D}$，故$C^* = M_T/R_{max}^{3-D}$，再代入式(2.4-2)有：

$$M = \frac{M_T}{R_{max}^{3-D}}\left(R_2^{3-D} - R_1^{3-D}\right) \tag{2.4-3}$$

定义粒径小于R的颗粒为黏粒（粒径上限为 0.002mm），则黏粒质量含量可用$K_M = M/M_T$表示，其中M为黏粒质量。如果认为最小粒径能取为 0，则黏粒质量M可认为是粒径区间 0～R的颗粒总质量，由式(2.4-3)可得：

$$\frac{M}{M_T} = \left(\frac{R}{R_{max}}\right)^{3-D} \tag{2.4-4}$$

式(2.4-4)变换后，可得：

$$D = 3 - \frac{\ln K_M}{\ln K_R} \tag{2.4-5}$$

式中，$K_R = R/R_{max}$表示黏粒粒径上限R与最大粒径之比。式(2.4-4)给出了颗粒质量分维数与黏粒含量之间的关系。

值得说明的是式(2.4-3)～式(2.4-5)是基于最小粒径为 0 的假设给出的，故实际计算时存在一定的误差。若最小颗粒粒径越接近 0，则误差就越小。

Bird 等根据孔隙-土体-分形集（PSF）模型建立了非饱和土的水分特征曲线模型[55]，其表达式为：

$$\frac{\theta}{\theta_s} = \left(\frac{\varphi}{\varphi_a}\right)^{D-3} \tag{2.4-6}$$

式中，θ——非饱和土的体积含水率；

θ_s——饱和土的体积含水率（土壤总孔隙率）；

φ、φ_a——非饱和土的基质吸力和进气值。

Bird 等证明了式(2.4-6)中的分维数D可用下式求解：

$$M_s(i) = L^3 \zeta d_s \frac{s}{p+s}\left[\frac{r_s(i)}{r_s(l)}\right]^{3-D} \tag{2.4-7}$$

式中，L、ζ、d_s、s、p——参数，对于特定土体均为常数；

$M_s(i)$——粒径小于等于$r_s(i)$的累计颗粒质量；

$r_s(l)$——最大颗粒粒径。

很明显，式(2.4-7)定义的分维数即为质量分维数，与式(2.4-2)中分维数含义一致。

将式(2.4-5)代入式(2.4-6)可得：

$$\frac{\theta}{\theta_s} = \left(\frac{\varphi}{\varphi_a}\right)^{-\frac{\ln K_M}{\ln K_R}} \tag{2.4-8}$$

应说明的是，式(2.4-8)适用条件为$\varphi \geqslant \varphi_a$，当$\varphi < \varphi_a$时，$\theta = \theta_s$。

2.4.2　土体黏粒含量与质量分维数之间的关系

已有众多学者在计算土体颗粒质量分维数时，发现土体颗粒质量分维数随其黏粒含量的增加而增加，即黏粒含量与分维数之间存在较为明显的相关性[8,9,161-163]。有学者认为颗粒质量分维数可以用以描述土壤沙漠化程度[163]，因为颗粒质量分维数越小，黏粒含量就越少，沙漠化程度便越高。然而，目前很少有学者给出土体黏粒含量与颗粒质量分维数之间的准确关系式。在为数不多的研究中，Huang 建立了黏粒含量与颗粒质量分维数的统计关系式如下[119]：

$$D = 2.2712 + 0.1669\ln(100K_M + 1) \tag{2.4-9}$$

基于已有文献的试验数据，图 2.4-1 将式(2.4-5)、式(2.4-9)的计算结果与传统的线性拟合分析方法的计算结果进行了比较，结果显示无论是黏土、粉土，还是砂土，式(2.4-5)显示了良好的适用性，相对误差约为1%。在黏粒含量较小时，式(2.4-9)预测值和式(2.4-5)预测值几乎一致；黏粒含量较大时，式(2.4-9)预测值比式(2.4-5)预测值和实测值都要偏大，式(2.4-9)预测误差要大于式(2.4-5)。

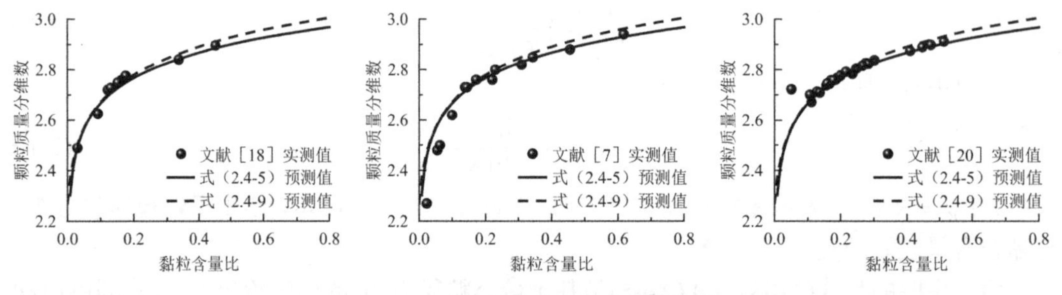

图 2.4-1　基于黏粒含量的分维数预测

更重要的是，式(2.4-9)只是建立在试验数据基础之上的统计关系式，参数无明显的物理意义。式(2.4-5)基于分形理论，推导出了黏粒含量与颗粒质量分维数之间的数学关系，为已有研究发现的规律奠定了理论基础。与式(2.4-9)相比，式(2.4-5)中参数有明确的物理意义，适用范围更广。比如，文献[29]研究了侧限压缩下石英砂砾的颗粒破碎。若以颗粒破碎后产生的粉粒为研究对象，并将K_M定义为粒径 < 0.074mm 粉粒含量比，图 2.4-2 给出了基于粉粒含量的预测结果，式(2.4-5)仍然显示了良好的预测效果，但是式(2.4-9)预测结果误差较大。

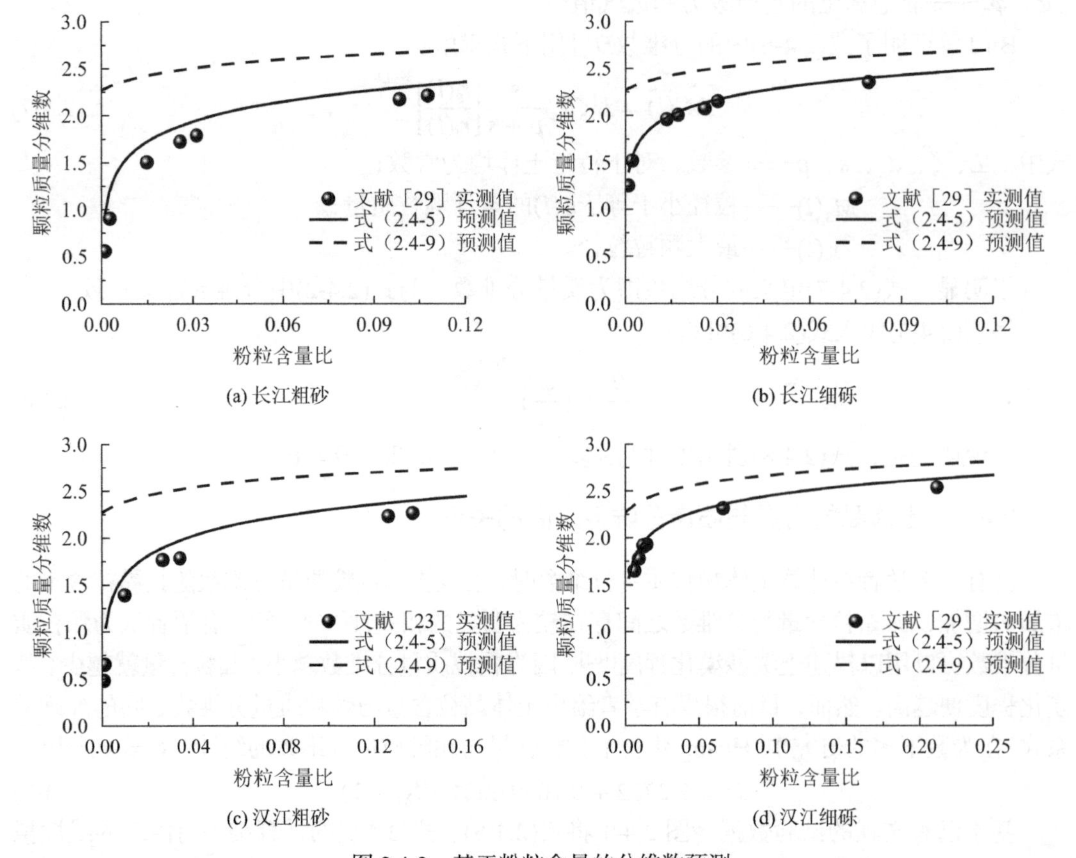

图 2.4-2　基于粉粒含量的分维数预测

2.4.3　土体黏粒含量与土-水特征曲线之间的关系

式(2.4-8)给出了黏粒含量与土-水特征曲线之间的关系，为验证其合理性，以文献[55,164,165]（UNSODA 数据库）中部分代表样本的试验数据为基础，将式(2.4-8)预测结果和试验结果进行对比分析。表 2.4-1 给出了计算中的参数取值及计算数据来源。

计算参数取值及计算数据来源　　　　表 2.4-1

样本编号	土体种类	K_M	K_R	φ_a（cmH_2O）	θ_s（m^3/m^3）	数据来源
1	轻壤土	0.122	0.001	28.62	0.44	文献[200]
2	中粉质壤土	0.176	0.001	34.91	0.43	文献[200]
3	轻粉质壤土	0.164	0.001	35.27	0.42	文献[200]
4	轻壤土	0.131	0.001	27.24	0.49	文献[200]
5	轻粉质壤土	0.159	0.001	19.88	0.50	文献[200]
6	轻粉质壤土	0.152	0.001	17.55	0.50	文献[200]
7	黏土	0.452	0.002	31.75	0.53	文献[200]
8	壤质砂土	0.030	0.002	26.09	0.29	文献[200]
9	壤质黏土	0.335	0.001	34.53	0.52	文献[200]
10	砂质壤土	0.092	0.002	9.01	0.27	文献[200]
11	砂质黏壤土	0.153	0.001	1.95★	0.46	文献[200]
12	黏土	0.490	0.001	37.04*	0.41	文献[201]
13	砂土	0.003	0.001	7.25*	0.373	文献[201]
14	壤土	0.240	0.001	11.11*	0.708	文献[201]
15	粉砂黏壤土	0.320	0.001	32.26*	0.52	文献[201]
16	黏土	0.480	0.001	37.04*	0.456	文献[201]

注：★表示进气值单位为 kPa；*表示进气值无实测数据，参考文献[202]建议的不同土类的典型取值。

从图 2.4-3 可以看出，无论是K_M值最小为 0.003 的 13 号砂土，还是最高为 0.49 的 12 号黏土，式(2.4-8)预测结果与实测结果总体吻合较好。在进气值有实测数据的前 11 号样本，式(2.4-8)预测结果显示了更好的效果，其中 3～6 号以及 11 号的样本的实测数据与预测曲线基本重合。总之，式(2.4-8)可以作为一种基于黏粒含量的土-水特征曲线预测模型，它较为准确地表示了黏粒含量与土-水特征曲线之间的关系，阐释了黏粒含量对土-水特征曲线的影响机制。

为更为形象地比较黏粒含量的高低对土-水特征曲线的影响，在假设θ_s均为 0.46 的条件下，利用式(2.4-8)分别计算了$K_M = 0.02$、0.13、0.25、0.5 四类土体（可分别代表砂土、砂壤土、粉砂壤土和黏土）的土-水特征曲线，计算结果见图 2.4-4。计算时进气值参照文献[167]的建议，对不同土类的典型取值分别取 7.25、14.71、20.83、37.04cmH_2O。图 2.4-4 表明土体黏粒含量越高，在相同基质吸力的条件下含水率越高。这是因为黏粒含量越高，则土体颗粒比表面积越大，吸附能力越强。

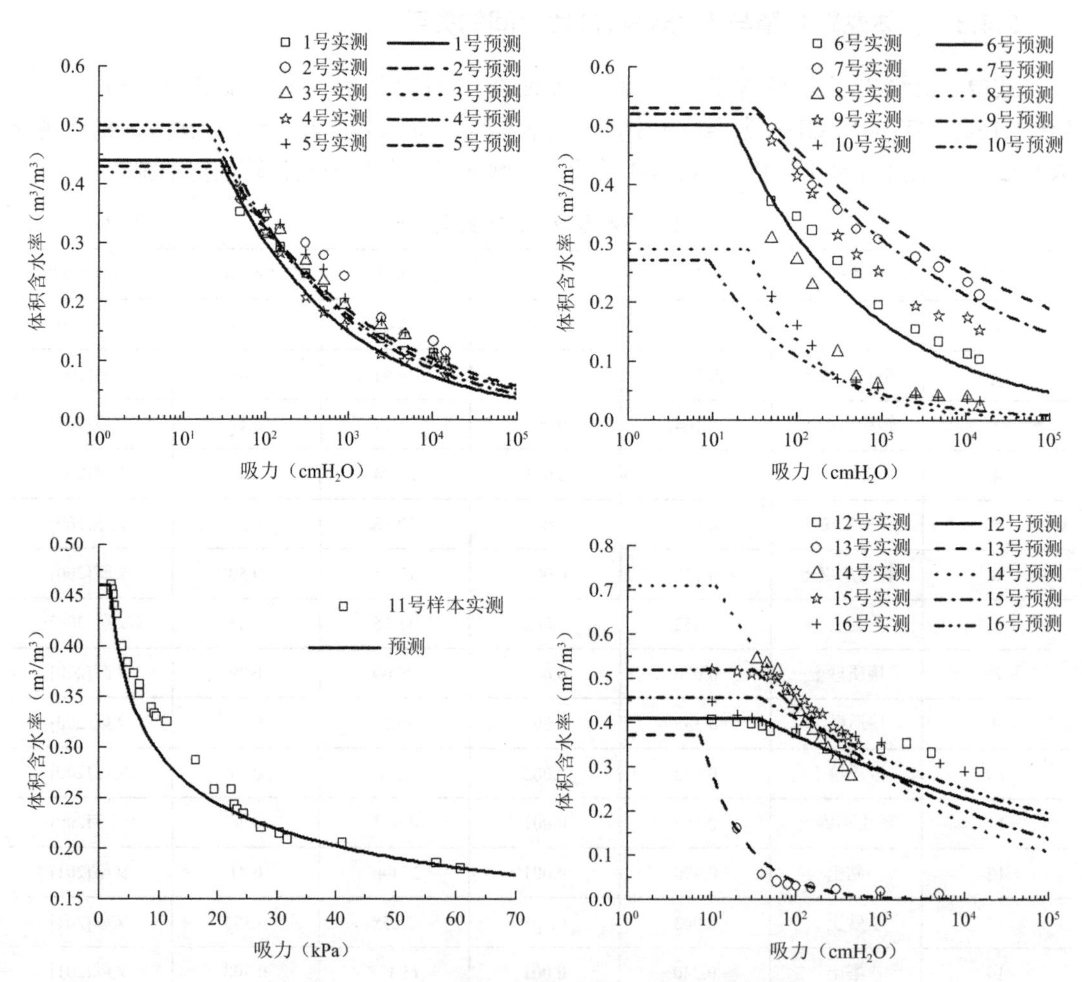

图 2.4-3　土-水特征曲线实测值及式(2.4-8)预测曲线

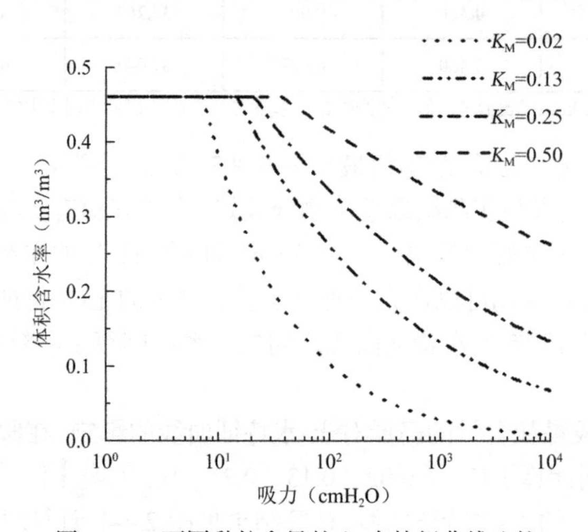

图 2.4-4　不同黏粒含量的土-水特征曲线比较

第 3 章

基于微观角度的饱和/非饱和土渗透系数预测

从微观角度揭示土体变形对饱和/非饱和渗透系数的影响机理，建立相应的预测方法，对于饱和/非饱和土的渗流分析及水力耦合研究具有重要的科学意义。本章从微观孔隙出发，利用核磁共振技术及分形理论，提出了渗透系数的预测模型，并利用 VG 模型中残余含水率与基质吸力的关系进行了简化，经过实测数据的分析验证，模型可信度较高，计算量小。

3.1 基于微观孔隙通道的饱和/非饱和土渗透系数模型

研究表明，定量描述土体变形对饱和/非饱和渗透性系数的影响规律，是建立考虑水力、力学特性相互影响的土体本构模型，进行非饱和土流固耦合分析等研究的基础。非饱和黏性土在外荷载作用下发生固结变形，而固结变形又通过微观结构的改变来实现，其中主要表现在孔隙结构的改变，孔隙结构的不断变化又使饱和/非饱和渗透系数不断改变[173]。可从微观角度分别预测变形条件下的饱和渗透系数与非饱和相对渗透系数，然后将二者相乘，最终形成基于微观角度的非饱和渗透系数预测方法。

变形条件下非饱和相对渗透系数预测，需要解决两个方面的问题。其一，需要预测变形条件下的土-水特征曲线（SWCC）。其二，需要建立 SWCC 与非饱和土相对渗透系数的关系。目前普遍用概率论方法建立的孔隙通道模型，相关计算较为繁琐，且只考虑到孔隙纵向连通的可能性，而实际上孔隙通道横向也可能连通。若将 SWCC 视作反映孔隙通道的间接指标，SWCC 试验某级压力下排出水的体积可看作该级孔隙通道的总体积，相关计算将大大简化。

基于这一理念，本节结合流体力学理论、毛细理论建立了基于微观孔隙通道的饱和/非饱和渗透系数的预测新模型，以已有试验数据为基础验证了该模型的合理性。结合该模型和文献[109]提出的变形条件下 SWCC 的预测方法，本节最终成功完成了变形黏性土饱和/非饱和渗透系数的预测，并得出了相应的结论。本节提出的变形条件下非饱和渗透系数预测方法，是以“变形条件下饱和渗透系数预测方法”“变形条件下 SWCC 预测方法”以及“变形条件下非饱和相对渗透系数预测方法”为基础建立的，在解决这几个问题时均从微观孔隙角度出发，是真正意义上的基于微观孔隙角度的预测方法。

3.1.1 基于微观孔隙通道的饱和/非饱和土渗流基本理论与模型

假设土体由海量的连通孔隙通道组成，如图 3.1-1 所示，这些连通孔隙通道的等效孔径大小不一，当基质吸力较小时，等效孔径较大的孔隙通道先排水，等效孔径较小的通道仍然充满水分，而这些通道正是非饱和土渗流发生的主要通道。

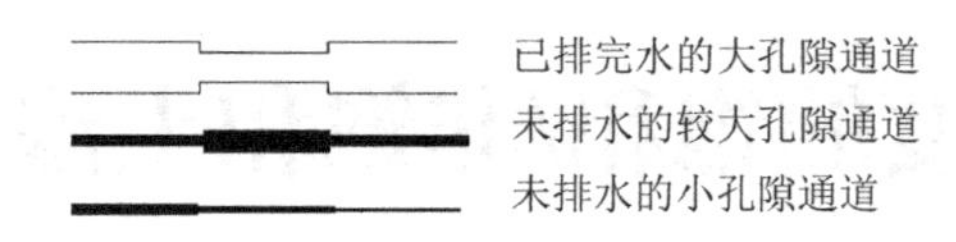

图 3.1-1　基本流段示意

对于每一通道而言，水分在连通孔隙通道流动时满足达西定律：

$$k = \frac{v}{J} \tag{3.1-1}$$

式中，v——通道断面流体平均流速；

J——水力坡度，$J = h_w/l$，l为研究长度；

h_w——水头损失，$h_w = h_f + h_j$，其中h_f为沿程损失，h_j为局部损失，其表达式为：

$$h_j = \zeta \frac{v^2}{2g} \tag{3.1-2}$$

式中，ζ——与孔隙尺寸相关的常数；

g——重力加速度，根据流体力学的达西公式，沿程损失为：

$$h_f = \lambda \frac{l}{d} \frac{v^2}{2g} \tag{3.1-3}$$

式中，λ——沿程阻力系数；

d——连通孔隙通道等效直径，而一般土中水流速度较慢，常处于层流状态，层流中阻力系数为：

$$\lambda = \frac{64}{Re} \tag{3.1-4}$$

其中，雷诺数为：

$$Re = \frac{\rho d v}{\mu} \tag{3.1-5}$$

式中，ρ——密度；

μ——黏度。

由式(3.1-2)～式(3.1-5)可得：

$$h_f = \frac{32\mu l}{\gamma d^2} v \tag{3.1-6}$$

比较式(3.1-2)与式(3.1-6)，式(3.1-2)表明局部损失h_j与流速平方成正比，而沿程损失h_f与流速一次方成正比，砂土、粉土、黏土中渗流速度一般都小于 10^{-3}m/s，分析表明局部损失远小于沿程损失，因此本节研究渗流时忽略局部损失。

那么式(3.1-1)可变为：

$$k = \frac{vl}{h_f} \tag{3.1-7}$$

由式(3.1-6)、式(3.1-7)组合可知：

$$k = \frac{\gamma d^2}{32\mu} \tag{3.1-8}$$

将海量的连通孔隙通道的渗透系数叠加起来便是饱和土的渗透系数，可表示为：

$$k_s = \frac{Q}{AJ} = \frac{\sum_{i=1}^{n} \frac{\gamma d_i^2}{32\mu} \times A_i J}{AJ} = \frac{\sum_{i=1}^{n} \frac{\gamma d_i^2}{32\mu} \times A_i}{A} \tag{3.1-9}$$

式中，Q——总流量；

A_i——第i级孔隙通道横截面面积；

A——分析土样横截面总面积。

土-水特征曲线（SWCC）表征土体含水率与基质吸力的关系，基质吸力越高，土体含水率越低。SWCC 试验常以轴平移技术进行测量，试验时所施加的压力较小时，如图 3.1-1 所示，大孔隙通道先排水，压力较大时，较小孔隙通道才开始排水。所以，SWCC 实质反映了微观孔隙通道的分布特性，某级压力下排出水的体积可视作对应的孔隙通道的总体积。基于这一思路，可解决式(3.1-9)中孔隙通道等效直径d难以直接测量的实际问题。

根据毛细理论，体积含水率表示的 SWCC 与孔隙通道的关系可描述为：

$$\psi_i = \frac{4T_s \cos\alpha}{d_i} \tag{3.1-10}$$

$$\theta_i = V(\leqslant d_i)/V_T \tag{3.1-11}$$

式中，d_i——第i级孔隙通道等效直径；

ψ_i——相应于d_i的基质吸力；

θ_i——相应于基质吸力ψ_i的体积含水率；

$V(\leqslant d_i)$——等效直径小于等于d_i的孔隙通道累计体积；

V_T——分析土样总体积；

T_s——表面张力；

α——接触角，温度一定时 $4T_s \cos\alpha$为常数。

假设第i级孔隙通道实际长度与土样长度l比值为p_i，则实际长度为$p_i l$，若相应第i级孔隙通道总体积为$\Delta\theta_i V_T$，则相应孔隙通道的横截面面积为：

$$A_i = \frac{\Delta\theta_i V_T}{p_i l} \tag{3.1-12}$$

将式(3.1-12)代入式(3.1-9)有：

$$k_s = \sum_{i=1}^{n} \frac{\gamma d_i^2}{32\mu} \times \frac{\Delta\theta_i V_T}{p_i l A} = \sum_{i=1}^{n} \frac{\gamma d_i^2}{32\mu} \times \frac{\Delta\theta_i}{p_i} \tag{3.1-13}$$

结合式(3.1-10)与式(3.1-13)，可得：

$$k_s = \sum_{i=1}^{n} \frac{\gamma T_s^2 \cos^2\alpha}{2p_i \mu} \times \frac{\Delta\theta_i}{\psi_i^2} \tag{3.1-14}$$

图 3.1-2 假设了不同等效孔径的孔隙通道曲线，其中粗线表示较大孔隙通道，细线表示较小孔隙通道，据图 3.1-2 可假设p_i近似为常数（图 3.1-2 只是理想的假设模型，实际情况可能存在一定的区别），则式(3.1-14)可简化为：

图 3.1-2　不同等效孔径的孔隙通道曲线示意

$$k_{\mathrm{s}}=\sum_{i=1}^{n}k_{\mathrm{c}}\times\frac{\Delta\theta_i}{\psi_i^2} \tag{3.1-15}$$

式(3.1-15)可写成微积分形式为：

$$k_{\mathrm{s}}=k_{\mathrm{c}}\int_{\theta_{\min}}^{\theta_{\max}}\frac{\mathrm{d}\theta}{\psi^2(\theta)} \tag{3.1-16}$$

式中，$k_{\mathrm{c}}=\gamma T_{\mathrm{s}}^2\cos^2\alpha/(2p_i\mu)$，对于同一土样，该值为常数；$\theta_{\max}$、$\theta_{\min}$表示最大（饱和）及最小体积含水率。

假设总孔隙通道有n级，现只有 1～m级通道充满水（$m<n$），则此时的非饱和相对渗透系数为：

$$k_{\mathrm{r}}(\theta_{i=m})=\sum_{i=1}^{m}\frac{\Delta\theta_i}{\psi_i^2}\Big/\sum_{i=1}^{i=n}\frac{\Delta\theta_i}{\psi_i^2} \tag{3.1-17}$$

式(3.1-17)改写为微积分的形式有：

$$k_{\mathrm{r}}(\theta)=\int_{\theta_{\min}}^{\theta}\frac{\mathrm{d}\theta}{\psi^2(\theta)}\Big/\int_{\theta_{\min}}^{\theta_{\max}}\frac{\mathrm{d}\theta}{\psi^2(\theta)} \tag{3.1-18}$$

因此，饱和渗透系数模型有式(3.1-15)、式(3.1-16)；非饱和相对渗透系数模型有式(3.1-17)、式(3.1-18)。上述模型是将 SWCC 视作反映孔隙通道尺度分布的间接指标，实质上还参考了文献[109]的理念，即认为：某级孔隙通道中的水排出后该级孔隙通道的体积才发生失水收缩变形，因此相应的 SWCC 可忽略收缩体变的影响。此外，上述公式中含水率要求采用体积含水率的形式。若没有压缩变形（本节变形均指压缩变形），在忽略收缩体变的影响下，不同基质吸力下体积含水率与质量含水率、饱和度的换算公式是一定的，这时也可以采用质量含水率或饱和度进行代替。本节采用式(3.1-15)、式(3.1-17)进行计算。具体方法为：在已知 SWCC 实测值的基础之上，从最小实测含水率θ_{L}至饱和含水率$\theta_{\max}$，将 SWCC 划分为n段（最好等分，为方便计算也可采用实测值自然分段）。如图 3.1-3 所示，第i段的体积含水率改变量为$\Delta\theta_i=\theta_{i+1}-\theta_i$，相应的等效基质吸力$\psi_i=(\psi_{\mathrm{a}}+\psi_{\mathrm{b}})/2$，其中$\psi_{\mathrm{a}}$、$\psi_{\mathrm{b}}$为某级基质吸力段的上下界限基质吸力值，将其代入到式(3.1-15)、式(3.1-17)中便可计算饱和渗透系数与非饱和相对渗透系数。

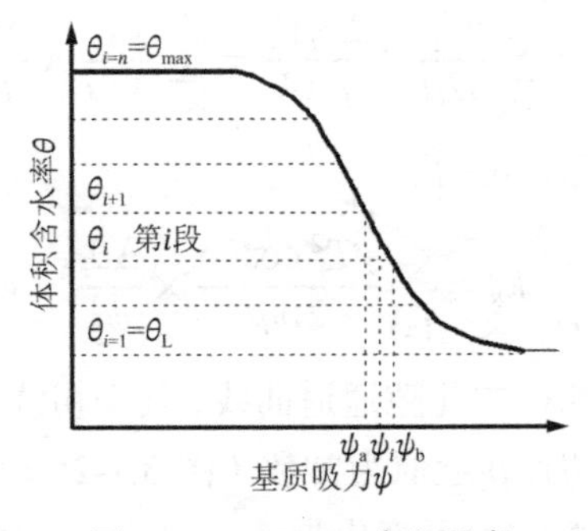

图 3.1-3　SWCC 分段示意

3.1.2　模型的验证

为验证第 3.1.1 节提出的土体渗透系数预测方法的合理性，选取了已有文献代表性土类包括砂土及黏性土等，如表 3.1-1 所示。

采用式(3.1-17)及图 3.1-3 所示计算方法，基于 SWCC 实测数据计算不同基质吸力下的非饱和相对渗透系数，并与实测值进行对比分析，如图 3.1-4 所示。图 3.1-4 表明，式(3.1-17)预测值与实测值基本吻合，说明了式(3.1-17)的合理性。

土样类型及数据来源　　　　**表 3.1-1**

样本编号	土类	数据来源
1	Beit Netofa 黏性土	文献[52]
2	Yolo 轻黏土	文献[187]
3	Pachapa 细砂质黏土	文献[188]
4	Gilat 壤土	文献[188]
5	Touchet 粉砂壤土	文献[176]
6	砂壤土	文献[189]
7	Poederlee 壤质砂土	文献[190]
8	Superstition 砂土	文献[191]
9	Poederlee 砂土	文献[190]

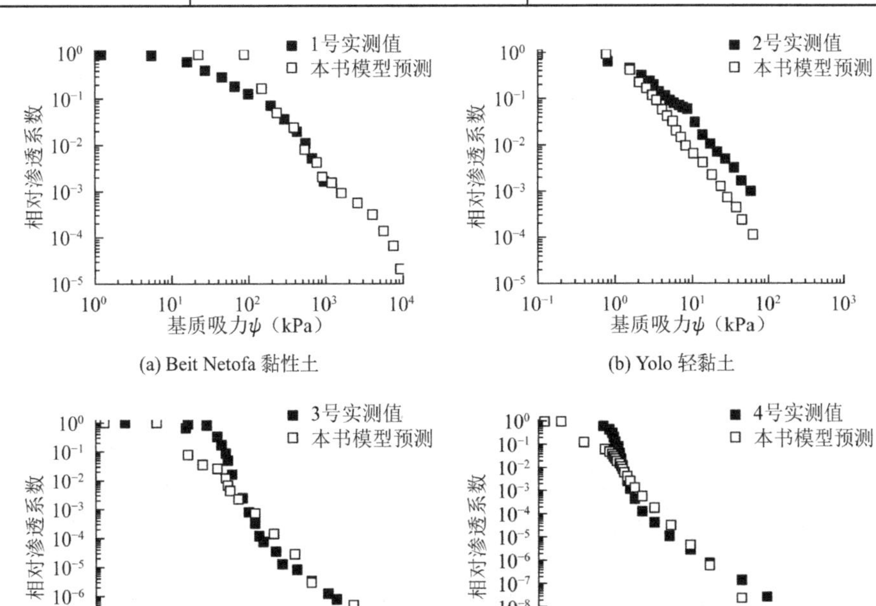

(a) Beit Netofa 黏性土　　(b) Yolo 轻黏土

(c) Pachapa 细砂质黏土　　(d) Gilat 壤土

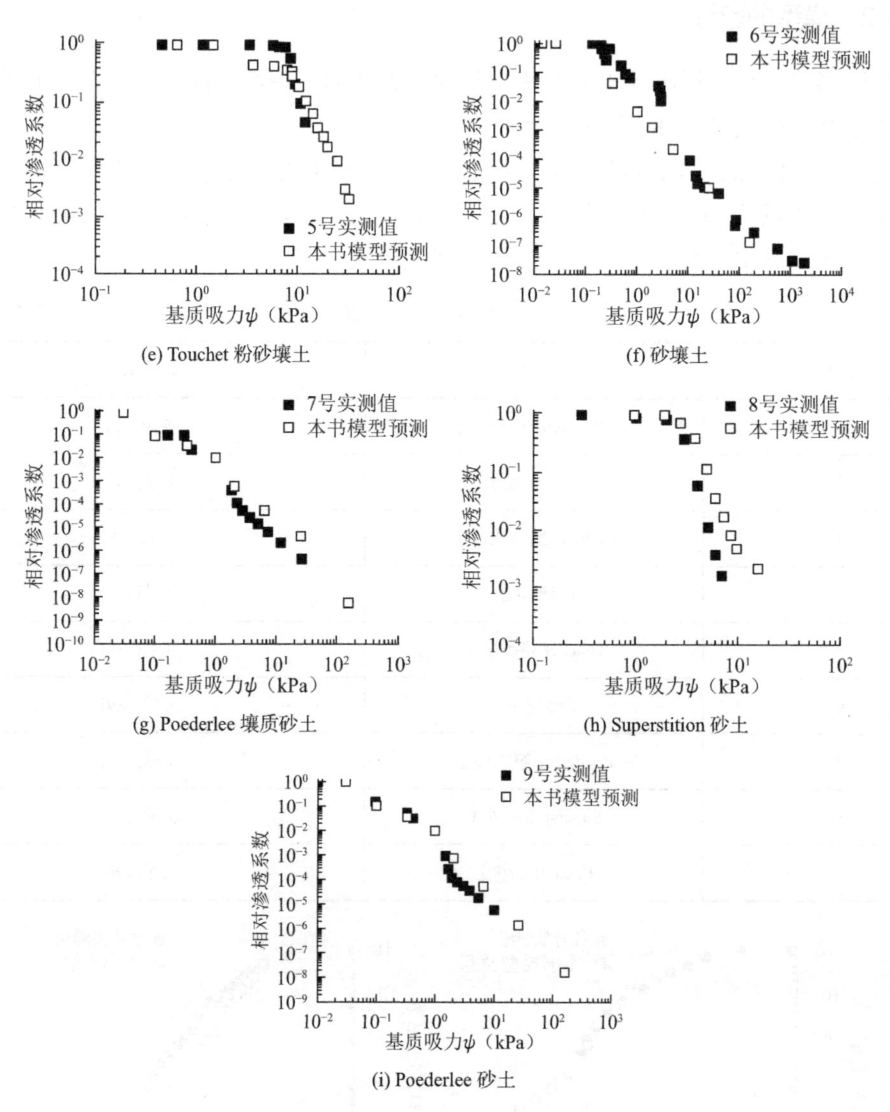

(e) Touchet 粉砂壤土
(f) 砂壤土
(g) Poederlee 壤质砂土
(h) Superstition 砂土
(i) Poederlee 砂土

图 3.1-4　非饱和相对渗透系数实测值与预测值

3.2　基于核磁共振的饱和/非饱和土渗透系数预测方法

饱和渗透系数是非饱和土水力特性研究的重要参数之一，它是基质吸力（或体积含水率）的函数，变化范围可达数个数量级。目前，室内试验测定非饱和渗透系数，不仅耗时费力，而且试验精度不高，尤其是在高吸力阶段，测量周期较长。因此，通过建立预测模型预测非饱和渗透系数已成为众多学者不可或缺的选择。已有学者提出了一系列预测模型，包括经验模型[150,174]、宏观模型[175,176]和统计模型[45,179]等。

本节基于渗流力学理论，利用第 3.1 节推导的饱和/非饱和土渗透系数模型，结合 NMR 理论和渗流理论，推导了一种预测渗透系数的新方法。为验证该方法有效性，以湖南黏土为例，制备不同初始孔隙比的土样，利用瞬态剖面法得到其非饱和渗透系数与含水率之间的关系；利用核磁共振仪获取了不同初始孔隙比试样脱湿及加湿过程 NMR 曲线。本节分析了基于试样不同状态下 NMR 曲线的预测效果，并与已有基于 SWCC 的预测方法进行了比较。

3.2.1　基于核磁共振的饱和/非饱和土渗透系数预测模型

假设土体是由海量的连通孔隙通道构成的，那么土体中水分渗流运动就是发生在这些连通孔隙通道中的。饱和土的渗透系数是海量连通孔隙通道饱和渗透系数的叠加值，可表示为[180]：

$$k_s = \frac{Q}{AJ} = \frac{\sum_{i=1}^{n} \frac{\gamma d_i^2}{32\mu} \times A_i J}{AJ} = \frac{\sum_{i=1}^{n} \frac{\gamma d_i^2}{32\mu} \times A_i}{A} \tag{3.2-1}$$

式中，Q——总流量；

J——水力梯度；

A——分析土样的横截面总面积；

μ——黏度；

γ——水的重度；

d_i——第i级孔隙通道的直径；

A_i——第i级孔隙通道的横截面面积。

假设第i级孔隙通道的实际长度与土样长度l比值为p_i，则孔隙通道的实际长度为$p_i l$。若第i级孔隙通道的所含水分对应的体积含水率为θ_i，则相应水分总体积为$\theta_i V_T$，其中V_T为测试土样的总体积，则相应孔隙通道的横截面面积为：

$$A_i = \frac{\theta_i V_T}{p_i l} \tag{3.2-2}$$

将式(3.2-2)代入式(3.2-1)有：

$$k_s = \sum_{i=1}^{n} \frac{\gamma d_i^2}{32\mu} \times \frac{\theta_i V_T}{p_i l A} = \sum_{i=1}^{n} \frac{\gamma d_i^2}{32\mu} \times \frac{\theta_i}{p_i} \tag{3.2-3}$$

NMR 技术可获得T_2分布曲线，曲线反映了信号幅度和横向弛豫时间T_2的对应关系。研究表明，横向弛豫时间T_2与土体孔隙特性直接相关[177-178]，具体如下所示：

$$\frac{1}{T_2} \approx \rho_2 \frac{S}{V} = \frac{\lambda \rho_2}{d} \tag{3.2-4}$$

式中，S、V——水分所处孔隙的表面积与体积；

ρ_2——横向弛豫率，与土颗粒表面的物理化学性质有关；

d——孔隙直径；

λ——与孔隙形状相关的因子。

对式(3.2-4)进行简化，可得到：

$$d = \lambda \rho_2 T_2 \tag{3.2-5}$$

由式(3.2-5)可知，横向弛豫时间T_2与孔隙直径d成正比，因此T_2分布曲线实际反映了孔隙分布特性。将T_2分布曲线的横坐标从右至左依次划分为n级，$n-1$级，$n-2$级，$n-3$级，…，2 级，1 级，假设大小相近的第i级孔隙组成连续孔隙通道，其等效孔径为d_i，该级通道对应的体积含水率θ_i可通过标定T_2分布曲线总信号幅度为土样总体积含水率反算得到，如图 3.2-1

所示。

将式(3.2-5)代入式(3.2-3)，可得到：

$$k_{\mathrm{s}}=\sum_{i=1}^{i=n}\frac{\gamma\lambda^2\rho_2^2\theta_i T_{2i}^2}{32\mu p_i} \tag{3.2-6}$$

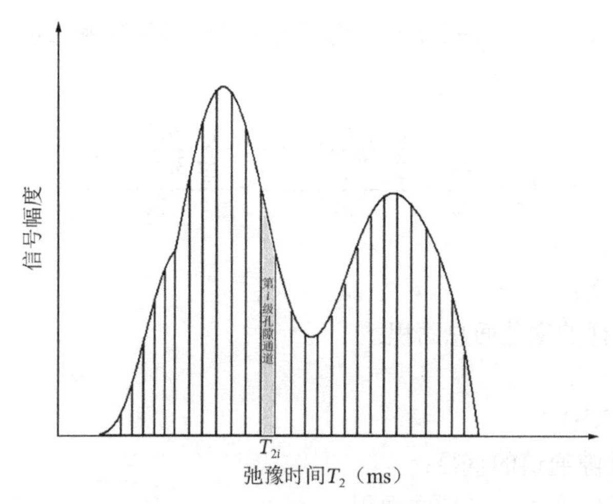

图 3.2-1　孔隙通道分级示意图

我们认为对于同一种土而言，p_i可假设为常数，于是式(3.2-6)可简写为：

$$k_{\mathrm{s}}=\sum_{i=1}^{n}k_{\mathrm{c}}\theta_i T_{2i}^2 \tag{3.2-7}$$

式中，$k_{\mathrm{c}}=\gamma\lambda^2\rho_2^2/(32\mu p_i)$，对于同一种土其值为常数。

假设总孔隙通道有n级，现只有 1～m级通道充满水（$m<n$），此时试样总体积含水率为θ（$\theta<\theta_{\mathrm{s}}$，其中$\theta_{\mathrm{s}}$为试样饱和体积含水率），根据式(3.2-7)可得到此时的非饱和渗透系数$k(\theta)$：

$$k(\theta)=\sum_{i=1}^{m}k_{\mathrm{c}}\theta_i T_{2i}^2 \tag{3.2-8}$$

结合式(3.2-7)、式(3.2-8)，非饱和相对渗透系数k_{r}可以表示为：

$$k_{\mathrm{r}}=\sum_{i=1}^{m}\theta_i T_{2i}^2/\sum_{i=1}^{n}\theta_i T_{2i}^2 \tag{3.2-9}$$

3.2.2　渗透试验与 NMR 试验

1. 饱和土渗透试验

试验研究对象采用湖南邵阳某地非饱和黏性土，属于原生红黏土经过再次搬运堆积形成的次生红黏土，土粒相对密度为 2.76，液限w_{L}为 46.34%，塑限w_{P}为 27.84%，具有黏粒含量高、液限高、饱和度大和渗透系数小的特点。将土体碾碎风干，配置含水率一定的土体，制备初始孔隙比分别为 1.12、1.04、0.97、0.90、0.84 的饱和试样，采用变水头法测量试样的饱和渗透系数。

经过多次重复试验取得平均值，并进行温度修正后，得到 20℃条件下不同初始孔隙比土样的饱和渗透系数[181-182]，如表 3.2-1 所示。

不同初始孔隙比试样的饱和渗透系数（20℃）　　表 3.2-1

初始孔隙比	1.12	1.04	0.97	0.90	0.84
渗透系数k_s（cm/s）	7.72×10^{-4}	4.15×10^{-4}	2.49×10^{-4}	1.73×10^{-4}	7.63×10^{-5}

2. 非饱和土渗透试验

选用瞬态剖面法测量非饱和渗透系数，其结果如图 3.2-2 所示。试验装置为课题组自主设计的有机玻璃桶，该玻璃桶呈圆柱形，直径 23cm、高 1m，沿着桶周方向均匀钻打 5 列竖向排列的圆形孔，孔与孔之间的间距为 5cm，直径为 1cm，并用 A、B、C、D、E 进行标记。试验开始前将这些小孔封闭，防止漏水，具体试验装置如图 3.2-3 所示。试验仍采用湖南黏土，配置含水率为 19%的土样待用，待水分迁移均匀后复测含水率，采用特制击实器分层击实，并在土柱顶部铺上 8cm 厚的细砂层，持续加水 20min，共计 1500mL，使水分在整个界面下渗均匀，观察湿润峰动态变化特点，采用取土烘干法分别测量不同时间间隔 A、B、C、D、E 列不同深度土样的含水率，结合所测试样的土-水特征曲线[181]，计算得到非饱和渗透系数和体积含水率的关系[181-182]。值得说明的是，瞬态剖面法试验过程中，桶体上部土体以脱湿为主，下部土体以吸湿为主，研究表明土体脱湿与吸湿过程的非饱和渗透系数存在一定差异，但相应于含水率对其的影响，该因素可忽略不计[183]。因此，一般情况下不考虑非饱和土渗透系数的滞回效应。

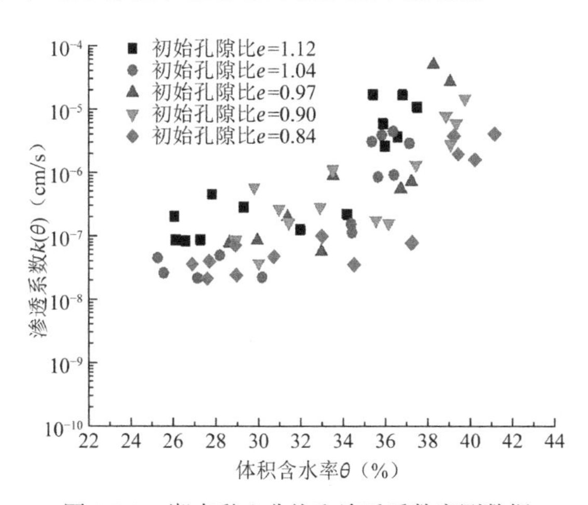

图 3.2-2　湖南黏土非饱和渗透系数实测数据

图 3.2-3　非饱和渗透试验装置示意图

3. NMR 试验

1）试验方案

同样采用湖南黏土，制作两组平行试样，每组试样分别包含初始孔隙比为 1.12、1.04、0.97、0.90、0.84 五个试样。一组用于吸湿，一组用于脱湿，分别模拟瞬态剖面法中上部土体的脱湿过程和下部土体的吸湿过程。利用 NMR 测试系统分别测量获取不同初始孔隙比试样脱湿和吸湿过程中不同含水率试样的 NMR 曲线，NMR 试验对应的试样含水率如表 3.2-2 所示，NMR 试验共计 95 次。

脱湿及吸湿过程 NMR 试验对应的试样含水率 **表 3.2-2**

孔隙比	脱湿过程					吸湿过程				
	1.12	1.04	0.97	0.90	0.84	1.12	1.04	0.97	0.90	0.84
体积含水率（%）	53.16	52.35	50.39	49.18	48.36	19.85	20.61	21.38	22.14	22.91
	46.49	45.62	43.69	42.62	41.91	22.87	23.45	24.36	24.48	25.62
	40.89	40.16	38.44	36.74	36.53	29.17	26.73	27.15	27.49	28.07
	36.49	35.59	34.38	32.58	32.33	29.77	29.85	30.30	30.01	30.84
	36.15	35.21	34.08	32.23	31.98	32.75	32.85	33.28	32.70	33.65
	30.67	29.09	28.10	26.74	26.75	36.50	36.38	36.34	35.44	36.36
	29.69	28.05	27.13	25.69	25.62	40.57	39.62	39.40	38.21	39.23
	25.62	23.92	23.25	22.07	21.90	43.33	42.63	42.30	40.86	41.78
	14.35	13.64	14.36	13.17	14.13	46.72	45.56	45.26	43.50	44.52
	11.91	11.64	12.22	11.49	12.00					

2）试验结果

（1）不同初始孔隙比试样脱湿过程 NMR 曲线

根据上述试验方案，进行不同初始孔隙比试样脱湿过程的 NMR 试验，并运用反演软件反演得到试验数据，反演后的脱湿 NMR 试验数据如图 3.2-4 所示。不同初始孔隙比土样脱湿 NMR 曲线趋势大致相同，从饱和含水率到残余含水率过程中，曲线所围成的峰面积逐渐减小，即表示含水率逐渐减少。五种初始孔隙比试样的 NMR 曲线变化规律存在相似之处，即均存在三个峰值。第一峰值在 0.2ms 处，第二峰值在 0.5～0.8ms 处，第三峰值在 30～80ms 处。脱湿过程中，随着含水率的降低，第三峰值逐渐消失，这表明脱湿过程前期，大孔隙优先排水；脱湿过程后期，第一、第二峰值逐步降低，表明此时以小孔隙排水为主。

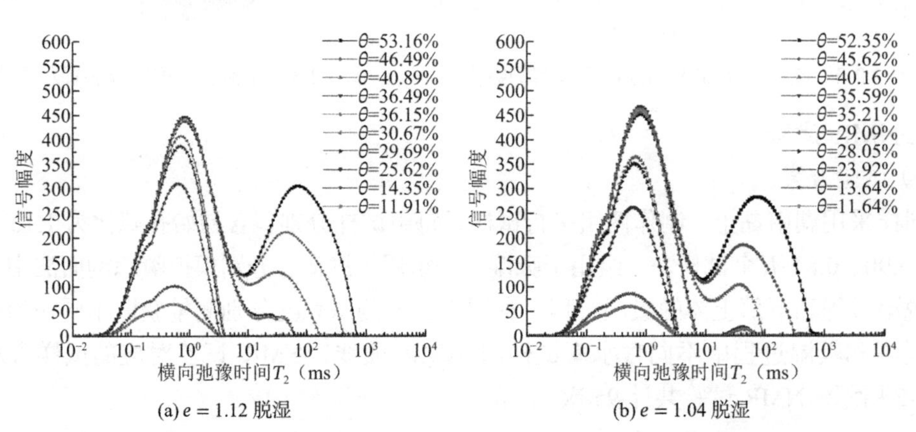

(a) e = 1.12 脱湿　　(b) e = 1.04 脱湿

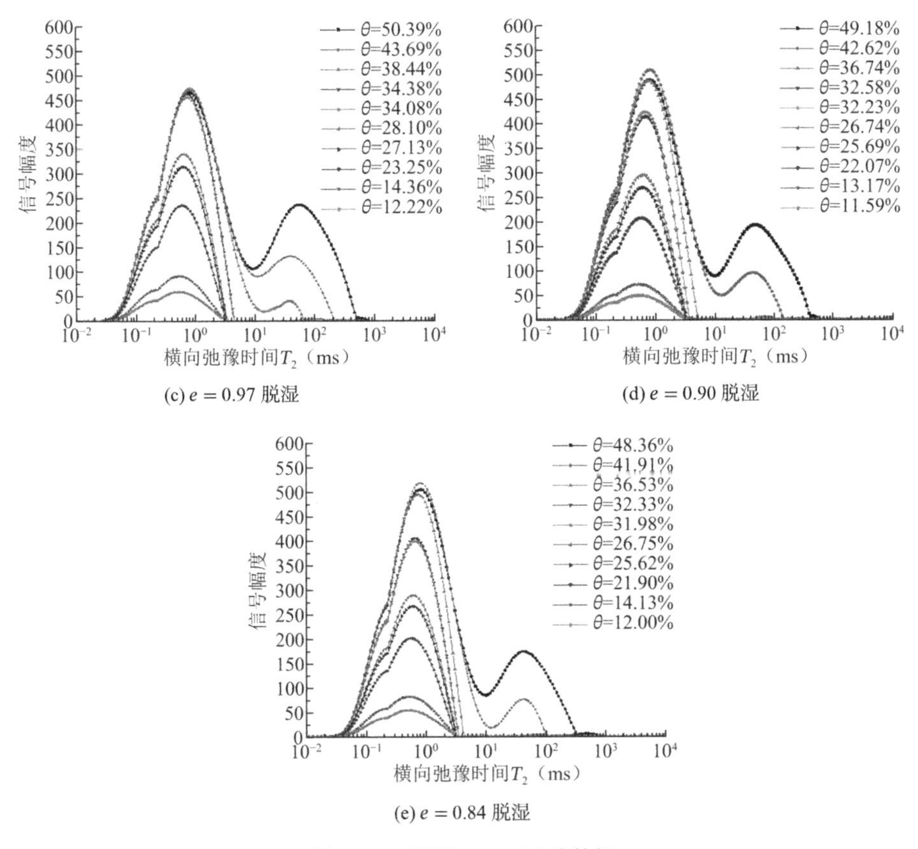

(c) $e = 0.97$ 脱湿　　(d) $e = 0.90$ 脱湿

(e) $e = 0.84$ 脱湿

图 3.2-4　脱湿 NMR 试验数据

（2）不同初始孔隙比试样吸湿过程 NMR 曲线

不同初始孔隙比试样吸湿过程的 NMR 试验方案在表 3.2-2 中已列出，整理试验数据，反演后的吸湿 NMR 试验数据如图 3.2-5 所示。与脱湿过程曲线类似，不同初始孔隙比土样 NMR 曲线围成的峰面积随着含水率增加而增大，绝大多数曲线存在三个峰值，前两个峰值的位置与脱湿过程大致相同，第三峰值在 20～30ms。第一峰值与第二峰值随着含水率增加逐渐升高；然而，在后五级吸湿过程中，不同初始孔隙比试样曲线峰值几乎保持不变。第三峰值在前期吸湿过程中并未出现，直到含水率增加至较大含水率时，峰值略有起势，之后随着含水率上升逐渐升高。

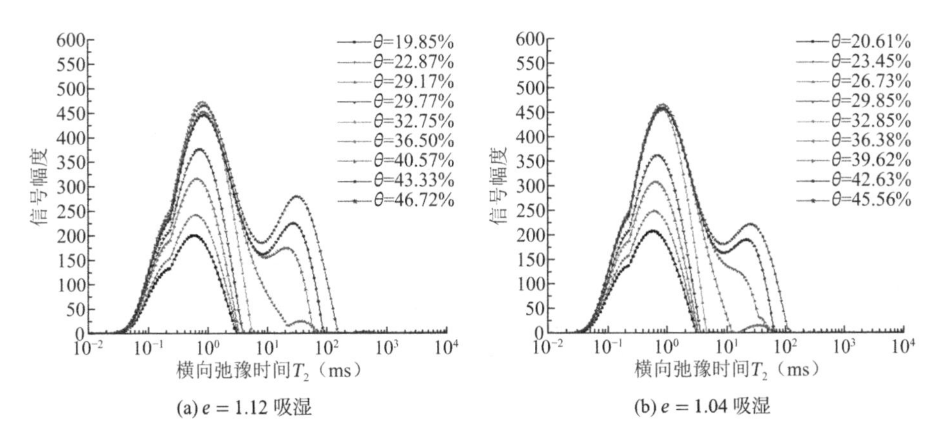

(a) $e = 1.12$ 吸湿　　(b) $e = 1.04$ 吸湿

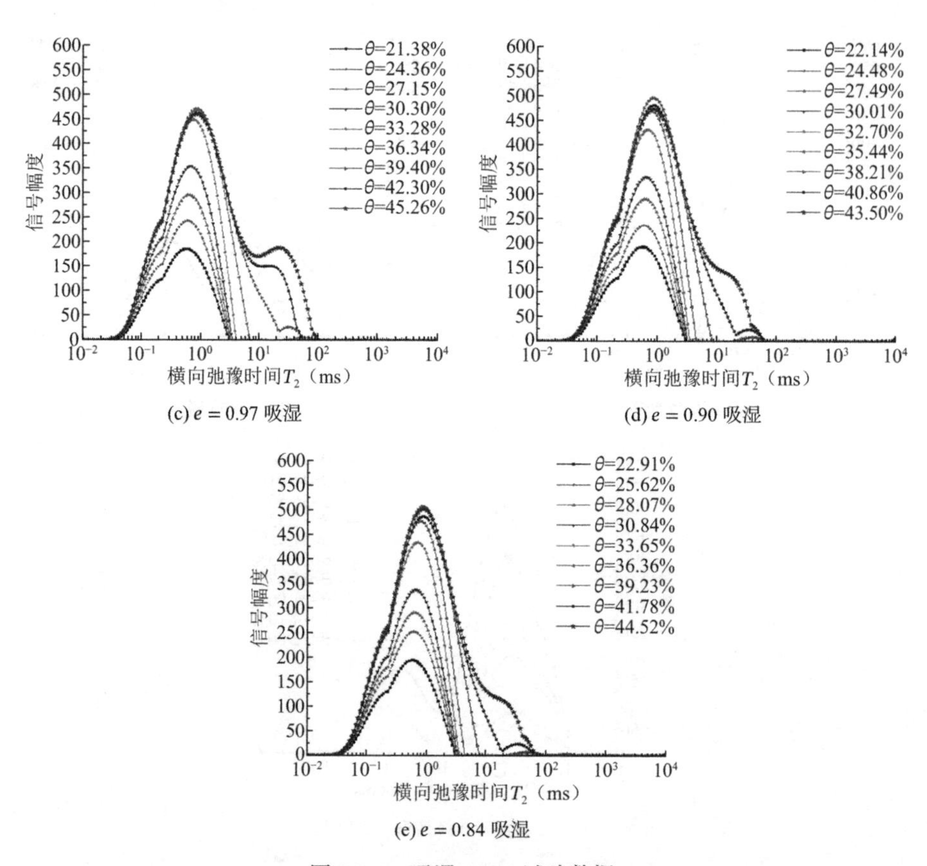

(c) $e=0.97$ 吸湿

(d) $e=0.90$ 吸湿

(e) $e=0.84$ 吸湿

图 3.2-5 吸湿 NMR 试验数据

上述试验现象表明吸湿过程中，小孔隙先吸水，且小孔隙的数量远大于大孔隙数量，所以小孔隙所含水分之和大于大孔隙，NMR 曲线表现为：第一峰、第二峰峰面积明显高于第三峰，随着初始孔隙比的减小，大孔隙体积压缩量高于小孔隙，二者差值变大。

（3）不同初始孔隙比试样饱和状态 NMR 曲线

不同初始孔隙比试样饱和状态下的 NMR 反演曲线如图 3.2-6 所示。

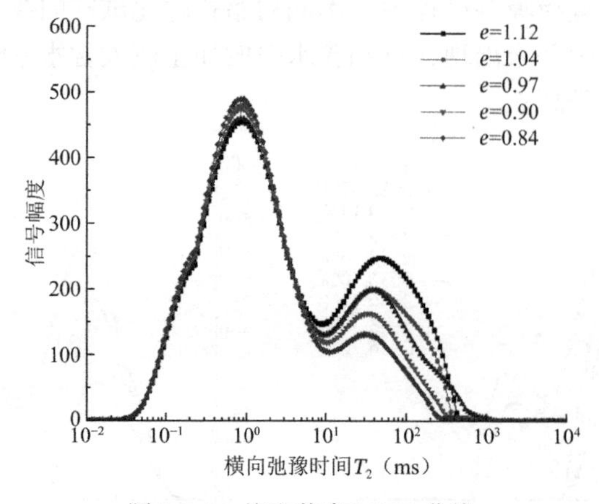

图 3.2-6 饱和状态 NMR 曲线

随着初始孔隙比的减小，NMR 曲线围成的总面积逐渐减小，即饱和土样的含水率减小。NMR 曲线均存在三个峰值，大约分别位于 0.2ms 处、0.8ms 处与 30～50ms 处，随着初始孔隙比减小，第三峰峰面积明显降低，第一峰、第二峰峰面积略有增加。上述现象表明，土样初始孔隙比减小，大孔隙体积急剧减小，导致孔隙总体积减小，孔隙水质量随之减小。

3.2.3　模型验证

1. 饱和渗透系数预测模型验证

利用 NMR 试验预测渗透系数，关键是通过T_2分布曲线求出每级孔隙通道对应的水分含量。

不同初始孔隙比试样的总含水率除以各自的总信号幅度可以确定不同初始孔隙比试样中单位信号幅度对应的含水率，利用该值，便可将每级横向弛豫时间T_{2i}对应的信号幅度转换为对应体积含水率θ_i。对于同一种土而言，k_c可看作一个常数，通过饱和试样的渗透系数和对应的 NMR 实测数据对k_c值进行标定，对于湖南黏土其计算结果为$k_c = 0.0865\text{cm/s}^3$[单位为 $\text{cm/(s} \cdot \text{ms}^2) = 10^6\text{cm/s}^3$]。在此基础之上，结合式(3.2-7)和湖南黏土饱和试样的 NMR 试验数据对其饱和渗透系数进行预测，将实测值和预测值进行对比。如图 3.2-7 所示，发现核磁共振预测值与湖南黏土的实测值吻合效果较好。尤其是初始孔隙比为 1.04、0.97 的试样，其预测值几乎与实测值相互重合，结果表明基于 NMR 技术和渗流理论预测饱和渗透系数是可靠的。

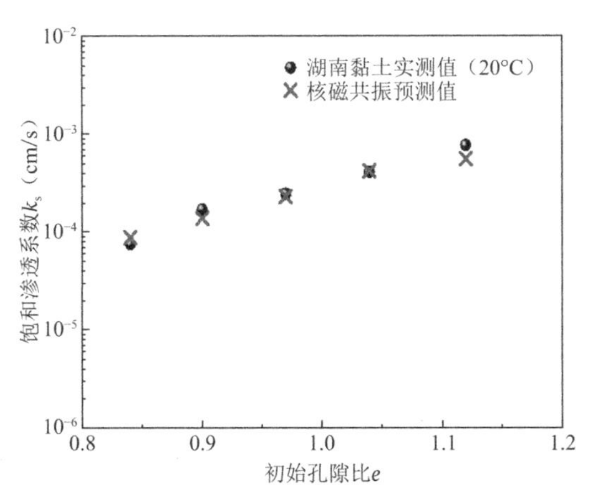

图 3.2-7　饱和渗透系数预测值与实测值对比图

2. 非饱和渗透系数预测模型验证

为了得出最优的 NMR 预测方法，本节将基于脱湿、吸湿及饱和状态 NMR 曲线的非饱和相对渗透系数预测值和实测值进行比较，结果如图 3.2-8 所示。值得说明的是，对于脱湿和吸湿 NMR 曲线预测非饱和相对渗透系数方法，可直接利用相应含水率的 NMR 曲线（图 3.2-4、图 3.2-5）和式(3.2-9)进行计算；利用饱和状态 NMR 曲线预测非饱和相对渗透系数是基于大孔隙优先排水的原理，假设饱和状态下的试样中所有的孔隙通道均充满水，脱湿过程中按照孔隙大小顺序，大孔先排水、小孔后排水，直至完全干燥。结合式(3.2-9)和饱和状态下的 NMR 曲线（图 3.2-6）便很容易预测不同初始孔隙比试样非饱和相对渗透系数。

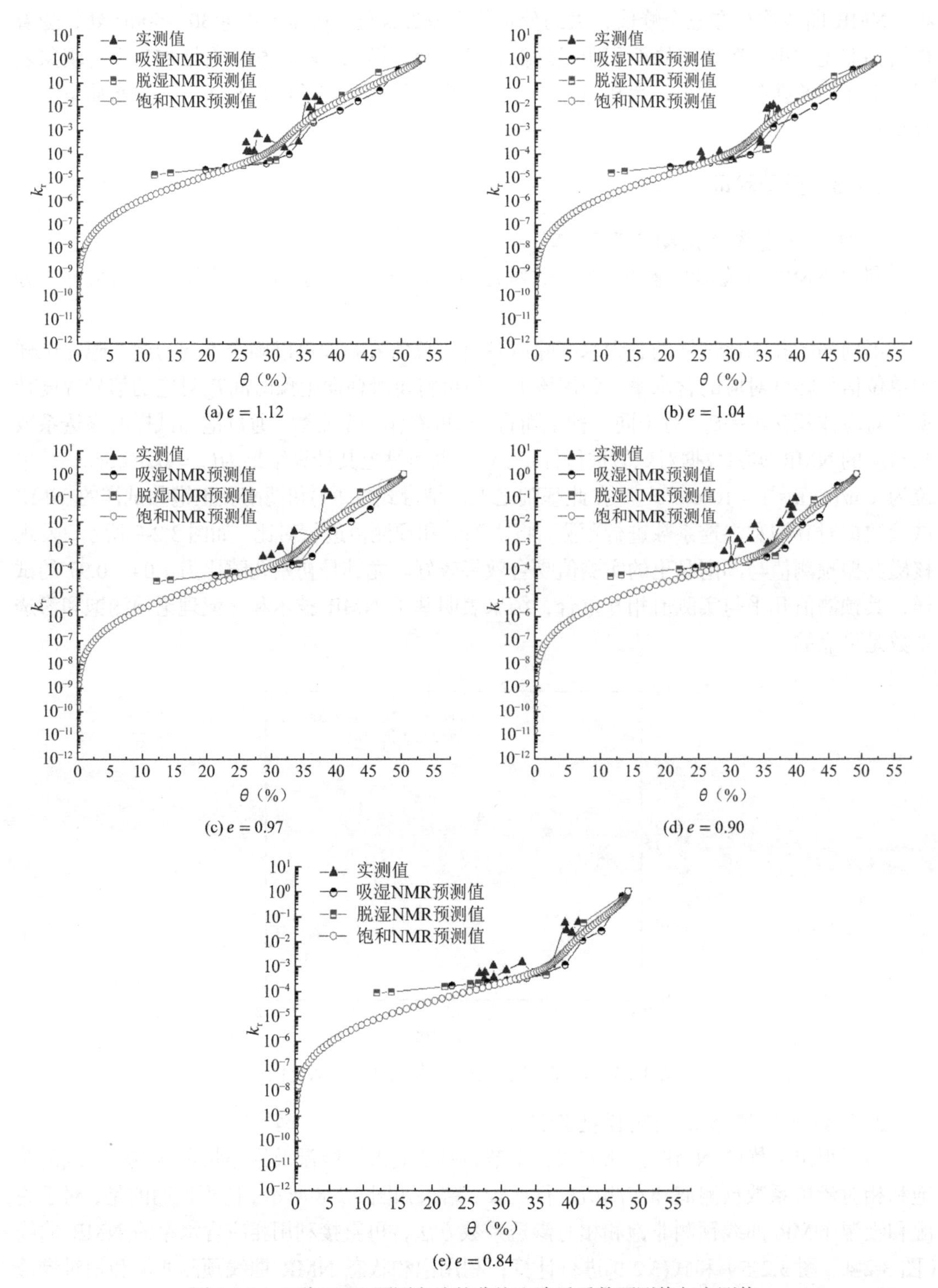

(a) $e = 1.12$　(b) $e = 1.04$　(c) $e = 0.97$　(d) $e = 0.90$　(e) $e = 0.84$

图 3.2-8　三种 NMR 预测方法的非饱和渗透系数预测值与实测值

由图 3.2-8 可知，基于脱湿、吸湿过程及饱和状态 NMR 预测值整体上与实测值基本吻合。其中，当含水率高于 35%左右时，吸湿过程 NMR 曲线预测误差最大，其预测值要低于实测值、脱湿以及饱和状态 NMR 预测值；当含水率在 35%左右时，脱湿 NMR 预测值要低于实测值和饱和状态 NMR 预测值，此时饱和状态 NMR 曲线预测更加接近实测值。整体上看，饱和状态 NMR 曲线预测误差最小，其预测值与实测值总体上吻合更好，尤其在初始孔隙比为 1.04 时基本重合。

3.2.4　分析与讨论

1. NMR 曲线缺级影响

从图 3.2-4～图 3.2-6 中的T_2分布曲线可以发现：对于较为密实的饱和试样以及含水率较低的非饱和试样，由于大孔隙水分含量较少，会出现孔隙水分缺级现象，如图 3.2-9 所示。此时，大孔隙水分总含量较少，大孔隙之间很难形成直接的连通孔隙，必须借道小孔隙形成连通孔隙通道，相应连通孔隙通道等效孔径实际由小孔隙孔径所控制。本节将这部分水分对应的孔隙通道称为"非连续孔隙通道"，它们对试样的渗透系数不起控制作用，若直接按照式(3.2-7)～式(3.2-9)考虑它们对渗透系数的贡献，会产生远大于实际的渗透系数预测值，因此本节建议这部分数据舍去。

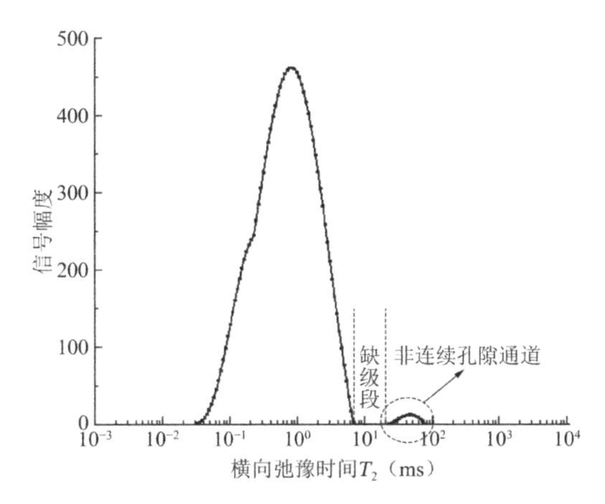

图 3.2-9　NMR 曲线缺级示意图

由于篇幅所限，以初始孔隙比$e = 1.12$的试样为例，图 3.2-10 分别分析了脱湿 NMR 曲线和吸湿 NMR 曲线预测非饱和相对渗透系数时 NMR 曲线缺级的影响，很明显看出：若不舍弃非连续孔隙通道数据，则预测结果很不稳定，跳跃性大，数量级低至 10^{-5}，高至 10^{2}，且总体上远远偏离实测值；当舍弃非连续孔隙通道数据时，预测结果均位于 10^{-4}～1 数量级区间，且与实测值吻合较好。因此，在上一节模型验证时，对于缺级的 NMR 曲线中非连续孔隙通道数据，本节均予以舍弃。

2. 脱湿、吸湿及饱和状态 NMR 曲线预测方法的比较

尽管基于脱湿、吸湿及饱和状态 NMR 曲线预测值均与非饱和相对渗透系数吻合较好，但是整体上看基于饱和状态 NMR 曲线预测效果最佳。另外，采用吸湿状态 NMR 或脱湿状态 NMR 曲线预测方法对某一含水率条件下的非饱和渗透系数进行预测时，需要对相应含水率试样进行核磁共振试验测量相应 NMR 曲线，预测不同含水率条件下非饱和渗透系数则需要进行多次核磁共振试验，试验周期也较长，工作量大，成本高；而饱和状态 NMR 曲线预测方法只需一次核磁共振试验便可预测全含水率区间的所有非饱和相对渗透系数，其工作量及成本远远低于其他两种方法。因此，本节建议采用饱和状态 NMR 曲线直接预

测饱和/非饱和渗透系数。

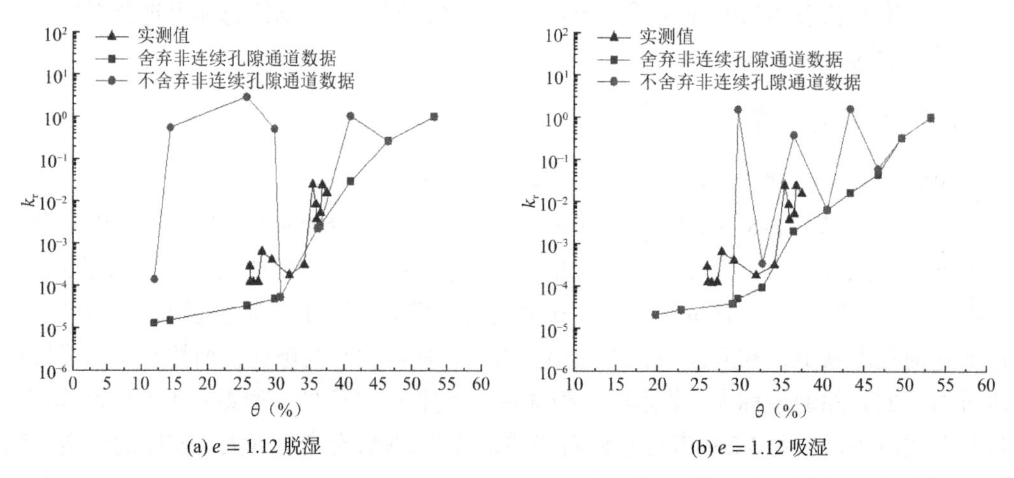

(a) $e=1.12$ 脱湿　　(b) $e=1.12$ 吸湿

图 3.2-10　缺级 NMR 曲线预测非饱和渗透系数

3. NMR 预测方法与已有方法的对比

目前为止，基于土-水特征曲线预测非饱和相对渗透系数是最常用的方法，然而相关预测模型众多，模型适用性及预测精度有待进一步提高[184]；另外，土-水特征曲线本身测量周期较长，获取全吸力范围的试验数据更是较为困难，不利于实际工程应用。NMR 预测方法具有快速方便的优势，是值得发展的一种方法。前文已经论述了 NMR 预测方法的有效性，其中饱和状态 NMR 曲线预测方法是最值得推广的方法。

为进一步比较土-水特征曲线预测方法和 NMR 预测方法的预测结果，本节选取了两种土-水特征曲线预测方法，即：CCG 模型法和笔者曾提出的 T-K 模型法，对湖南黏土非饱和相对渗透系数进行预测。图 3.2-11 同时给出了饱和 NMR 预测法、CCG 模型法及 T-K 模型法预测结果和非饱和相对渗透系数实测结果。由图 3.2-11 可知，CCG 模型预测值均高于实测值，且预测误差较大，土样含水率越小、预测误差越大，当含水率接近 30% 时，预测值几乎接近实测值的 100 倍，可见 CCG 模型对于湖南黏土并不适用；在较高含水率时（高于 35%），T-K 模型法和饱和 NMR 预测法预测结果几乎接近，且与实测值吻合较好。

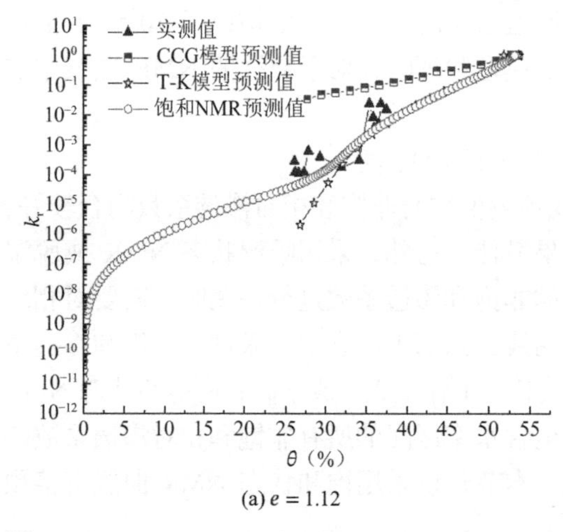

(a) $e=1.12$

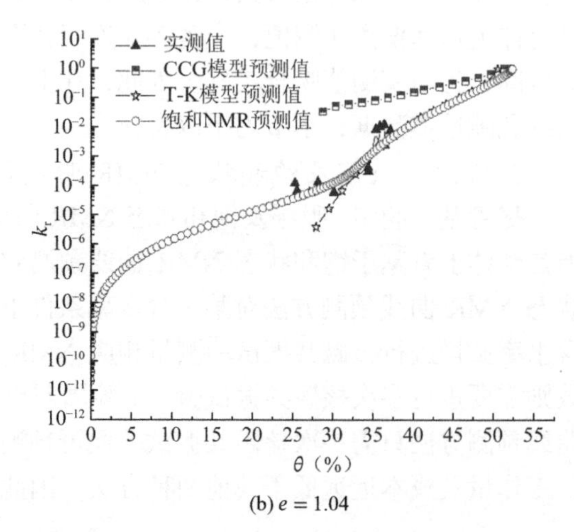

(b) $e=1.04$

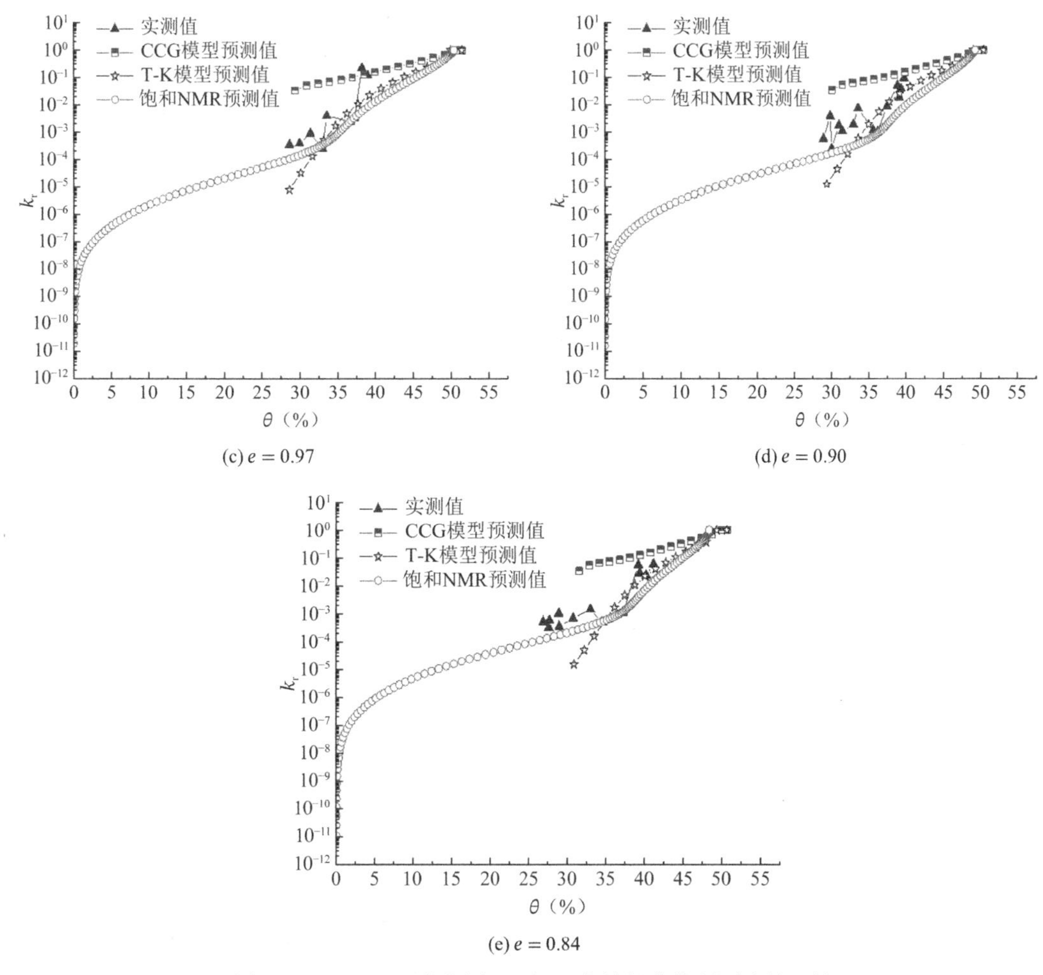

图 3.2-11　NMR 预测法与已有土-水特征曲线预测法的比较

当体积含水率低于 35%时，T-K 模型预测值则远低于实测值，而饱和 NMR 预测法仍然保持了良好的预测效果。由此可见，本节提出的饱和 NMR 预测法对于湖南黏土有着更好的预测精度，对于其他土类的适用性期待用更多试验来验证。此外，由图 3.2-11 可以看出，土-水特征曲线预测法（CCG 模型法和 T-K 模型法）无法给出低含水率区间非饱和相对渗透系数预测结果，其原因是土-水特征曲线试验往往通过压力板仪测量，一般无法给出高基质吸力区间（低含水率）的实测结果；而饱和 NMR 预测法可以同时给出全含水率区间的渗透系数预测结果，不过低含水率区间的预测效果需要进一步论证。

3.3　非饱和土渗透系数统一模型

3.3.1　基于分形理论的非饱和土渗透系数统一模型

非饱和渗透系数直接测量方法较为困难，耗时较长，因此通过间接方法预测非饱和渗透系数显得尤为重要。分形方法是一种描述多尺度系统的有效工具，但现有模型参数虽具有明确物理意义，但参数的确定工作较为复杂。本节从土-水分特征曲线分形模型出发，列举了 CCG 模型、Burdine 模型、Mualem 模型、T-K 模型等非饱和渗透系数分形形式，并提出了简化统一模型，利用实测结果验证了模型的预测效果，探讨了统一模型的参数取值及适用范围。

1. 四种已有渗透系数模型

Childs E C 和 Collis-George N[175]利用充水孔隙空间的形状提出了预测渗透系数的模型，其形式如下：

$$k_r(\theta)=\int_{\theta_r}^{\theta}\frac{(\theta_s-x)\,dx}{\psi^2(x)}\Big/\int_{\theta_r}^{\theta_s}\frac{(\theta_s-x)\,dx}{\psi^2(x)} \tag{3.3-1}$$

Burdine[183]根据多孔介质中流体流动的基本规律，推导出由孔隙尺寸分布数据计算相对渗透率的公式，表达式如下：

$$k_r(\theta)=S_e^2\int_{\theta_r}^{\theta}\frac{dx}{\psi^2(x)}\Big/\int_{\theta_r}^{\theta_s}\frac{dx}{\psi^2(x)} \tag{3.3-2}$$

Mualem[45]提出了一个简单的解析模型，利用含水率-毛细水头曲线和饱和导水率的实测值来预测非饱和导水率曲线，其形式如下：

$$k_r=S_e^{0.5}\left(\int_{\theta_r}^{\theta}\frac{dx}{\psi(x)}\Big/\int_{\theta_r}^{\theta_s}\frac{dx}{\psi(x)}\right)^2 \tag{3.3-3}$$

除此之外，陶高梁和孔令伟[176]基于微观孔隙通道提出了一种新的渗透系数模型，其非饱和渗透系数的一般形式如下：

$$k_r(\theta)=\int_{\theta_r}^{\theta}\frac{dx}{\psi^2(x)}\Big/\int_{\theta_r}^{\theta_s}\frac{dx}{\psi^2(x)} \tag{3.3-4}$$

上述模型中，$k_r(\theta)$为非饱和相对渗透系数；θ为体积含水率；θ_s为饱和体积含水率；θ_r为残余体积含水率；ψ为基质吸力；S_e为有效饱和度。

2. 简化统一分形模型

1）土-水特征曲线分形模型

利用分形理论，可以写出质量含水率所表示的土-水特征曲线分形形式，具体如下：

$$\begin{cases} w=\dfrac{e}{G_s}\left(\dfrac{\psi_a}{\psi}\right)^{3-D} & \psi\geqslant\psi_a \\ w=\dfrac{e}{G_s} & \psi<\psi_a \end{cases} \tag{3.3-5}$$

式中，w——质量含水率；

e——孔隙比；

G_s——相对密实度；

ψ_a——进气值；

D——分维数。

根据质量含水率与体积含水率以及饱和度间的关系，式(3.3-5)可转化为关于体积含水率和饱和度的土-水特征曲线分形形式，如下：

$$\begin{cases}\theta = \dfrac{e}{1+e}\left(\dfrac{\psi_a}{\psi}\right)^{3-D} & \psi \geqslant \psi_a \\ \theta = \theta_s = \dfrac{e}{1+e} & \psi < \psi_a\end{cases} \tag{3.3-6}$$

$$\begin{cases}S_r = \left(\dfrac{\psi_a}{\psi}\right)^{3-D} & \psi \geqslant \psi_a \\ S_r = 1 & \psi < \psi_a\end{cases} \tag{3.3-7}$$

其中，式(3.3-6)为体积含水率的土-水特征曲线分形形式，式(3.3-7)为饱和度的土-水特征曲线分形形式。

上述几种分形模型对土-水特征曲线拟合适用性较好，但在分维数求解时，必须选择$\psi > \psi_a$的数据进行拟合（即舍去含水率未开始下降或者微微开始下降的吸力阶段数据）。分维数及进气值求解方法如下：用$-\ln\psi$作为横坐标，用$\ln w$、$\ln\theta$或$\ln S_r$作为纵坐标，绘制散点图，然后作直线拟合；假设斜率为k，则分维数$D = 3 - k$，若相关系数较高，则说明分形行为明显；在得到相应的分维数后，利用上述几种土-水特征分形模型对土-水特征曲线的试验数据进行分析拟合，即可得到相应的进气值。如果忽略体变，则三种方法得到的分维数及进气值是一致的。

2）已有模型的分形形式

为方便计算，选择式(3.3-6)推导上述渗透系数模型的分形形式。

式(3.3-6)左右求导，可得：

$$\mathrm{d}\theta = \theta_s(D-3)\psi_a^{3-D}\psi^{D-4}\,\mathrm{d}\psi \tag{3.3-8}$$

（1）CCG 模型分形形式

令$\theta = x$，则$\mathrm{d}\theta = \mathrm{d}x$。将式(3.3-6)和式(3.3-8)代入式(3.3-1)，可得：

$$k_r(\psi) = \frac{\displaystyle\int_{\psi_d}^{\psi}\left[\theta_s - \theta_s\left(\frac{\psi_a}{\psi}\right)^{3-D}\right]\cdot\psi^{-2}\cdot\theta_s(D-3)\psi_a^{3-D}\psi^{D-4}\,\mathrm{d}\psi}{\displaystyle\int_{\psi_d}^{\psi_a}\left[\theta_s - \theta_s\left(\frac{\psi_a}{\psi}\right)^{3-D}\right]\cdot\psi^{-2}\cdot\theta_s(D-3)\psi_a^{3-D}\psi^{D-4}\,\mathrm{d}\psi} \tag{3.3-9}$$

消积分后，可得：

$$k_r(\psi) = \frac{\dfrac{\psi_a^{D-5}}{5-D}\left[\left(\dfrac{\psi_a}{\psi}\right)^{5-D} - \left(\dfrac{\psi_a}{\psi_d}\right)^{5-D}\right] - \dfrac{\psi_a^{D-5}}{8-2D}\left[\left(\dfrac{\psi_a}{\psi}\right)^{8-2D} - \left(\dfrac{\psi_a}{\psi_d}\right)^{8-2D}\right]}{\dfrac{\psi_a^{D-5}}{5-D}\left[\left(\dfrac{\psi_a}{\psi_a}\right)^{5-D} - \left(\dfrac{\psi_a}{\psi_d}\right)^{5-D}\right] - \dfrac{\psi_a^{D-5}}{8-2D}\left[\left(\dfrac{\psi_a}{\psi_a}\right)^{8-2D} - \left(\dfrac{\psi_a}{\psi_d}\right)^{8-2D}\right]} \tag{3.3-10}$$

由于$\psi_a \ll \psi_d$，因此可忽略$(\psi_a/\psi_d)^{5-D}$，所以式(3.3-10)简化为：

$$k_r(\psi) = \frac{8-2D}{3-D}\left(\frac{\psi_a}{\psi}\right)^{5-D} - \frac{5-D}{3-D}\left(\frac{\psi_a}{\psi}\right)^{8-2D} \tag{3.3-11}$$

由式(3.3-7)可知，式(3.3-11)可简化为：

$$k_{\mathrm{r}}(\psi)=\left(\frac{8-2D}{3-D}-\frac{5-D}{3-D}S_{\mathrm{r}}\right)\cdot\left(\frac{\psi_{\mathrm{a}}}{\psi}\right)^{5-D} \tag{3.3-12}$$

（2）Burdine 模型分形形式

令$\theta = x$，则$\mathrm{d}\theta = \mathrm{d}x$。将式(3.3-8)代入式(3.3-12)，可得：

$$k_{\mathrm{r}}(\psi)=S_{\mathrm{e}}^{2}\frac{\int_{\psi_{\mathrm{d}}}^{\psi}\theta_{\mathrm{s}}(D-3)\,\psi_{\mathrm{a}}^{3-D}\psi^{D-6}\,\mathrm{d}\psi}{\int_{\psi_{\mathrm{d}}}^{\psi_{\mathrm{a}}}\theta_{\mathrm{s}}(D-3)\,\psi_{\mathrm{a}}^{3-D}\psi^{D-6}\,\mathrm{d}\psi} \tag{3.3-13}$$

消积分后，可得：

$$k_{\mathrm{r}}(\psi)=S_{\mathrm{e}}^{2}\cdot\frac{\left(\frac{\psi_{\mathrm{a}}}{\psi}\right)^{5-D}-\left(\frac{\psi_{\mathrm{a}}}{\psi_{\mathrm{d}}}\right)^{5-D}}{\left(\frac{\psi_{\mathrm{a}}}{\psi_{\mathrm{a}}}\right)^{5-D}-\left(\frac{\psi_{\mathrm{a}}}{\psi_{\mathrm{d}}}\right)^{5-D}} \tag{3.3-14}$$

同理，由于$\psi_{\mathrm{a}} \ll \psi_{\mathrm{d}}$，因此可忽略$(\psi_{\mathrm{a}}/\psi_{\mathrm{d}})^{5-D}$，所以式(3.3-14)简化为：

$$k_{\mathrm{r}}(\psi)=S_{\mathrm{e}}^{2}\left(\frac{\psi_{\mathrm{a}}}{\psi}\right)^{5-D} \tag{3.3-15}$$

Zhang 和 Tao[184]认为只要将相应于残余含水率的微小孔隙近似看作是颗粒的组成部分，则有效饱和度S_{e}等同于残余饱和度S_{r}。结合式(3.3-7)，式(3.3-15)进一步简化为：

$$k_{\mathrm{r}}(\psi)=\left(\frac{\psi_{\mathrm{a}}}{\psi}\right)^{11-3D} \tag{3.3-16}$$

（3）Mualem 模型分形形式

令$\theta = x$，则$\mathrm{d}\theta = \mathrm{d}x$。将式(3.3-8)代入式(3.3-3)得：

$$k_{\mathrm{r}}(\psi)=S_{\mathrm{e}}^{0.5}\cdot\left[\frac{\int_{\psi_{\mathrm{d}}}^{\psi}\theta_{\mathrm{s}}(D-3)\,\psi_{\mathrm{a}}^{3-D}\psi^{D-5}\,\mathrm{d}\psi}{\int_{\psi_{\mathrm{d}}}^{\psi_{\mathrm{a}}}\theta_{\mathrm{s}}(D-3)\,\psi_{\mathrm{a}}^{3-D}\psi^{D-5}\,\mathrm{d}\psi}\right]^{2} \tag{3.3-17}$$

消积分后，可得：

$$k_{\mathrm{r}}(\psi)=S_{\mathrm{e}}^{0.5}\left[\frac{\left(\frac{\psi_{\mathrm{a}}}{\psi}\right)^{4-D}-\left(\frac{\psi_{\mathrm{a}}}{\psi_{\mathrm{d}}}\right)^{4-D}}{\left(\frac{\psi_{\mathrm{a}}}{\psi_{\mathrm{a}}}\right)^{4-D}-\left(\frac{\psi_{\mathrm{a}}}{\psi_{\mathrm{d}}}\right)^{4-D}}\right]^{2} \tag{3.3-18}$$

同理，由于$\psi_{\mathrm{a}} \ll \psi_{\mathrm{d}}$，因此可忽略$(\psi_{\mathrm{a}}/\psi_{\mathrm{d}})^{4-D}$，式(3.3-18)简化为：

$$k_{\mathrm{r}}(\psi)=S_{\mathrm{e}}^{0.5}\left[\left(\frac{\psi_{\mathrm{a}}}{\psi}\right)^{4-D}\right]^{2} \tag{3.3-19}$$

由于S_{e}等同于S_{r}，结合式(3.3-7)、式(3.3-19)进一步简化为：

$$k_{\mathrm{r}}(\psi)=\left(\frac{\psi_{\mathrm{a}}}{\psi}\right)^{9.5-2.5D} \tag{3.3-20}$$

（4）T-K 模型分形形式

令$\theta = x$，则$\mathrm{d}\theta = \mathrm{d}x$。将式(3.3-8)代入式(3.3-4)得式(3.3-21)并进一步消积分得

式(3.3-22)：

$$k_{\mathrm{r}}(\psi)=\frac{\int_{\psi_{\mathrm{r}}}^{\psi}\theta_{\mathrm{s}}(D-3)\,\psi_{\mathrm{a}}^{3-D}\psi^{D-6}\,\mathrm{d}\psi}{\int_{\psi_{\mathrm{r}}}^{\psi_{\mathrm{a}}}\theta_{\mathrm{s}}(D-3)\,\psi_{\mathrm{a}}^{3-D}\psi^{D-6}\,\mathrm{d}\psi} \tag{3.3-21}$$

$$k_{\mathrm{r}}(\psi)=\frac{\left(\frac{\psi_{\mathrm{a}}}{\psi}\right)^{5-D}-\left(\frac{\psi_{\mathrm{a}}}{\psi_{\mathrm{d}}}\right)^{5-D}}{\left(\frac{\psi_{\mathrm{a}}}{\psi_{\mathrm{a}}}\right)^{5-D}-\left(\frac{\psi_{\mathrm{a}}}{\psi_{\mathrm{d}}}\right)^{5-D}} \tag{3.3-22}$$

同理，由于$\psi_{\mathrm{a}} \ll \psi_{\mathrm{d}}$，因此可忽略$(\psi_{\mathrm{a}}/\psi_{\mathrm{d}})^{5-D}$，所以式(3.3-22)简化为：

$$k_{\mathrm{r}}(\psi)=\left(\frac{\psi_{\mathrm{a}}}{\psi}\right)^{5-D} \tag{3.3-23}$$

3）简化统一模型

前文推导了 CCG 模型、Burdine 模型、Mualem 模型、T-K 模型非饱和土相对渗透系数的分形形式，其形式相似，可用下式统一：

$$k_{\mathrm{r}}(\psi)=(a+bS_{\mathrm{r}})\cdot\left(\frac{\psi_{\mathrm{a}}}{\psi}\right)^{\lambda} \tag{3.3-24}$$

式中，a、b、λ是与分维数D相关的系数，每种模型的参数可能不同，上述四种模型的参数取值具体如下：

CCG 模型：$a=(8-2D)/(3-D)$，$b=(D-5)/(3-D)$，$\lambda=5-D$；

Mualem 模型：$a=1$，$b=0$，$\lambda=9.5-2.5D$；

Burdine 模型：$a=1$，$b=0$，$\lambda=11-3D$；

T-K 模型：$a=1$，$b=0$，$\lambda=5-D$。

图 3.3-1 给出了四种模型中λ与分维数D相关关系，其中 CCG 模型与 T-K 模型中参数λ与D关系相同。从图中可以看出，分维数D越接近 3，λ的值相差越小；分维数D越小，λ的值相差越大。

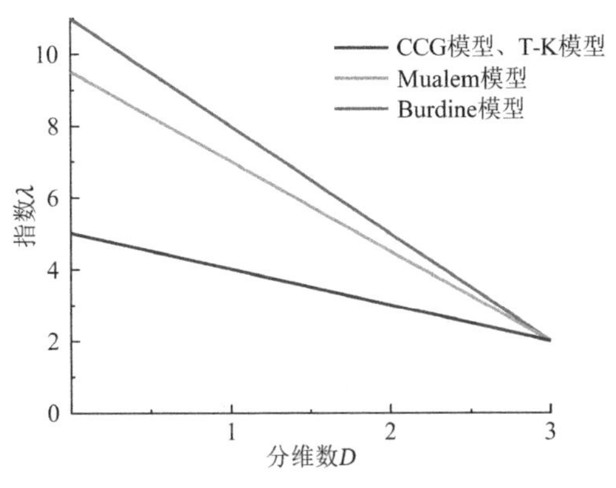

图 3.3-1　λ与D的相关关系图

3. 模型验证及适用范围探讨

利用已有文献的土-水特征曲线及非饱和渗透系数实测数据进行计算分析，验证上述模型的有效性，具体数据来源详见表 3.3-1。

土样类型及数据来源 表 3.3-1

样本编号	土类	分维数	进气值	数据来源
1	Yolo 轻黏土	2.808	1.33kPa	文献[187]
2	Pachapa 细砂质黏土	2.699	0.23kPa	文献[188]
3	Gilat 壤土	2.733	0.12kPa	文献[188]
4	Touchet 粉砂壤土	2.111	6.06kPa	文献[176]
5	砂壤土	2.640	0.36kPa	文献[189]
6	Poederlee 壤质砂土	2.735	0.08kPa	文献[190]
7	Superstition 砂土	2.485	1.26kPa	文献[191]
8	Poederlee 砂土	2.623	0.086kPa	文献[190]
9	Columbia 砂壤土	1.856	5.06kPa	文献[176]
10	Hupsel 砂土	1.762	0.20kPa	文献[188]
11	Rehovot 砂土	1.600	0.16kPa	文献[188]
12	Berlin 中砂	1.700	0.20kPa	文献[190]

首先以土-水特征曲线实测值为基础，分别以$-\ln\psi$为横坐标、$\ln\theta$或$\ln S_r$为纵坐标绘制散点图并作直线拟合，拟合直线斜率假设为k，那么分维数$D=3-k$。其次，利用式(3.3-6)或者式(3.3-7)对土-水特征曲线试验数据进行分析拟合，获取进气值；最后，利用式(3.3-24)计算相应非饱和相对渗透系数。

图 3.3-2（a）、（b）～图 3.3-13（a）、（b）分别给出了分维数计算过程、土-水特征曲线拟合结果，分维数及进气值具体计算值详见表 3.3-1。图 3.3-2（c）～图 3.3-13（c）分别给出了 1～12 号土样非饱和渗透系数的实测值及预测值，从图中分析可知，上述模型的预测效果与分维数有直接关联。如图 3.3-2～图 3.3-13 所示，上述模型选择不同参数进行预测，其预测结果有着一定的差异。

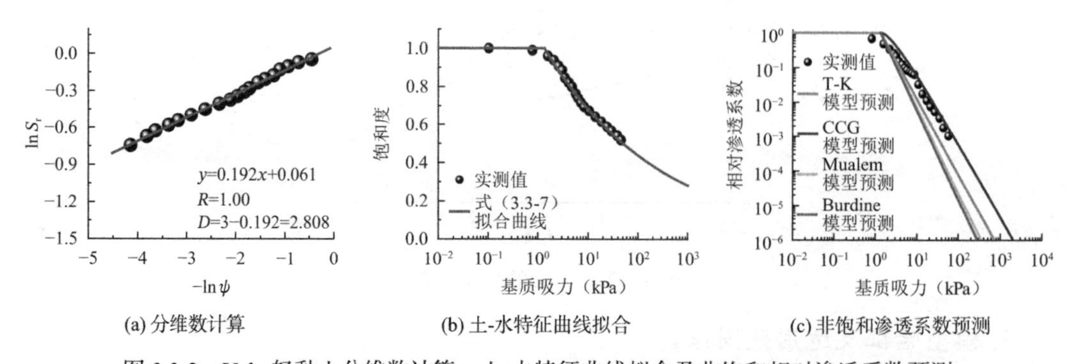

图 3.3-2 Yolo 轻黏土分维数计算、土-水特征曲线拟合及非饱和相对渗透系数预测

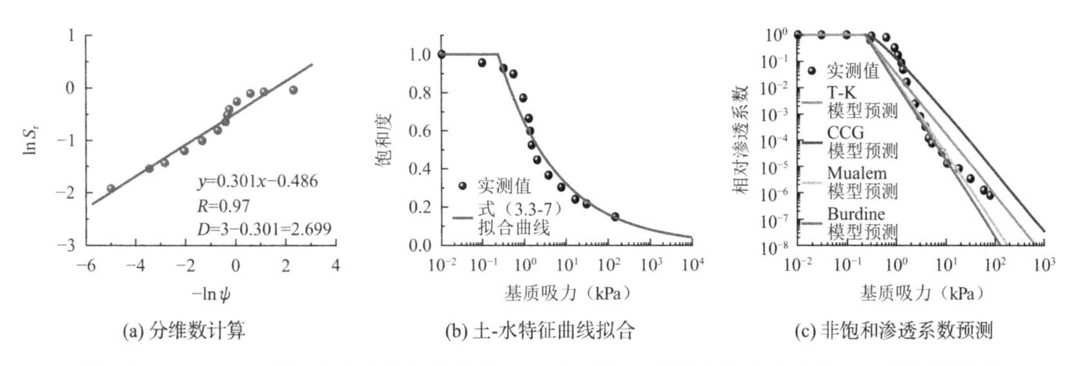

(a) 分维数计算　(b) 土-水特征曲线拟合　(c) 非饱和渗透系数预测

图 3.3-3　Pachapa 细砂质黏土分维数计算、土-水特征曲线拟合及非饱和相对渗透系数预测

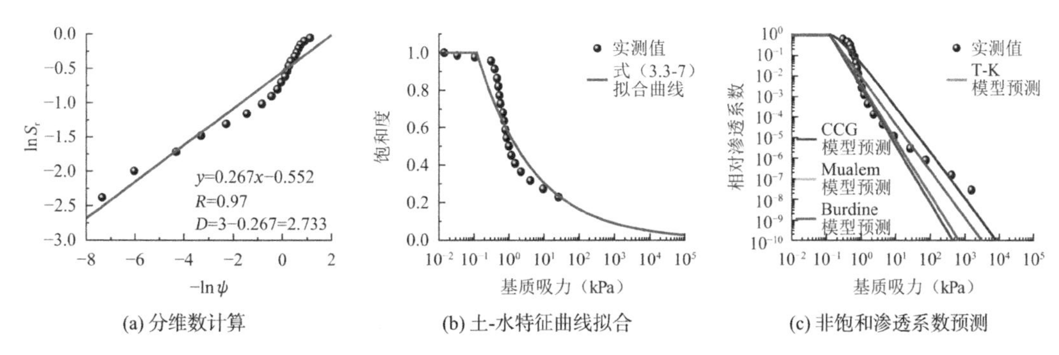

(a) 分维数计算　(b) 土-水特征曲线拟合　(c) 非饱和渗透系数预测

图 3.3-4　Gilat 壤土分维数计算、土-水特征曲线拟合及非饱和相对渗透系数预测

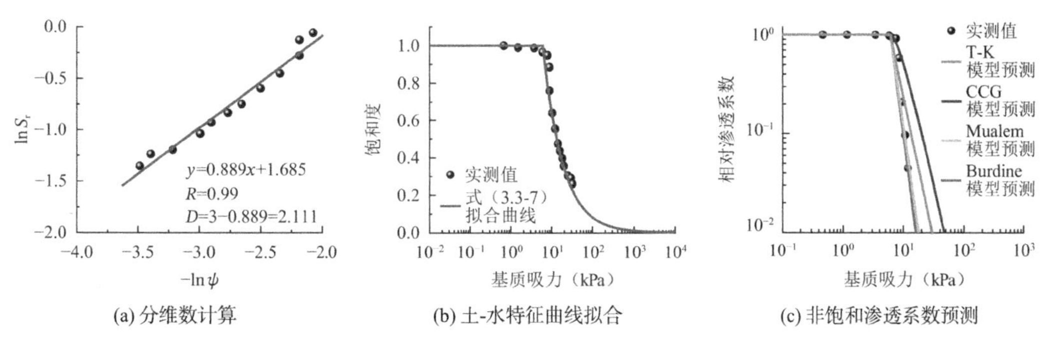

(a) 分维数计算　(b) 土-水特征曲线拟合　(c) 非饱和渗透系数预测

图 3.3-5　Touchet 粉砂壤土分维数计算、土-水特征曲线拟合及非饱和相对渗透系数预测

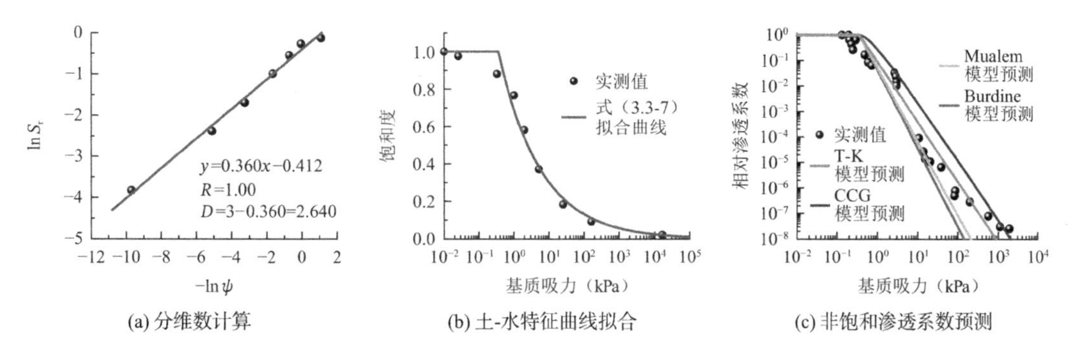

(a) 分维数计算　(b) 土-水特征曲线拟合　(c) 非饱和渗透系数预测

图 3.3-6　砂壤土非饱和分维数计算、土-水特征曲线拟合及非饱和相对渗透系数预测

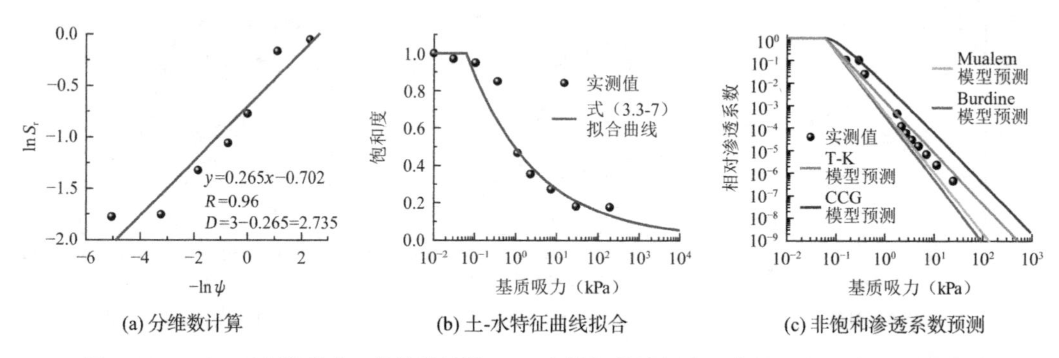

(a) 分维数计算　(b) 土-水特征曲线拟合　(c) 非饱和渗透系数预测

图 3.3-7　Poederlee 壤质砂土分维数计算、土-水特征曲线拟合及非饱和相对渗透系数预测

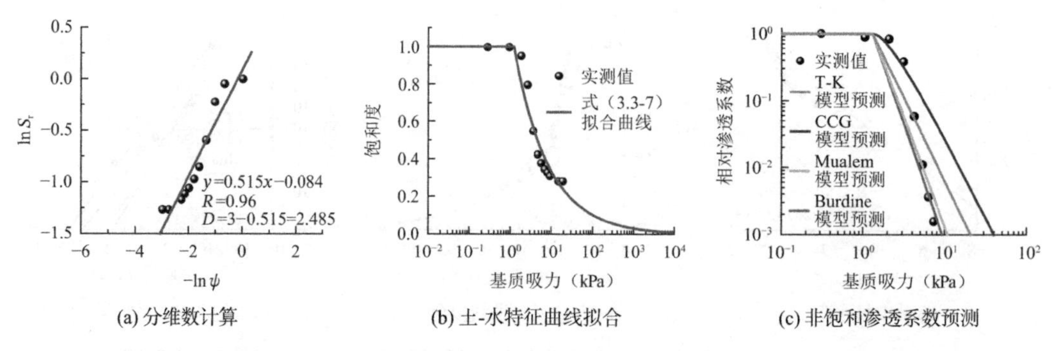

(a) 分维数计算　(b) 土-水特征曲线拟合　(c) 非饱和渗透系数预测

图 3.3-8　Superstition 砂土分维数计算、土-水特征曲线拟合及非饱和相对渗透系数预测

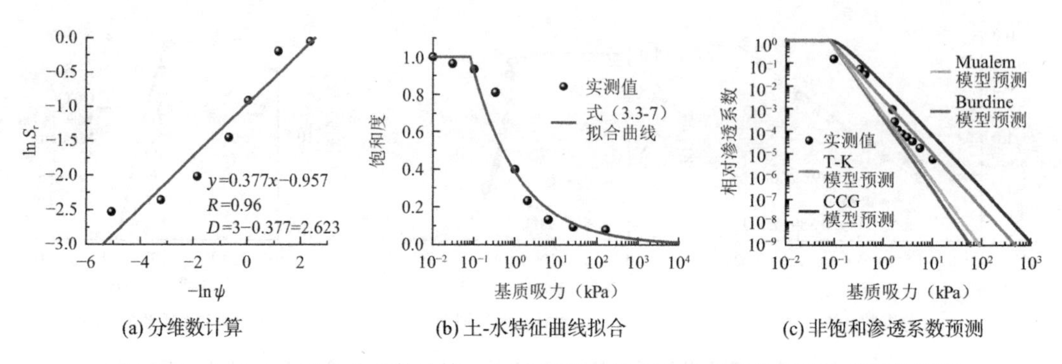

(a) 分维数计算　(b) 土-水特征曲线拟合　(c) 非饱和渗透系数预测

图 3.3-9　Poederlee 砂土分维数计算、土-水特征曲线拟合及非饱和相对渗透系数预测

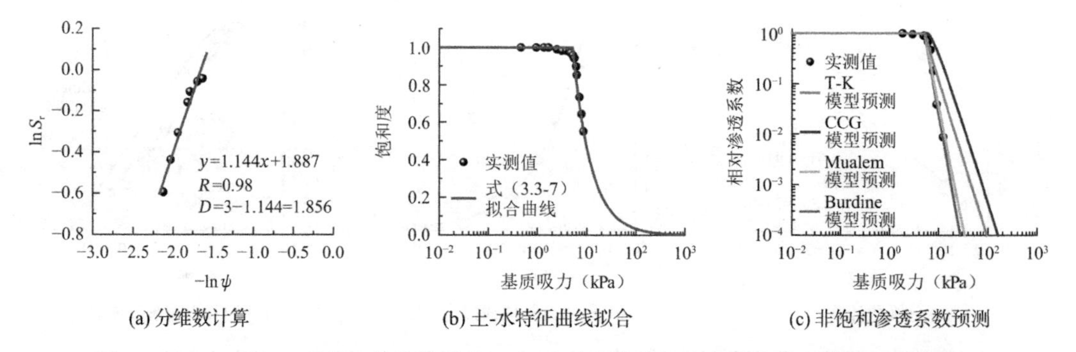

(a) 分维数计算　(b) 土-水特征曲线拟合　(c) 非饱和渗透系数预测

图 3.3-10　Columbia 砂壤土分维数计算、土-水特征曲线拟合及非饱和相对渗透系数预测

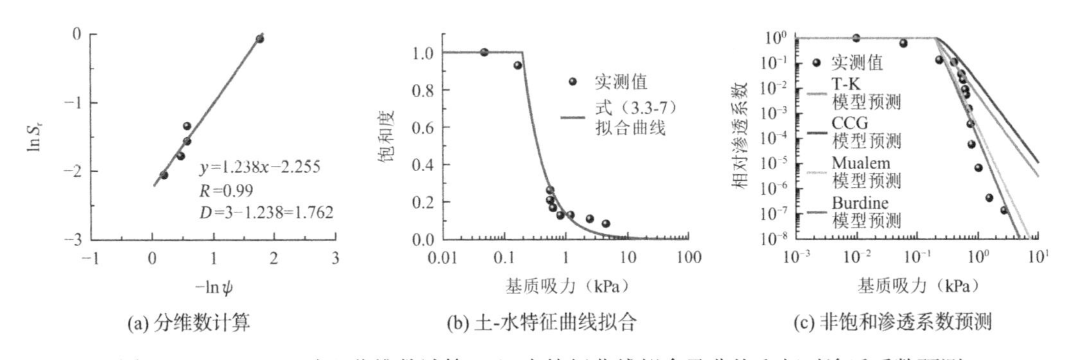

图 3.3-11　Hupsel 砂土分维数计算、土-水特征曲线拟合及非饱和相对渗透系数预测

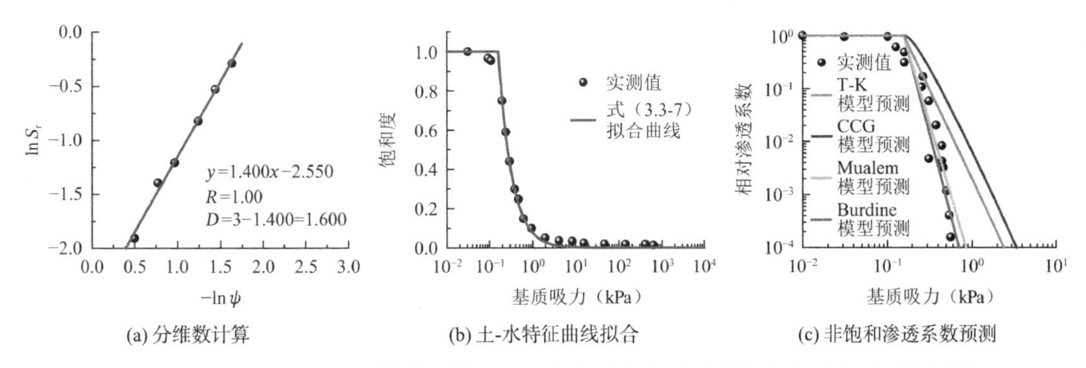

图 3.3-12　Rehovot 砂土分维数计算、土-水特征曲线拟合及非饱和相对渗透系数预测

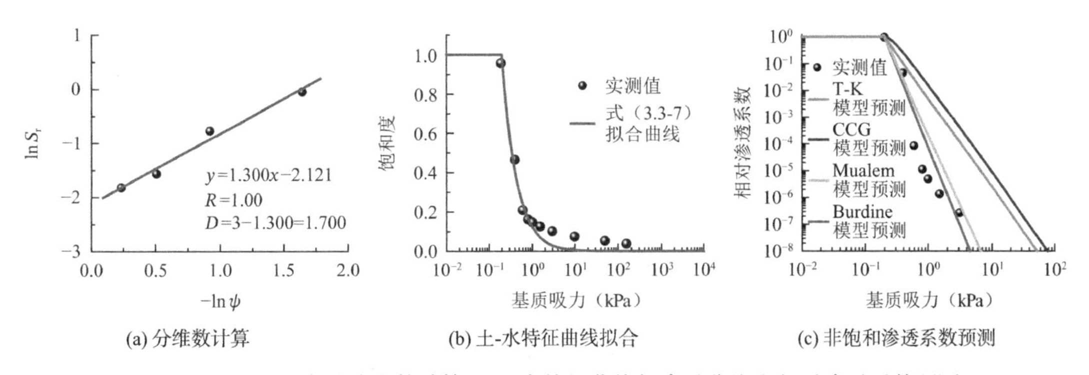

图 3.3-13　Berlin 中砂分维数计算、土-水特征曲线拟合及非饱和相对渗透系数预测

对于同一类土样而言，CCG 模型预测值 > T-K 模型预测值 > Mualem 模型预测值 > Burdine 模型预测值。当分维数D数值较大，尤其接近于 3 时，四者预测值相差不大；当分维数D值越小，四者预测值相差越大。

从图 3.3-2～图 3.3-13 中预测值与实际值的比较可知，分维数D值较大时，CCG 模型、T-K 模型预测效果较好；分维数D值较小时，Burdine 模型、Mualem 模型预测效果较好。对于分维数$D > 2.8$ 的土类，CCG 模型、T-K 模型预测效果相对较好，但二者中 CCG 模型预测值较大；对于 $2.6 \leqslant D < 2.8$ 的土类，T-K 模型预测效果较好；对于$D < 2.6$ 的土类，Burdine 模型、Mualem 模型预测效果最佳，且这两种模型预测值相差不大。根据上述分析结果，本节建议了上述模型的适用范围，详见表 3.3-2。

分维数 D 值理论计算范围及其适用模型　　表 3.3-2

D值理论计算范围	选择参数方法
$2.8 \leqslant D < 3$	CCG 模型、T-K 模型
$2.6 \leqslant D < 2.8$	T-K 模型
$D < 2.6$	Burdine 模型、Mualem 模型

3.4 考虑微观孔隙通道不同起始水力梯度的饱和土非线性渗流模型

不同水力梯度下饱和黏性土渗流速度存在明显的非线性特征，对其进行预测显得尤为重要，但目前以经验预测模型为主，理论预测模型相对发展滞后，预测精度也有待提高。本章将土-水特征曲线视为反映土体渗流通道尺度分布的间接指标，利用流体力学理论建立不同大小微观渗流通道起始水力梯度预测模型，在此基础之上结合 T-K 模型，建立了考虑微观渗流通道起始水头的黏性土非线性渗流速度预测模型。

为验证模型的有效性，采用柔性壁 GDS 渗透仪测量了湖南黏土 3 种不同干密度试样不同水力梯度下的饱和渗流速度；采用压力板仪测量了相应土-水特征曲线。利用本节所提出的新模型，对湖南黏土不同水力梯度下的饱和渗流速度进行预测，并与试验结果以及已有模型预测结果进行对比。结果显示：总体上，本节所提出的模型预测不同水力梯度下的非线性渗流速度与实测值吻合最好。预测和试验结果均表明湖南黏土有明显的起始水力梯度和非线性渗流特征，具体表现为：在渗透压力较小时，渗透系数相对很小，随着渗透压力的增大，渗透系数随之增大，且具有明显的陡增台阶，即起始水头；干密度越大，起始水头越大；本节所提出的模型在起始水头预测方面也展现了良好的预测效果。

3.4.1 基于微观孔隙通道的饱和土非线性渗流模型推导

1. SWCC 反映的微观孔隙通道分布特征

SWCC 是非饱和土中反映基质吸力与体积含水率/质量含水率关系的一种拟合曲线。在采用轴平移技术测试土壤的 SWCC 过程中，当施加的压力小于进气值ψ_a时（Fredlund 和 Xing[152]指出进气值是指当空气开始进入土壤中最大孔隙时所对应的基质吸力值），土壤中最大孔隙中的水分不会被排出。然而，当施加的压力达到进气值时，空气进入土壤中最大孔隙并推动孔隙内水的流动使土体开始排水。随着施加的压力继续增加，土壤中较小的孔隙开始排水，土体的体积含水率下降。

如图 3.4-1 所示，若将 SWCC 划分为许多小段，每一段的吸力可以对应土体中一个孔隙通道，那么对于土壤中不同尺寸的孔隙通道，其对应的基质吸力是不同的。由 Young-Laplace 方程，式(3.4-1)可知，在低吸力条件下，大孔隙通道首先发生排水。在此条件下，进气值ψ_a对应土壤中最大级别的孔隙直径d_1。当基质吸力增加到ψ_2时，土体中第二大级别的孔隙开始排水，此时吸力ψ_2对应于土壤中孔隙直径为d_2的孔隙。以此类推，当基质吸力达到ψ_n时，对应土壤中的孔隙直径为d_n。因此，SWCC 也是一条反映孔隙通道指标的曲线。

$$\psi_i = \frac{4T_s \cos \alpha}{d_i} \tag{3.4-1}$$

式中，ψ_i——i级基质吸力；

d_i——i级孔径；

T_s——表面张力；

α——接触角。

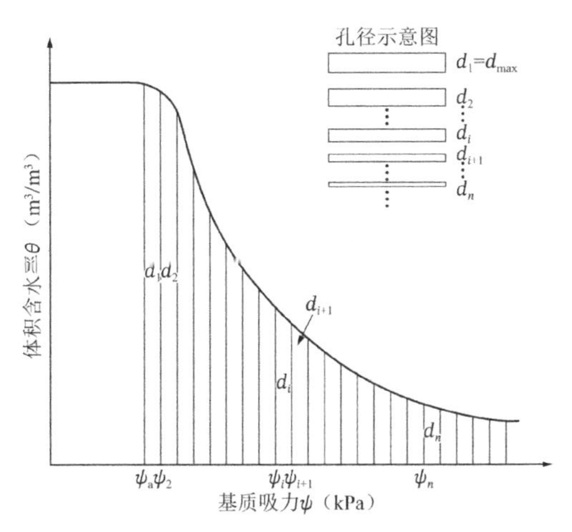

图 3.4-1　SWCC 反映的孔隙通道尺度分布特征

2. 不同尺度微观渗透通道发生渗流的起始水力梯度

饱和黏土之所以呈现出不同于达西定律所描述的渗流特征，主要特点在于，在低水力梯度下，黏土的渗流速度与水力梯度之间并非为简单的线性关系[192-196]。研究表明[197-198]，在低水力梯度下，水头压力较低，由于黏滞阻力的存在，导致黏土内部孔隙之中的水无法发生渗流或者渗透系数极小可忽略不计。而当水力梯度达到一定值时（如起始水力梯度），土体内部较大孔径的孔隙能克服黏滞阻力并参与渗流，渗透系数会出现明显增加。此时一般将该水力梯度称为起始水力梯度，将推动孔隙流动的压力水头称之为起始水头。起始水力梯度的成因很大程度上与土体的孔隙结构、大小和一些内部影响因素如黏滞阻力有关[199-200]。

为了推导起始水力梯度的预测模型，本节认为土体渗流通道由图 3.4-2 中 SWCC 所反映的大小不同的孔隙通道所组成，并假设这些孔隙通道为圆柱形。另外，假设土体总渗流量是土体中所有发生渗流的孔隙通道的渗流量之和。根据流体力学理论，在饱和黏土中起始水头为水在孔隙中克服黏滞阻力形成的抗剪强度F_1[201]，这是孔隙水在圆柱形孔隙通道中流动需要克服的主要障碍，如图 3.4-2（a）所示。因此，可按下式计算：

$$F_1 = \tau_s \pi d l \tag{3.4-2}$$

式中，τ_s——孔隙水克服黏滞阻力过程中形成的剪应力；

d——孔隙通道的直径；

l——孔隙通道的高度。

若孔隙通道上下两端的压力差为F_2，则根据式(3.4-3)计算：

$$F_2 = (P_1 - P_2)\pi\left(\frac{d}{2}\right)^2 = \Delta P\pi\left(\frac{d}{2}\right)^2 \tag{3.4-3}$$

式中，P_1——孔隙通道顶部压应力；

P_2——孔隙通道底部压应力；

ΔP——孔隙通道上下压应力差。

在饱和孔隙通道中，当孔隙通道中的毛细水刚开始发生迁移时，饱和孔隙通道的上下压力差F_2需要克服黏性阻力F_1，根据力的平衡条件$F_1 = F_2$得式(3.4-4)：

$$\tau_s \pi d l = \Delta P \pi \left(\frac{d}{2}\right)^2 \tag{3.4-4}$$

将式(3.4-4)变形得到式(3.4-5)：

$$\Delta P = \frac{4\tau_s l}{d} \tag{3.4-5}$$

在利用轴平移技术测量非饱和土的 SWCC 时，如果孔隙通道上下压力差F_2刚好能克服黏性阻力F_1和表面张力的垂直分量，则非饱和孔隙通道内毛细水可以发生移动，如图 3.4-2（b）所示，由力的平衡条件可得：

$$\pi d T_s \cos\alpha + \tau_s \pi d l = \pi \left(\frac{d}{2}\right)^2 \Delta P \tag{3.4-6}$$

式(3.4-6)中ΔP等于非饱和条件下用轴平移技术所测量的基质吸力ψ。将式(3.4-6)简化为式(3.4-7)，可得：

$$\psi = \frac{4T_s \cos\alpha + 4\tau_s l}{d} \tag{3.4-7}$$

根据式(3.4-7)和式(3.4-5)可得到式(3.4-8)：

$$\Delta P = c\psi \tag{3.4-8}$$

式(3.4-8)适用于$\psi \geqslant \psi_a$，其中c表示不同孔径的孔隙通道中发生饱和渗流时的起始水压差与利用轴平移技术测得的基质吸力之间的关系。当温度一定时，c可以近似认为常量。

由式(3.4-5)可知，起始水头与孔隙直径成反比关系。因此，饱和黏土在发生渗流时，大孔径的孔隙通道发生渗流时所需的水头压力差较小。由图 3.4-1 可知，SWCC 中不同大小的基质吸力对应着不同级别的孔隙通道。而土体的起始水力梯度是以土体产生明显的渗透系数为基准，当土体刚刚出现明显的渗透系数时，此时参与渗流的主要是最大级别的孔隙通道，此时对应的水头为起始水头，如图 3.4-3 所示。

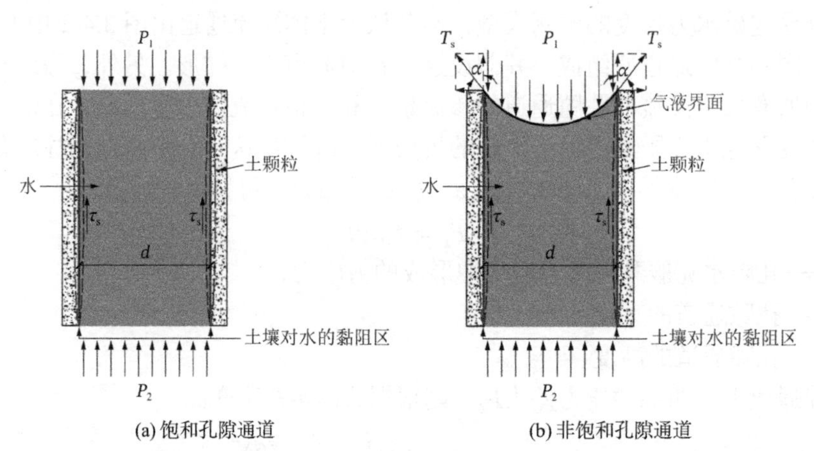

(a) 饱和孔隙通道　　(b) 非饱和孔隙通道

图 3.4-2　孔隙通道中的受力图

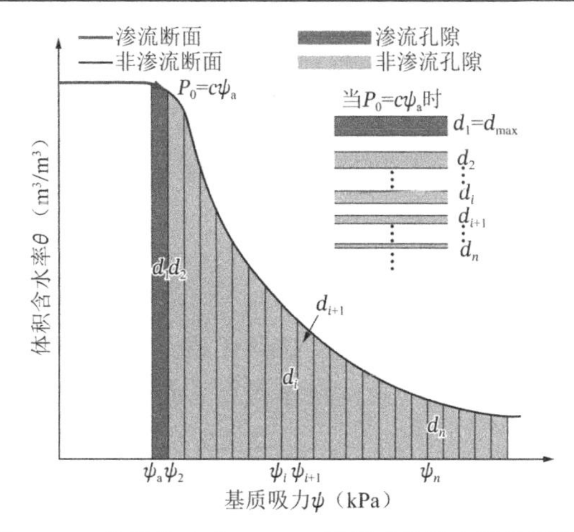

图 3.4-3　渗流发生在 SWCC 所反映的最大孔隙通道中

基于上述分析，最大孔隙通道的初始水压差P_0与进气值的关系可由式(3.4-9)得到：

$$\Delta P = P_0 = c\psi_a \tag{3.4-9}$$

式中，P_0——起始水头。

由水压公式$P = \rho gh$和水力梯度公式$I = \Delta h/L$可得起始水力梯度为：

$$I_0 = \frac{P_0}{\rho gL} = \frac{c\psi_a}{\rho gL} \tag{3.4-10}$$

式中，ρ——水的密度，取 1×10^3kg/m³；

g——重力加速度，取 9.8m/s²；

h——水头；

I_0——最大孔径孔隙通道所对应的起始水力梯度；

L——试样的长度。

由于孔隙通道的孔径大小各不相同，因此不同孔径大小的孔隙通道所对应的起始水头也不同，对于第i级孔隙通道，其起始水头为：

$$P_i = c\psi_i \tag{3.4-11}$$

式中，P_i——第i级孔隙通道的起始水头。

那么对应第i级孔隙通道的起始水力梯度$I_{i,0}$可根据式(3.4-12)求得：

$$I_{i,0} = \frac{c\psi_i}{\rho gL} \tag{3.4-12}$$

式中，$I_{i,0}$——第i级孔隙通道的起始水力梯度。

3. 非线性渗流速度预测模型

陶高梁和孔令伟[176]将 SWCC 视为反映微观孔隙通道分布的间接指标，并推导了饱和/非饱和土渗透系数模型，即 T-K 模型，其推导过程大致如下。

首先，不同尺度孔隙通道的渗透系数可用下式表示：

$$k_{s,i} = \frac{\gamma d_i}{32\mu} \tag{3.4-13}$$

式中，γ——重度；

d_i——第i级孔隙的直径；

μ——黏度；

$k_{s,i}$——第i级孔隙通道的饱和渗透系数。

基于土-水特征曲线反映的孔隙通道特性，对任意孔隙通道的截面积其计算公式如式(3.4-14)所示：

$$A_i = \frac{\Delta\theta_i V_{\mathrm{T}}}{p_i L} \tag{3.4-14}$$

式中，A_i——第i级孔隙通道的截面积；

$\Delta\theta_i$——体积含水率的相应增量；

V_{T}——试样的体积；

p_i——第i级孔隙通道的长度与试样长度的比值。

对于 SWCC 反映的孔隙通道的饱和渗透系数，T-K 模型将其归纳为下式：

$$k_{\mathrm{s}} = k_{\mathrm{c}} \times \sum_{i=1}^{x} \frac{\Delta\theta_i}{\psi_i^2} \tag{3.4-15}$$

式中，k_{s}——饱和渗透系数；

k_{c}——常数。

土体中每一级孔隙通道$k_{\mathrm{s},i}$的渗透系数计算如式(3.4-16)所示：

$$k_{\mathrm{s},i} = k_{\mathrm{c}} \times \frac{\Delta\theta_i}{\psi_i^2} \tag{3.4-16}$$

不同孔径的孔隙通道发生渗流时的起始水头不同，孔隙通道的孔径越大，该孔隙对应的起始水头越小，在一定水力梯度下，将所有发生渗流的孔隙通道的渗流速度叠加便是此时土体对应的总的渗流速度，如式(3.4-17)所示：

$$v_{\mathrm{s}} = \begin{cases} k_{\mathrm{s},1}(I - I_{1,0}) & I_{1,0} \leqslant I < I_{2,0} \\ k_{\mathrm{s},1}(I - I_{1,0}) + k_{\mathrm{s},2}(I - I_{2,0}) + \cdots + & \\ k_{\mathrm{s},i}(I - I_{i,0}) & I_{i,0} \leqslant I < I_{i+1,0} \\ k_{\mathrm{s},1}(I - I_{1,0}) + k_{\mathrm{s},2}(I - I_{2,0}) + \cdots + & \\ k_{\mathrm{s},i}(I - I_{i,0}) + \cdots + k_{\mathrm{s},n}(I - I_{n,0}) & I_{n,0} \leqslant I \end{cases} \tag{3.4-17}$$

式中，v_{s}——土体的预测渗流速度；

$k_{\mathrm{s},i}$——第i级孔隙通道对应的渗透系数；

I——实际水力梯度；

$I_{1,0}$——第 1 级孔隙通道对应的起始水力梯度；

$I_{2,0}$——第 2 级孔隙通道对应的起始水力梯度；

$I_{n,0}$——第n级孔隙通道对应的起始水力梯度。

利用式(3.4-12)可计算各级孔隙通道对应的起始水力梯度，利用式(3.4-16)可计算各级孔隙通道的对应渗透系数。因此，本节提出的不同水力梯度下的饱和渗流速度非线性预测模型为：

$$v_{\mathrm{s}} = \begin{cases} k_{\mathrm{c}}\frac{\Delta\theta_1}{\psi_1^2}\left(I - \frac{c\psi_1}{\rho g L}\right) & I_{1,0} \leqslant I < I_{2,0} \\ k_{\mathrm{c}}\frac{\Delta\theta_1}{\psi_1^2}\left(I - \frac{c\psi_1}{\rho g L}\right) + k_{\mathrm{c}}\frac{\Delta\theta_2}{\psi_2^2}\left(I - \frac{c\psi_2}{\rho g L}\right) + & \\ \cdots + k_{\mathrm{c}}\frac{\Delta\theta_i}{\psi_i^2}\left(I - \frac{c\psi_i}{\rho g L}\right) & I_{i,0} \leqslant I < I_{i+1,0} \\ k_{\mathrm{c}}\frac{\Delta\theta_1}{\psi_1^2}\left(I - \frac{c\psi_1}{\rho g L}\right) + \cdots + k_{\mathrm{c}}\frac{\Delta\theta_i}{\psi_i^2}\left(I - \frac{c\psi_i}{\rho g L}\right) + & \\ \cdots + k_{\mathrm{c}}\frac{\Delta\theta_n}{\psi_n^2}\left(I - \frac{c\psi_n}{\rho g L}\right) & I_{n,0} \leqslant I \end{cases} \tag{3.4-18}$$

式中，k_c——渗透常数，应用模型时需要标定，其计算式如式(3.4-19)所示：

$$k_c = \frac{v}{\left[I_n \cdot \sum_{i=1}^{i=n}\left(\frac{\Delta\theta_i}{\psi_i^2}\right)\right] - \left[\sum_{i=1}^{i=n}\left(\frac{c\psi_i}{\rho g L}\cdot\frac{\Delta\theta_i}{\psi_i^2}\right)\right]} \tag{3.4-19}$$

式中，v——高水力梯度下土体的实测渗流速度。

3.4.2　饱和土非线性渗流试验材料和方法

1. 试验材料

为了确定湖南黏土的渗流速度和水力梯度之间的非线性关系。首先，将湖南黏土过 2mm 筛，然后向其喷水至目标含水率，静置 72h 后，复测其含水率。其次，按照规范标准，采用液压千斤顶分别制作干密度为 1.5g/cm³、1.6g/cm³、1.7g/cm³ 的两组环刀试样，其中一组用于 SWCC 试验，另一组用于 GDS 渗透试验。最后，采用真空饱和法对样品进行饱和，湖南黏土的基本物理参数见表 3.4-1[201]。

湖南黏土基本物理参数指标　　表 3.4-1

土壤类型	液限w_L	塑限w_P	相对密度G_s	初始含水率ω_0
湖南黏土	46.34%	27.84%	2.76	24.24%

2. 柔性壁 GDS 渗透试验

图 3.4-4 为渗透试验所用的柔性壁 GDS 渗透仪，可通过计算机系统设定试验参数，控制三台压力/体积控制器对压力室进行加压试验，最终由压力室底部传感器将数据通过控制器反馈到计算机系统中。

试验步骤具体如下：

（1）将直径为 70mm、高度为 20mm 的试样安装在压力室中（其中试样截面积为$A = \pi(d/2)^2 = 3846.5\text{mm}^2$）。固定好压力室后，向压力室内注满水，接着排除掉三台压力/体积控制器与 PVC 管中的气泡。

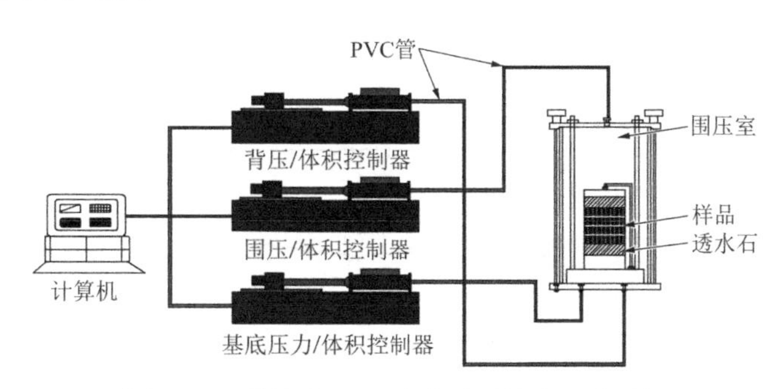

图 3.4-4　柔性壁 GDS 全自动环境岩土渗透仪

（2）通过试验程序将围压设置为 35kPa，反压设置为 15kPa 对试验进行反压饱和。反压饱和 48h 后，通过试验程序设置 back pressure 为P_1和 base pressure 为P_2，则压力水头差为$\Delta P = P_1 - P_2$。最后，通过试验程序将ΔP逐级加压至 30kPa，进行渗透方向向下的梯度加压渗透试验。

（3）直至 permeability in 和 permeability out 相差在 5%以内，中止试验并提取数据，将

permeability in 和 permeability out 的平均值作为最终的渗透系数。

（4）通过 GDS 渗透试验测定出渗透系数随渗透压力差的变化曲线，并利用水力梯度方程$i = \Delta h/L = \Delta P/(\rho g L)$将渗透压力差转化为水力梯度，待试验结束后，由压力/体积控制器中水在试验时间内通过试样的总流量Q计算出单位时间内通过试样的体积流量$q = Q/t$，并通过方程$v = q/A$进一步确定渗流速度。由此得到了渗流速度v随湖南黏土水力梯度i的变化规律，以及渗透系数k_s随ΔP的变化规律。

3. SWCC 试验

SWCC 是反映土体持水能力的重要指标，也可以用来间接反映土体孔隙分布特征[125]。SWCC 试验选用美国 Soilmoisture 生产的压力板仪，按照设定的压力梯度进行试验。通过测定稳定状态下干密度为 1.5g/cm³，1.6g/cm³ 和 1.7g/cm³ 的环刀试样的质量，得到相应基质吸力下的土样含水率。

3.4.3 试验结果及对比分析

1. 湖南黏土渗流特征分析

湖南黏土的k_s-ΔP关系曲线如图 3.4-5 所示。在干密度相同的情况下，试样的渗透系数普遍随着渗流压力的增大而增大。值得指出的是，当渗流压力达到一定值时，由于较大孔径的孔隙通道首先发生了孔隙渗流，试样的渗透系数会先急剧上升然后趋于稳定，其中干密度为 1.5g/cm³、1.6g/cm³ 和 1.7g/cm³ 试样分别在ΔP为 4kPa、6kPa 和 13kPa 时渗透系数发生急剧上升。基于微观孔隙角度解释这一现象，主要是由于在渗透压力较小时，压力无法推动孔隙或只能推动少量孔隙进行流动，因此渗透系数变化较小；当压力达到一定值时，较大孔径的孔隙通道开始参与孔隙渗流，孔隙水可以在较大孔径的孔隙通道中自由流动，因此此时的渗透系数急剧增大。而随着渗透压力的继续增加，孔径较小的孔隙通道也逐渐开始发生渗流，但由于孔径较小的孔隙通道其体积较小，因此其对渗透系数的提升贡献并不显著，故渗透系数趋于稳定。此外，对于不同干密度的土样，土体的渗透系数一般随干密度的增大而减小，这主要是因为当干密度增大时，土体内大孔隙的数量减少，小孔隙的数量增加，最大孔隙尺寸减小，因此土体的渗透系数减小。

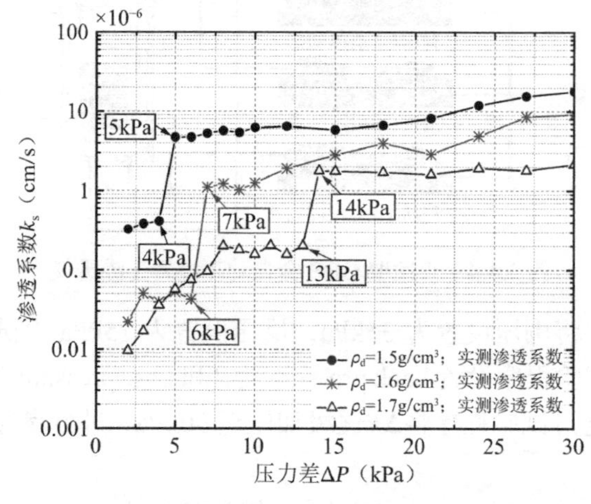

图 3.4-5 k_s-ΔP关系曲线

为了进一步描述土体非线性渗流阶段的渗流特征，以水力梯度为横轴、渗透速度为纵轴，建立了渗透速度与水力梯度的变化关系曲线。图 3.4-6 为不同干密度下湖南黏土的v-i关系曲线。当水力梯度较低时，土体的渗流速度极小，几乎为零，对应于图 3.4-5 中较低的渗透压力情况，此时渗透压力不能推动孔隙通道中水的流动。当水力梯度增加到起始水力梯度时，大孔隙通道首先进行孔隙渗流，渗流速度也呈现非线性增大。随着水力梯度的不断增大，较小的孔隙通道开始承担渗流，渗流速度呈线性增加。此外，从干密度角度分析可知，随着干密度的增加，湖南黏土的起始水力梯度呈增大趋势，达到线性渗流阶段的水力梯度增大，这是因为干密度越高，土体的大孔隙数量越少，小孔隙的数量越多，最大孔隙的孔径减小，最小孔隙的孔径也减小。因此，起始水力梯度和达到线性渗流阶段的水力梯度增大。

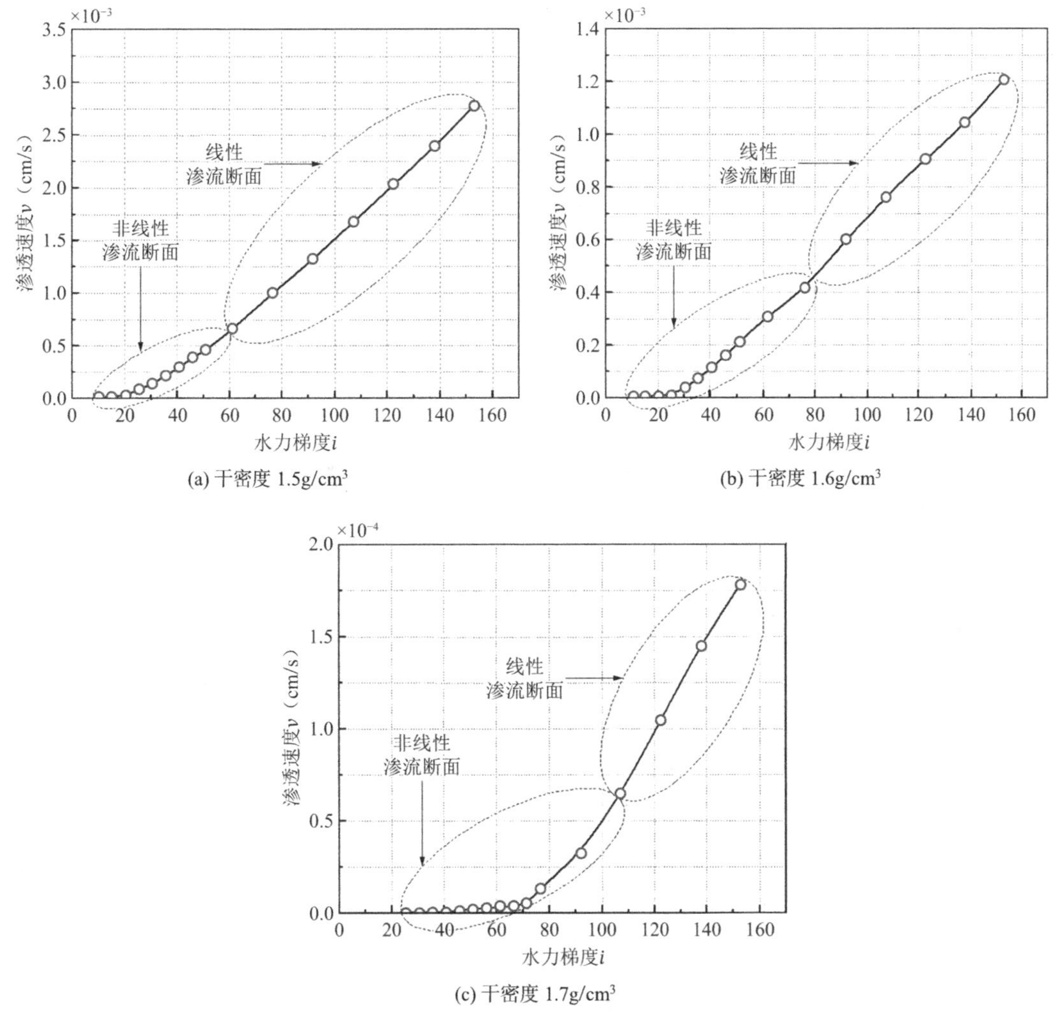

图 3.4-6　湖南黏土v-i关系曲线

2. 湖南黏土 SWCC

图 3.4-7 为压力板仪所测得的湖南黏土 SWCC 试验结果。分析图 3.4-7 可知，随着干密度的增加，SWCC 逐渐右移。这种现象可以从微观孔隙变化的角度来解释。随着试样的干

密度增加，土体内部孔隙被压缩，孔隙尺寸减小，而孔径较小孔隙中的水需要渗透压力才能排出。

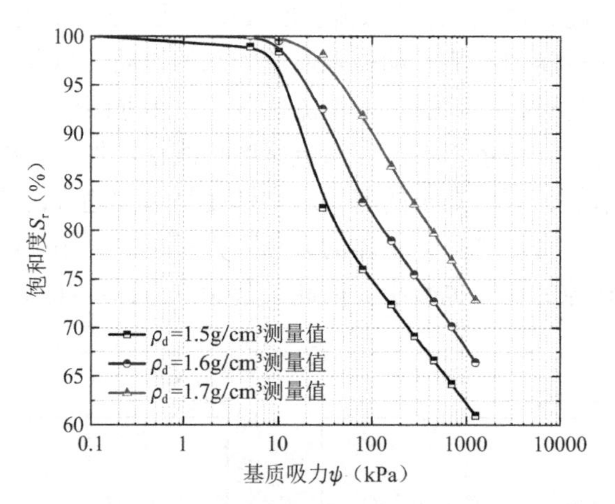

图 3.4-7　湖南黏土 SWCC 实测值

3.4.4　非线性渗流模型验证与对比分析

本节的模型计算步骤如下：

（1）求解进气值：将拟合后的 SWCC 通过作图法求交点得出进气值。

（2）标定c：确定试样的起始水头P_0，在步骤（1）的基础之上依据式(3.4-9)标定常数c。

（3）计算水力梯度：根据ΔP将 SWCC 分段，求出$\Delta\theta_i$、ψ_i，按照式(3.4-10)计算不同ΔP下的实际水力梯度I，用式(3.4-12)计算出不同孔径大小的孔隙通道的起始水力梯度$I_{i,0}$。

（4）标定k_c：利用高水力梯度下的实测渗流速度v和式(3.4-19)标定渗透常数k_c。

（5）判断不同尺度孔隙通道是否发生渗流：当式(3.4-12)中基质吸力为进气值ψ_a时，相应的起始水力梯度I_0为试样的宏观起始水力梯度，当实际水力梯度小于该值时，本节近似认为渗流速度为 0；比较步骤（3）中的实际水力梯度和不同孔径的孔隙通道的起始水力梯度，当I大于$I_{i,0}$时，认为该级孔隙通道发生渗流。

（6）利用式(3.4-18)将各级孔隙通道渗流速度叠加，得到不同水力梯度下土体的渗流速度预测值，并将预测值与实测结果和其他学者模型预测结果进行比较和分析。为更好地讨论已有模型预测结果，我们总结了已有几种较为常见的渗透模型如下。

谢和康和齐添[201]基于萧山黏土的固结渗透联合试验结果，提出了折线渗流模型：

$$v=\begin{cases}k_1 i+b_1 & 0<i<i_b\\ k_2 i+b_2 & i>i_b\end{cases} \tag{3.4-20}$$

式中，k_1、k_2、b_1和b_2均为参数；交点$B(i_b,v_b)$的坐标用参数表示为$i_b=(b_1-b_2)/(k_1-k_2)$，$v_b=(b_1k_2-b_2k_1)/(k_2-k_1)$。

Hálek 和 Švec[202]经过试验分析认为黏土中的渗流是一种二次函数的形式，如式(3.4-21)所示：

$$v=k_n(J-J_0)^2 \tag{3.4-21}$$

式中，k_n——低于达西定律下限时介质的渗透系数；

J、J_0——水力梯度和起始水力梯度。

Vanapalli 等[205]根据固液界面的相互作用提出的三参数模型：

$$J=\left(a_1+\frac{a_2}{1+bv}\right)v \tag{3.4-22}$$

式中，a_1、a_2、b均为参数。

将试验实测数据与本节模型和其他常见渗透模型的预测结果进行对比，绘制不同干密度下湖南黏土渗流速度的实测与预测图，见图 3.4-8。在图 3.4-8 中，本节提出的预测模型为模型 A，Halex 模型为模型 B，三参数模型为模型 C，折线模型为模型 D，模型 E 为 T-K 模型，图中散点为试验所测得的实测值。从图 3.4-8 中可以看出，本节所提出的模型 A 所示的预测效果与实测值吻合最好，虽然在干密度为 1.7g/cm³ 时与实测值有一定偏差，但总体效果较好。

为了进一步验证模型的预测效果，笔者引入了均方根误差（RMSE）、平均绝对百分比误差（MAPE）和决定系数（R^2）来评估上述各模型预测结果的准确性。通过计算得到上述各模型的预测效果的评价结果，如表 3.4-2 所示。

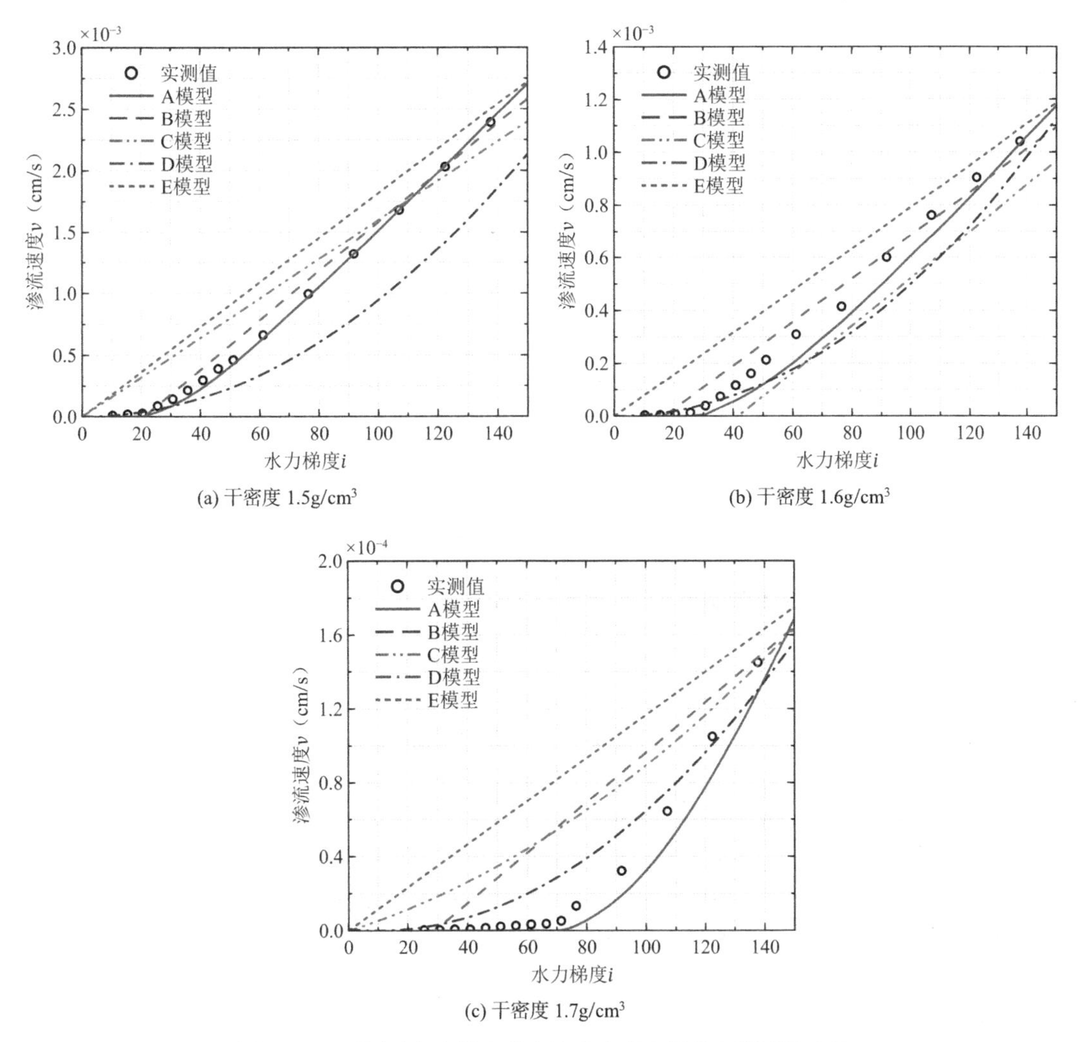

图 3.4-8　不同干密度湖南黏土渗流速度实测值与预测值比较

由表 3.4-2 可知，与其他模型相比，在三种干密度下，本节所提出的预测模型（模型 A）的 RMSE 值和 MAPE 值最小，且模型 A 的R^2最接近于 1，因此本节预测模型（模型 A）的预测效果最好。从模型 A 的 MAPE 值和R^2值所反映的规律性来看，模型 A 的预测效果随着干密度的增大而变差。但是值得指出的是，模型 A 在干密度为 1.6g/cm^3 时的 RMSE 值大于干密度为 1.7g/cm^3 时的 RMSE 值，这与 MAPE 和R^2评价方法所反映的现象不同。笔者认为这是由于随着干密度的增加，土体渗流速度呈数量级递减的结果。虽然采用不同的评价方法其评价结果可能会有一定差异，但是三种评价方法都可以说明本节所提出的模型具有较好的预测效果。

不同预测模型在不同干密度下的评价结果　　表 3.4-2

干密度（g/cm^3）	预测模型	RMSE	MAPE	R^2
1.5	本节提出的预测模型（模型 A）	3.4612×10^{-5}	0.2934	0.9985
	Halek 模型（模型 B）	1.0790×10^{-4}	2.3875	0.9853
	Deng 模型（模型 C）	2.7556×10^{-4}	3.4828	0.9043
	Xie 和 Qi 模型（模型 D）	3.5992×10^{-4}	0.3599	0.8368
	T-K 模型（模型 E）	3.4755×10^{-4}	4.0603	0.8478
1.6	本节提出的预测模型（模型 A）	5.4502×10^{-5}	0.4682	0.9811
	Halek 模型（模型 B）	6.1088×10^{-5}	2.1577	0.9762
	Deng 模型（模型 C）	1.7230×10^{-4}	12.3188	0.8107
	Xie 和 Qi 模型（模型 D）	9.5059×10^{-5}	0.5185	0.9424
	T-K 模型（模型 E）	1.5417×10^{-4}	6.4919	0.8484
1.7	本节提出的预测模型（模型 A）	1.0008×10^{-5}	0.7475	0.9679
	Halek 模型（模型 B）	3.2662×10^{-5}	8.2663	0.6586
	Deng 模型（模型 C）	3.3274×10^{-5}	15.4346	0.6452
	Xie 和 Qi 模型（模型 D）	1.4620×10^{-5}	3.9275	0.9315
	T-K 模型（模型 E）	5.241×10^{-5}	27.7593	0.0221

3.4.5　不同孔隙比饱和土起始水力梯度预测

表 3.4-3 为饱和湖南黏土在不同干密度下的起始水力梯度实测值与预测值。从表 3.4-3 可以看出，对比不同干密度下的饱和黏土，本节所提供的预测方法均与实测值吻合较好。由于已有文献未提供预测水力梯度的方法，故无法进一步对比。

不同干密度下饱和湖南黏土起始水力梯度预测值与实测值　　表 3.4-3

干密度（g/cm^3）	1.5	1.6	1.7
实测	20.41	30.61	66.33
预测	20.4	28.03	72.07

3.4.6　讨论

目前非线性的渗流特征在黏土等低渗透介质中较为常见，而相关的预测方法较少，且预测精度、适用范围都有待进一步考究。此外黏土本身孔隙相对较小，渗透所需周期较长，经典的变水头渗透试验又是主要依靠人工读数，精度较差，对低渗透土体试验周期过长，不能应用于对实际工程的指导。本节在考虑起始水力梯度的影响之上借助 SWCC 反映的孔隙指标，计算出了每种孔隙所对应的渗流速度，渗透发展到任一阶段，只需将该阶段下参与渗透的各孔隙渗流速度叠加，便可得到该阶段土体的渗透情况。本节为黏土渗透系数、渗流速度的研究提供了一种新思路，并且预测模型与实测值吻合情况较好，精度较高。

本节研究过程中近似认为当实际水力梯度未达到土体宏观起始水力梯度时，土体没有发生渗流（渗流速度为 0）。实际试验结果表明，在低水力梯度时，土体仍会发生微小的渗流。针对这一现象，本节认为可能是同一孔径通道中土体对不同位置水分的束缚力不同，当ΔP较小时，较大孔隙通道孔径中心位置（离土颗粒表面较远处）的水分发生渗流造成。采用不同方法计算进气值时，得到的结果存在一定的差异，本节建议采用 Fredlund 和 Xing[152]提出的作图法获得进气值，如图 3.4-9 所示。其步骤如下：

步骤 1：通过 SWCC 模型对试验数据进行拟合，得到最佳拟合曲线。

步骤 2：确定最佳拟合曲线上的最大斜率点 C，并通过 C 点画曲线的切线Ⅰ。

步骤 3：通过最大体积含水率θ_s画一条平行线Ⅱ。

步骤 4：找到切线Ⅰ和平行线Ⅱ的交点 B，B 点的横坐标对应的基质吸力即为进气值。

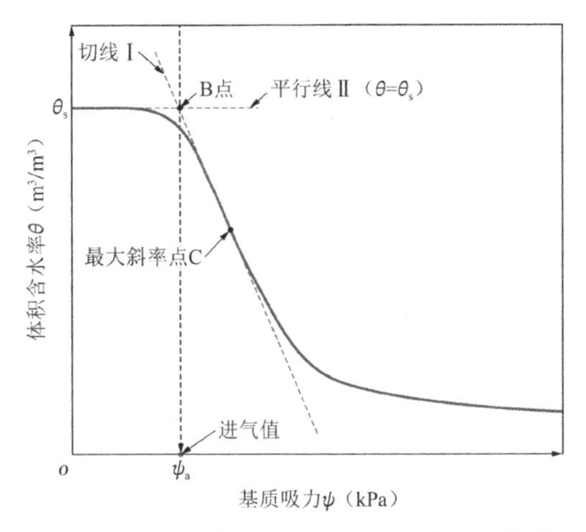

图 3.4-9　通过作图法在 SWCC 上求得进气值

第 4 章

基于微观角度的变形土水力特性预测

土体压缩变形过程中需要进行力学-水力特性耦合研究，而计算量和难度较大。本章从微观角度出发，利用分形理论，将压缩过程中变化的土体孔隙、孔径与土体的水力特性相联系。提出了简化的土-水特征曲线表征方法，并建立了变形条件下的土水特征曲线及渗透系数的预测模型，试验数据表明预测结果较为准确。

4.1 压缩变形影响下的土-水特征曲线简化表征方法

非饱和土土力学理论往往需要研究压缩变形条件下的 SWCC，而试验测量一般无法完全满足。因此，建立任意压缩变形条件下的 SWCC 预测方法，一直以来是非饱和土研究领域的热点问题，具有重要性与迫切性。在压缩变形对 SWCC 的影响规律研究方面，试验研究较多，但机理研究较少，低吸力范围内压缩变形对 SWCC 的影响规律还未得到有效描述。对于特定的温度及土体，压缩变形主要是通过孔隙分布来影响 SWCC，孔隙分布研究可揭示 SWCC 变化的内在机理。因此，从孔隙分布特性出发预测压缩变形对 SWCC 的影响有望取得新进展。

本节基于压汞技术、核磁共振技术、扫描电镜（SEM）研究压缩变形对土体（单位颗粒质量）孔隙分布特性的影响规律，再与压缩变形条件下质量含水率表达的 SWCC 变化规律进行对比分析，从孔隙分布特性阐释 SWCC 变化机理。最后建议了一种压缩变形影响下的土-水特征曲线简化表征方法，其描述的土-水特征曲线与试验结果基本吻合。

4.1.1 变形对土体孔隙分布特性的影响规律

1. 供试土样

土样取自武汉某工程基坑底部黏土，属第四纪全新世沉积黏性土，土体基本物理性质指标见表 4.1-1。土样风干后，过 2mm 筛，采用液压千斤顶制备 3 组平行试样，每组重塑试样 7 个，干密度ρ_d分别为 1.30g/cm^3、1.35g/cm^3、1.40g/cm^3、1.45g/cm^3、1.50g/cm^3、1.60g/cm^3、1.71g/cm^3。3 组试样分别用于压汞试验、核磁共振试验及 SWCC 测试。

2. 压汞试验

将制得的 7 个试样进行抽真空饱和，为保证土体孔隙不受干燥的影响，采用液氮冷冻对试样进行干燥处理。利用锋利小刀切取 1cm^3 的小方块备用。采用美国康塔公司生产的 PoreMaster33 压汞仪进行压汞试验，孔径分布的试验结果如图 4.1-1 所示。应说明的是，

图 4.1-1 中分析的是单位颗粒质量（1g）对应的孔隙分布规律，这与后文中的质量含水率相对应。由图 4.1-1 可知，随着干密度的增大，孔径大于 20μm 以上的孔隙体积变化极为明显，小孔隙累计体积几乎不变，整体图形呈现“扫帚形”分布。

3. 核磁共振试验

为进一步验证压汞试验结论，采用核磁共振技术研究更大体积（32cm³）样本的孔隙分布特性。对备用 7 个试样进行抽真空饱和，再进行 NMR 测试。试验结果给出整个试样的 T_2谱分布（相对于总体积 32cm³），为分析单位颗粒的孔隙分布情况并与质量含水率表示的 SWCC 进行对比分析，将试验结果以单位颗粒质量包含的累计 T_2分布谱的形式给出（图 4.1-2），显示同样呈现“扫帚形”分布，即 T_2值（孔径）较大时，不同干密度样本的累计孔隙体积差别非常大；而 T_2值（孔径）较小时，累计孔隙体积几乎一致。

土样的物理性质指标　　表 4.1-1

土体埋深（m）	天然密度（g/cm³）	土粒相对密度	天然质量含水率（%）	液限 w_L（%）	塑限 w_P（%）	塑性指数 I_P（%）
9	2.03	2.75	21.9	38.9	20.4	18.5

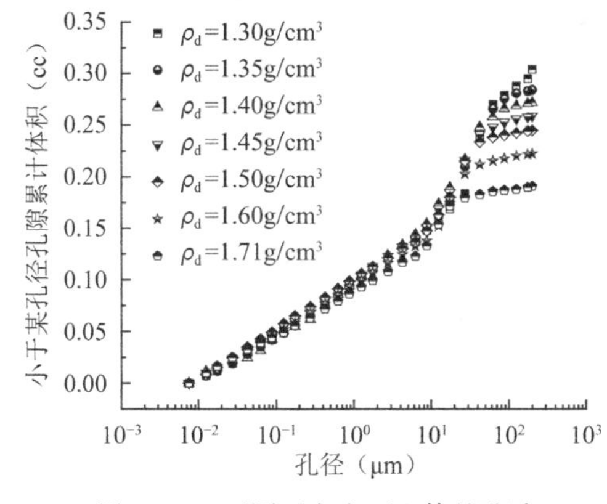

图 4.1-1　不同干密度下土体的孔隙孔径分布

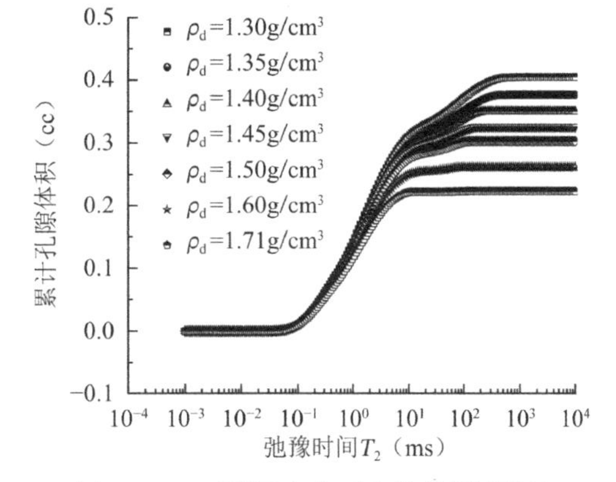

图 4.1-2　不同干密度下土体的累计孔隙体积-T_2关系曲线

4. SEM 试验

土样取自汉宜铁路某段原状软黏土，制试样 6 个。其中 5 个试样分别在荷载等级为 50kPa、100kPa、200kPa、400kPa、800kPa 条件下完成压缩试验，并获得试样的 SEM 图像[17]，图 4.1-3 是不同压缩应力下试样 SEM 照片转换后的二元图像，其中白色代表孔隙，黑色代表颗粒。为使分析结果具有可比性，各图像的放大倍数（1000 倍）、分辨率（0.095μm pixel⁻¹）和分析区域（127.8μm × 95.8μm）完全一致。

从图 4.1-3 可以直观看到，对于一定的研究区域来讲，随着压缩应力的增加（变形量的增加），大孔隙越来越少，小孔隙越来越多，该区域内的小孔隙累计面积越来越大。另外，该区域内颗粒面积（可以理解为颗粒质量）也越来越大，那么相应于一定的颗粒面积而言，小孔隙累计面积随压缩变形变化规律会是怎样呢？我们利用 IPP 软件提取孔隙分布数据[76]，并给出相应于一定颗粒面积的孔径分布变化规律（图 4.1-4），图中虚线表示该孔径区间无孔隙存在，故累计孔隙面积不变。图 4.1-4 显示相应于一定的颗粒面积，随压缩应力的增大，大孔隙面积变化较大，而小孔隙的累计面积几乎不变，累计孔隙面积整体上同样呈现“扫帚形”分布。

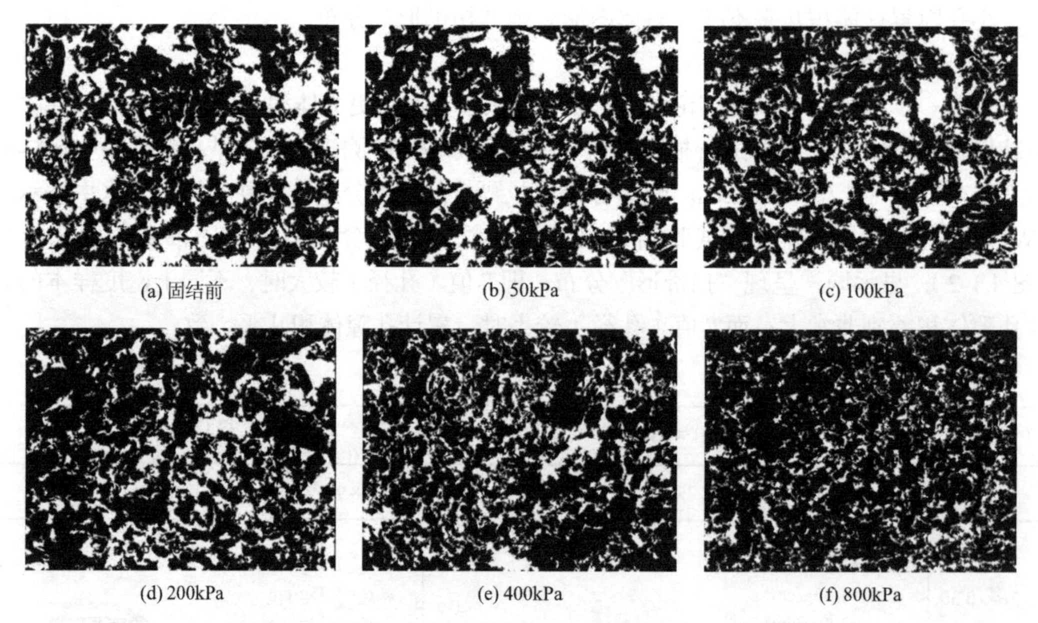

图 4.1-3　不同压缩应力下软黏土 SEM 图像的二元图像[17]

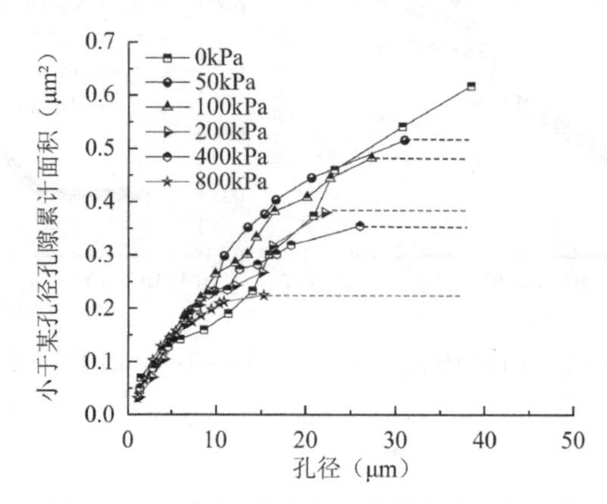

图 4.1-4　不同压缩应力下孔隙分布变化规律

5. 压缩变形的影响规律

上述三维及二维空间内试验结果均表明：随着压实程度的提高，土体变形主要引起大孔隙的“消失”，单位颗粒质量所包含的小孔隙累计体积（面积）几乎不发生改变，不同压实度土体的累计孔隙体积（面积）整体上呈现“扫帚形”分布。产生这种现象可能的原因是，在外力作用下，相对于大孔隙，小孔隙结构更加稳定，所以大孔隙首先被压缩，压缩量也相对大得多；小孔隙虽然也有所压缩，但压缩量较小。此外，部分大孔隙转化为小孔隙，致使单位颗粒质量所包含的小孔隙累计体积或面积几乎不变。

4.1.2　压缩变形条件下 SWCC 的演化机制

图 4.1-5 给出了质量含水率表示 SWCC 随变形的变化规律。

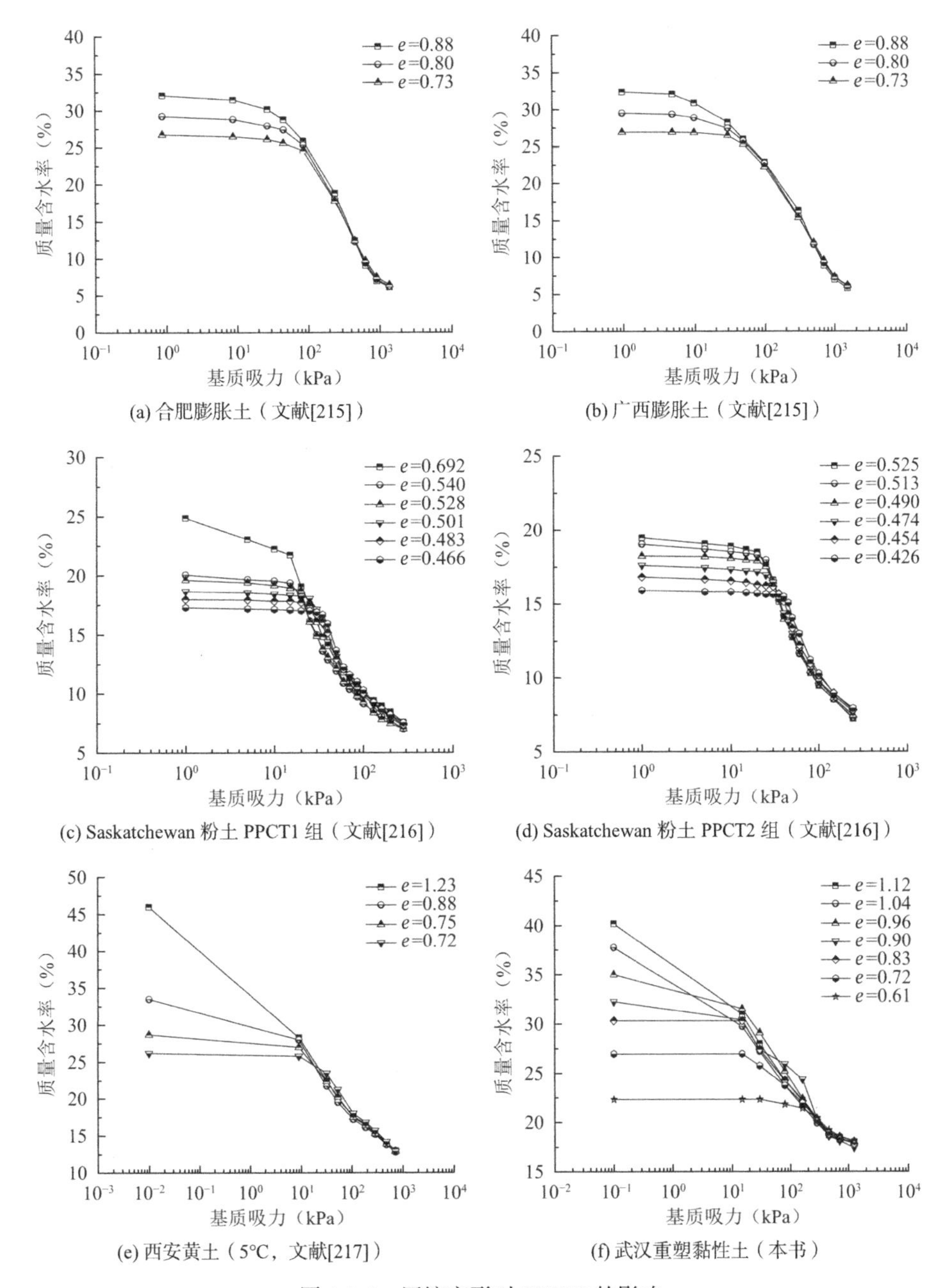

(a) 合肥膨胀土（文献[215]）

(b) 广西膨胀土（文献[215]）

(c) Saskatchewan 粉土 PPCT1 组（文献[216]）

(d) Saskatchewan 粉土 PPCT2 组（文献[216]）

(e) 西安黄土（5°C，文献[217]）

(f) 武汉重塑黏性土（本书）

图 4.1-5　压缩变形对 SWCC 的影响

SWCC 试验数据来自两方面：一方面来自本节试验，7 个样本来自第 4.1.1 节，相关测试采用压力板仪完成，试验结果以质量含水率的形式给出；另一方面依据体积含水率或饱和度所表示 SWCC 的已有文献实测数据，转换为质量含水率表示的 SWCC。

分析图 4.1-5 可知，对于膨胀土、粉土、黄土及黏性土，不同初始孔隙比条件下的 SWCC 变化规律都十分相似，整体上同样呈现“扫帚形”分布。

在低吸力条件下，特别是在 30kPa 以下，初始孔隙比的影响特别明显，不同初始孔隙比试样同一吸力条件下的质量含水率差别较大；在高吸力条件下，几乎可以忽略初始孔隙比的影响，特别是吸力在200kPa以上时，不同初始孔隙比试样在同一吸力条件下的质量含水率几乎一致。根据Young-Laplace理论，基质吸力ψ与有效孔径r之间的关系可以表示为：

$$\psi = 2T_s \cos\alpha / r \tag{4.1-1}$$

式中，T_s——表面张力；

α——接触角，温度一定时$2T_s \cos\alpha$为常数。

式(4.1-1)表明基质吸力与有效孔径之间存在一一对应关系。为了分析压缩变形影响下的SWCC变化内在机理，根据前文所述压缩变形条件下SWCC和孔隙分布变化的基本规律，现假设：土体在不同初始孔隙比e_0、e_1、e_2（$e_0 > e_1 > e_2$）下的SWCC、单位颗粒质量的孔隙分布如图4.1-6所示，高吸力条件下不同初始孔隙比的质量含水率完全一致，吸力$\psi < \psi_0$时质量含水率不变。在图4.1-6中，三种压缩变形条件下饱和质量含水率分别为w_0、w_1、w_2；总累计孔隙体积（相对单位颗粒质量）分别为V_0、V_1、V_2。若假设$\rho_w = 1\text{g/cm}^3$，则有$w_0 = V_0$，$w_1 = V_1$，$w_2 = V_2$。以$V = V_0$、$V = V_1$、$V = V_2$分别作水平线，与初始孔隙比e_0时曲线的交点所对应的孔径分别为r_0、r_1、r_2。ψ_0、ψ_1、ψ_2分别是相应孔径r_0、r_1、r_2的基质吸力。

从孔隙分布来看，当初始孔隙比e_0变为e_1（e_2）时，r_0～r_1（r_2）之间的大孔隙几乎完全“消失”，而孔径小于r_1（r_2）的孔隙分布几乎与e_0时保持一致。

考察SWCC，首先，当初始孔隙比从e_0变为e_1（e_2）时，吸力区间ψ_0～ψ_1（ψ_2）的质量含水率几乎保持不变，其原因是孔径区间r_0～r_1（r_2）几乎不存在孔隙；其次，w_1（w_2）相对于初始孔隙比e_0时的w_0要减小很多，原因是当初始孔隙比从e_0变为e_1（e_2）时，r_0～r_1（r_2）之间的大孔隙消失，而小孔隙体积又几乎保持不变，孔隙累计体积从而变小了很多。最后，吸力大于ψ_1（ψ_2）的SWCC与初始孔隙比e_0时的几乎一致，原因是当初始孔隙比e_0变为e_1（e_2）时，孔径小于r_1（r_2）的孔隙分布几乎与e_0时保持一致。

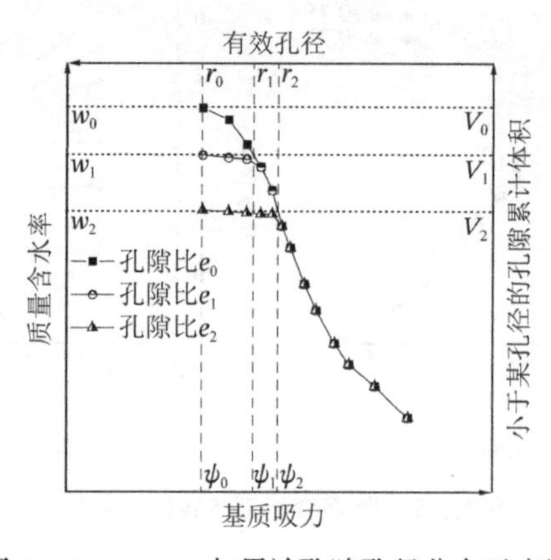

图4.1-6 SWCC与累计孔隙孔径分布示意图

值得指出，水会对孔隙分布产生影响。在减湿过程中，当吸力较低时，大孔隙先排水，毛细水压力与表面张力会使大孔隙周围颗粒逐渐靠拢，致使大孔隙孔径逐渐减小；随着吸力增大，更小孔隙开始排水，相应孔径也有所减小，最终导致宏观体积收缩，初始孔隙比越大，这种现象越明显。在此过程中，只有当水分排出时，孔隙孔径才能减小，而且排水顺序是从大孔隙再到小孔隙，所以某级吸力下开始排水的孔隙孔径大小，仍可近似地按照其初始孔隙比下的孔径大小考虑。然而，在增湿条件下，水分已经排出，大孔隙和小孔隙相应体积收缩已经完成，此时孔隙分布特性与饱和状态下的情况差别较大，这也是导致 SWCC 滞后现象的原因之一。限于此，本节只对减湿路径下的 SWCC 进行研究。

4.1.3　压缩变形影响下 SWCC 的简化表征方法

1. 方法的提出

假设已知初始孔隙比为e_0的某土体饱和质量含水率为w_0，质量含水率表示的 SWCC 如图 4.1-7 中的$abcd$曲线所示，SWCC 最小吸力以初始孔隙比为e_0时的最大孔径对应的吸力（进气值ψ_0）为准，若吸力$\psi < \psi_0$，则 SWCC 为水平线。现基于前文的研究成果，分别计算初始孔隙比变为e_1、e_2时的 SWCC（$e_0 > e_1 > e_2$）。

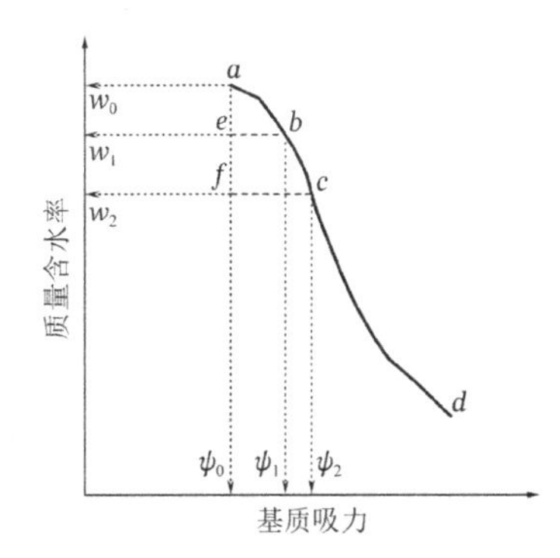

图 4.1-7　SWCC 简化表征方法示意图

当初始孔隙比变为e_1、e_2时，则相应饱和质量含水率$w_1 = e_1/G_s$、$w_2 = e_1/G_s$，其中G_s为土粒相对密度。以$w = w_1$、$w = w_2$分别作水平线与$abcd$曲线相交于b、c两点，对应吸力分别为ψ_1、ψ_2。则对应于初始孔隙比e_1，SWCC 为$ebcd$曲线，即当$\psi \leqslant \psi_1$时，$w = w_1$；当$\psi > \psi_1$时，SWCC 以初始孔隙比为e_0时的bcd曲线为准。对应于初始孔隙比e_2，SWCC 为fcd曲线，即当$\psi \leqslant \psi_2$时，$w = w_2$；当$\psi > \psi_2$时，SWCC 以初始孔隙比为e_0时的cd曲线为准。

2. 讨论

对于图 4.1-7 中吸力较小时的模拟线，即eb及fc直线段，实际情况可能是：前段是接近水平的直线，后段近似是与该直线段相切的圆弧，但由于曲率半径较大，近似直线，为简化计算，预测时直接按直线段处理。

对于图 4.1-5 中大多数的 SWCC，前段曲线基本接近水平，这与表征方法相吻合。然而，少数几个曲线的前段几乎无水平的直线段，如图 4.1-5（c）中的$e = 0.692$ 以及图 4.1-5（e）中的$e = 1.23$ 和$e = 0.88$ 的 3 条曲线。实际上，理论上所有曲线都应该有一段水平的直线段，因为当测试吸力小于最大孔径对应的吸力（进气值）时，土体含水率可近似认为保持不变。初始孔隙比越小，最大孔径也越小，进气值就越大，这段水平直线段就越长。然而，由于试验测试吸力值间隔较大，以及初始孔隙比较大时 SWCC 中的水平直线段较短，实际测量所绘制的 SWCC 有可能未出现水平线段。

4.1.4　简化表征方法的验证

假定最大初始孔隙比的 SWCC 相应于变形前状态已通过试验获取，用上述方法计算了膨胀土、粉土、黄土及黏性土变形后的质量含水率表示的 SWCC。

从图 4.1-8 可知，SWCC 的计算值与国内外 4 类土在不同初始孔隙比条件下的实测值吻合较好。在较低吸力和较高吸力条件下，图 4.1-8 中的 23 个不同初始孔隙比试样的质量含水率计算值与实测值基本一致。在表征曲线中水平直线的末端，计算值与实测值误差相对较大。

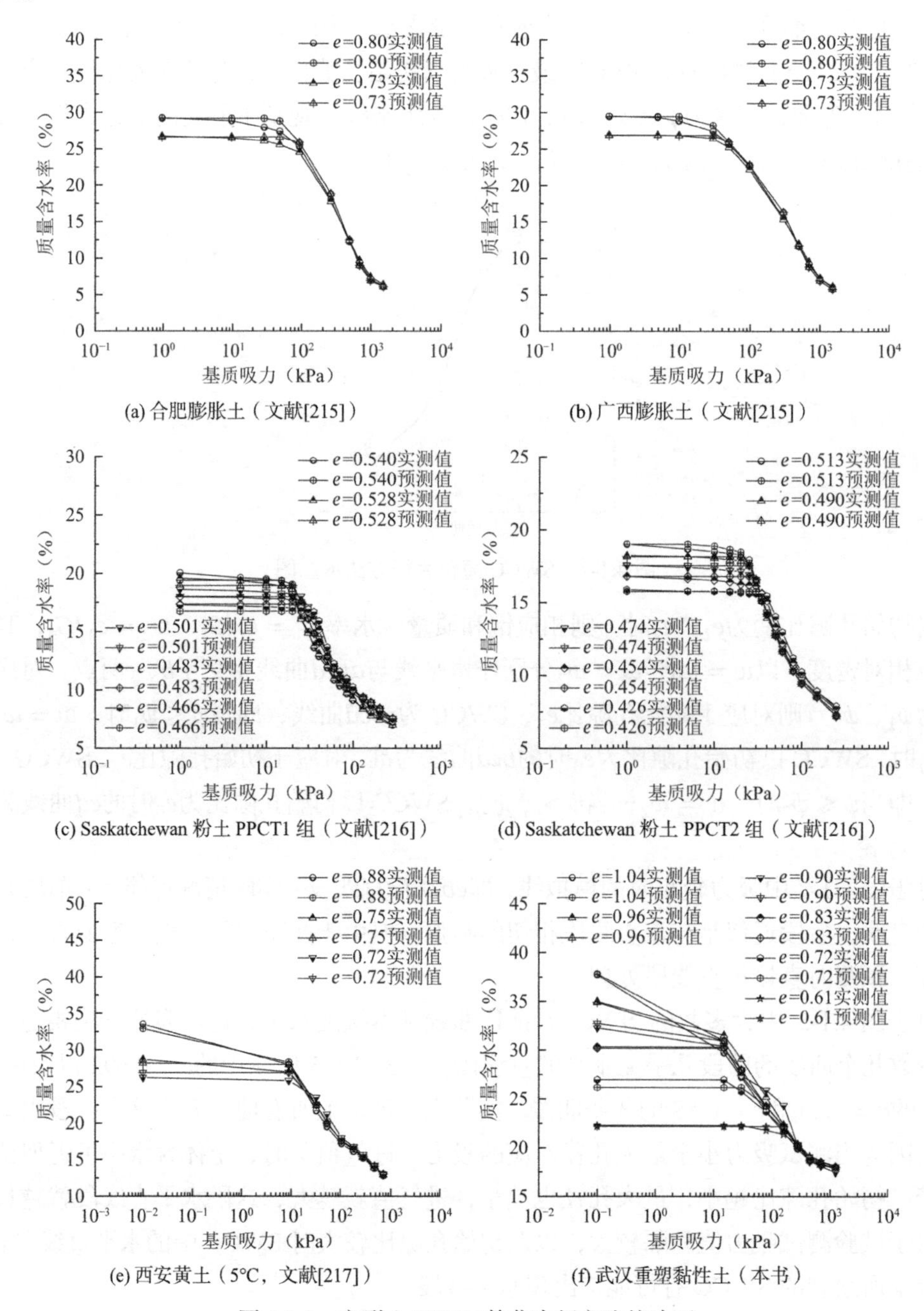

图 4.1-8　变形土 SWCC 简化表征方法的验证

图 4.1-8 比较了计算结果与实测结果。应说明的是，为了方便比较，只针对试验测量吸力值对应的质量含水率进行计算并绘制散点连线图。

根据第 4.1.4 节，误差产生的原因在于：水平直线末端实际近似为圆弧，而计算时，按直线段处理。对于高吸力部分，不同初始孔隙比下质量含水率计算值完全一致，而实测值却有所差别。这是因为计算时，近似认为不同初始孔隙比下小孔隙累计体积完全一致，与实际情况（图 4.1-1～图 4.1-3）存在一定差别。图 4.1-8（c）、（d）中曲线后半段较其他情况预测误差较大，这是因为：孔径越小，不同初始孔隙比下小于该孔径的累计孔隙体积越趋于一致，即吸力越大，不同初始孔隙比下质量含水率越接近；图 4.1-8（c）、（d）中曲线最大吸力为 280kPa，而其他情况最大吸力接近或超过 1000kPa，所以整体看上去，图 4.1-8（c）、（d）中曲线尾部预测误差相对较大。

4.2　基于 T-K 模型的变形土饱和/非饱和渗透系数试验及预测

4.2.1　不同初始孔隙比非饱和黏土渗透性试验研究及 T-K 模型验证

目前非饱和土渗透系数的试验测量方法主要可分为稳态法和非稳态法，两者的区别在于试验时流量、水力梯度和含水率是否保持为常数。由于试验测量非饱和土渗透系数耗时费力，许多学者研究了间接预测的方法。Burdine[183]、Muarem[186]、Van Genuchten[153]和 Fredlund[181]等根据不同的孔径分布理论提出了多种渗透系数预测模型，Xu[131]、孙大松[210]、Xu[54]等通过分形理论研究土体微观孔隙特征，预测非饱和土渗透系数。笔者[178]也曾从微观角度提出了一种饱和/非饱和渗透系数模型（简称 T-K 模型），结合文献[109]提出的变形土体土-水特征曲线简便预测方法，构建了一种变形土体饱和/非饱和渗透系数预测新方法。

本节以湖南黏土为例，利用压力板仪测量不同初始孔隙比土样的土-水特征曲线，选用变水头法测量不同孔隙比试样的饱和渗透系数，利用自制有机玻璃桶装置，采用瞬态剖面法进行非饱和土渗透试验，结合 SWCC 计算得到非饱和土渗透系数。选用 CCG（Childs 和 Collis-George）模型[175]和 T-K 模型[182]间接预测非饱和土渗透系数，将试验实测值与模型预测值进行对比，研究初始孔隙比对湖南黏土非饱和（相对）渗透系数的影响规律及预测模型的适用性。

1. 水力特性试验

（1）土-水特征曲线试验

本节试验土样为湖南邵阳某地非饱和红黏土，属于原生红黏土经过再次搬运堆积形成的次生红黏土，土粒相对密度为 2.76，液限为 46.34%，塑限为 27.84%。利用液压千斤顶制备两组初始孔隙比e_0分别为 1.12、1.04、0.97、0.90 和 0.84 的重塑环刀土样，抽真空后饱和，一组用于土-水特征曲线试验，另一组用于饱和渗透系数试验。SWCC 试验选用美国 Soilmoisture 公司生产的压力板仪，按照预先设定的加压梯度进行试验，通过称量平衡状态时环刀土样的质量，得到相应基质吸力下的土样含水率。为了获得完整的土-水特征曲线，本节选用 Fredlund-Xing 模型［式(2.3-15)］对 SWCC 试验数据进行拟合。

依据 Fredlund-Xing 模型，选用 Matlab 软件对 SWCC 试验数据进行拟合，得到不同初始孔隙比土样对应的参数a、m、n，参数取值详见表 4.2-1，Fredlund-Xing 模型的拟合曲线与实测数据如图 4.2-1 所示。

不同初始孔隙比土样 Fredlund-Xing 模型参数取值　　表 4.2-1

初始孔隙比e_0	a	m	n
1.12	4.563	0.246 0	2.315
1.04	6.380	0.221 2	2.323
0.97	8.452	0.180 4	3.459
0.90	10.72	0.156 2	3.975
0.84	12.21	0.146 5	3.704

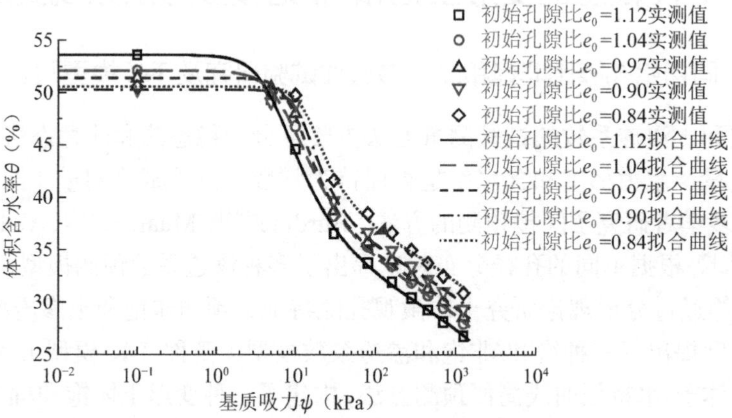

图 4.2-1　SWCC 实测数据及 Fredlund-Xing 模型的拟合曲线

（2）饱和土渗透试验

不同初始孔隙比湖南黏土的饱和渗透系数通过变水头试验测得，经多次重复试验取得平均值，并进行温度修正后，得到 15℃时不同初始孔隙比土样的饱和渗透系数，如表 4.2-2 所示。

不同初始孔隙比土样的饱和渗透系数实测值　　表 4.2-2

初始孔隙比e_0	1.12	1.04	0.97	0.90	0.84
饱和渗透系数k_s（cm/s）	6.86×10^{-4}	3.69×10^{-4}	2.22×10^{-4}	1.54×10^{-4}	6.77×10^{-5}

2. 非饱和土渗透试验

1）试验过程

本次瞬态剖面法试验装置为自制的有机玻璃桶，桶壁四周均匀排布 5 列圆形小孔，每列小孔的孔间距离为 5cm，直径为 1cm，分别用字母 A、B、C、D、E 标识。试验开始前将桶壁上的小孔密封完全，确保不漏水不漏气。桶底开口不密封，以保证孔隙气压等于大气压。试验土样仍采用湖南邵阳非饱和黏性土，具体的试验步骤如下：

（1）试验开始前，配置含水率 19%的湿土，加水喷洒后搅拌均匀，装袋密封静置 2～3d；静置后将袋中土样取出，再次搅拌均匀，尽量使土样中含水率保持均匀，装袋密封 1d 后，复测含水率。

（2）根据复测的湿土含水率和有机玻璃桶截面积，计算 10cm 高土柱所需湿土质量；称取压到 10cm 高度处所需湿土放入有机玻璃桶内，用自制压实器均匀压实；重复此操作，直至土柱装填到 70cm 高，层与层之间刮毛处理，确保连接紧密，不出现断层。

（3）在土柱顶部均匀铺上 8cm 厚细砂层，尽量保证水分下渗均匀，防止在渗水过程中试样表层板结或沿侧壁集中下渗；用喷水壶持续均匀加水 20min，共计加水 1500mL。加水结束后，立即将顶部用保鲜膜密封，防止水分散失。

（4）观察水分下渗速度以及湿润锋变化情况，做好记录，确定量测时间间隔，一般待湿润锋面下渗 15～20cm 后，开始测量 A 列土样含水率；取土时尽量减轻扰动，从取土孔快速水平取土 5g 左右，放入铝盒，并将小孔密封严实；将铝盒称取质量后放入烘箱，用烘干法测得土样的含水率。按不同时间间隔依次测 B、C、D、E 列土样的含水率。

（5）用上述方法依次进行初始孔隙比e_0为 1.12、1.04、0.97、0.90、0.84（即干密度为 1.30g/cm³、1.35g/cm³、1.40g/cm³、1.45g/cm³、1.50g/cm³）的土柱瞬态剖面法试验。

本节将瞬态剖面法试验装置垂直放置，在重力及毛细力作用下，水流将沿桶底方向渗透，加快了试验速度，同时符合一维渗流条件的要求，便于达西渗透定律的应用。此外，本节设置多列竖向孔洞，每个孔洞只取一次土样，无需回填，这会减少对桶内土样含水率的干扰。

2）试验结果及分析

根据上述试验测量数据绘制不同时刻土柱体积含水率随深度的变化曲线，如图 4.2-2 所示。

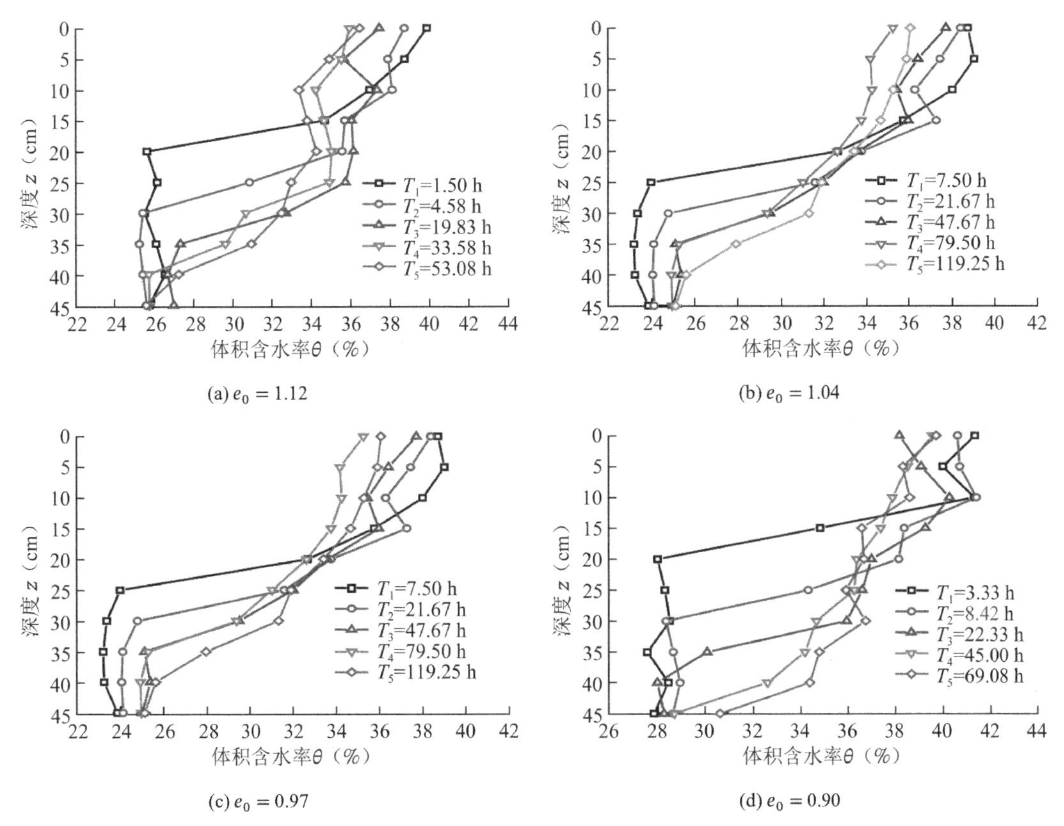

(a) $e_0 = 1.12$　　(b) $e_0 = 1.04$

(c) $e_0 = 0.97$　　(d) $e_0 = 0.90$

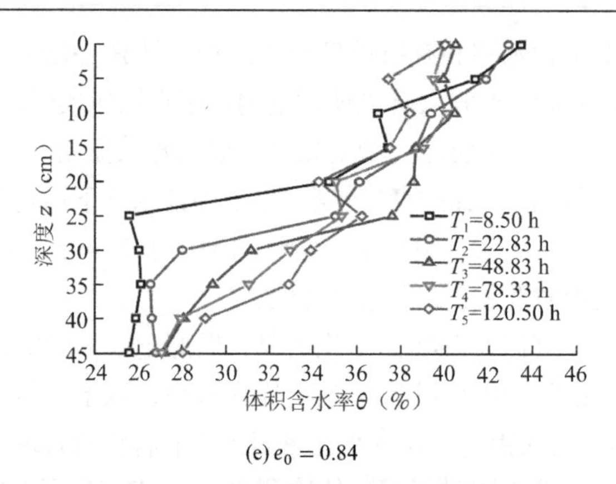

(e) $e_0 = 0.84$

图 4.2-2　不同初始孔隙比土柱剖面体积含水率

当控制土柱中孔隙气压等于大气压时，非饱和土中某点的总水头可表达为[199]：

$$h_{\mathrm{w}} = z - \frac{\psi}{\rho_{\mathrm{w}} g} \tag{4.2-1}$$

式中，h_{w}——总水头；

z——位置水头；

ρ_{w}——水的密度；

g——重力加速度。

由试验数据可求得不同时刻土柱各高度处土体的体积含水率，对应的基质吸力利用土-水特征曲线计算得到。由于位置水头是负值（以土表面为基准面），故总水头为负值。在某一时刻土柱内某点j（从土表面算起深度为z_j）的水力梯度i_{w}可用下式计算：

$$i_{\mathrm{w}} = \frac{\mathrm{d}h_{\mathrm{w}}}{\mathrm{d}z} \tag{4.2-2}$$

此时点j所在截面和零流量面之间的总含水率V_{w}可由测得的剖面体积含水率得到：

$$V_{\mathrm{w}} = \int_0^{z_j} \theta(z) A \, \mathrm{d}z \tag{4.2-3}$$

式中，$\theta(z)$——某一特定时间体积含水率与深度的函数关系；

A——水流横截面面积，即有机玻璃桶的横截面面积。

由于试验一次性给水，因此零流量面为土柱的上表面，故$\theta(z)$的表达式可由剖面体积含水率图采用线性拟合法近似得到，其沿深度的积分值实际是深度-体积含水率关系曲线所包含的面积。

测量点j所在截面水的流速v_{w}等于总含水率的变化值ΔV_{w}除以土柱横截面面积A和时间间隔Δt的乘积：

$$v_{\mathrm{w}} = \frac{\Delta V_{\mathrm{w}}}{A \cdot \Delta t} \tag{4.2-4}$$

由达西定律可知，在时间段Δt内，非饱和土的渗透系数k_{w}为渗透流速与平均水力梯度的比值：

$$k_{\mathrm{w}} = -\frac{v_{\mathrm{w}}}{\bar{i}_{\mathrm{w}}} \tag{4.2-5}$$

式中，$\bar{i}_{\mathrm{w}}$——点j在Δt时间内的平均水力梯度，可根据下式求得：

$$\bar{i}_{\mathrm{w}} = \frac{1}{n}\left(\frac{h_{\mathrm{w}(j+1),t1} - h_{\mathrm{w}(j),t1}}{z_{j+1} - z_j} + \frac{h_{\mathrm{w}(j+1),t2} - h_{\mathrm{w}(j),t2}}{z_{j+1} - z_j} + \cdots + \frac{h_{\mathrm{w}(j+1),tn} - h_{\mathrm{w}(j),tn}}{z_{j+1} - z_j}\right) \tag{4.2-6}$$

式中，$h_{\mathrm{w}(j),tn}$、$h_{\mathrm{w}(j+1),tn}$——点j和点$j+1$在t_n时刻的水头值；

z_j、z_{j+1}——点j和点$j+1$的深度；

n——测量次数。

由于试验土样含水率是随深度动态变化，因此必须选择某一段土柱作为研究对象来计算非饱和土渗透系数，本节选取相邻深度区间的土柱，时间段选择T_1～T_4和T_2～T_5（每个时间段有 4 组数据，计算结果更准确），根据式(4.2-1)～式(4.2-6)可计算不同初始孔隙比土样非饱和渗透系数随基质吸力的变化规律，如图 4.2-3 所示。

由图 4.2-3 的实测数据可发现，非饱和土渗透系数随着基质吸力的增大有显著减小的趋势。当基质吸力小于 100kPa 时，各初始孔隙比土柱的渗透系数变化范围跨越 3 个数量级，即从 10^{-7}～10^{-4}cm/s，变化较为剧烈；当基质吸力超过 100kPa 时，渗透系数则大多集中于 10^{-8}～10^{-7}cm/s 之间，变化相对平缓。

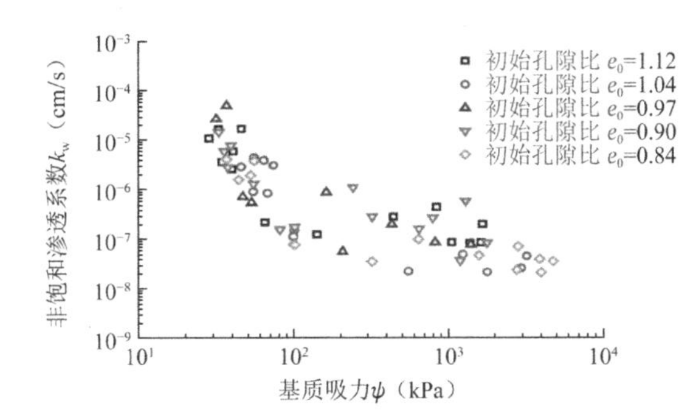

图 4.2-3　湖南黏土非饱和渗透系数与基质吸力关系

3. 模型预测

本节选取 CCG 模型法[175]和 T-K 模型法[182]来间接预测湖南黏土非饱和渗透系数。

（1）CCG 模型法

Childs 和 Collis-George[175]（1950）提出了相对渗透系数k_{r}和孔径分布函数之间的关系式，Marshall 将其理论扩展后得到饱和渗透系数的计算函数，同时结合 Young-Laplace 方程推导出了非饱和渗透系数表达式，并最终由 Kunze 进行修正后[211]，得到完整的渗透系数预测模型。该模型将试验获得的土-水特征曲线沿体积含水率轴分成l个等分段，用每一段等分中点的基质吸力计算渗透系数：

$$k_{\mathrm{w}}(\theta_i) = \frac{k_{\mathrm{s}}}{k_{\mathrm{sc}}} A_{\mathrm{d}} \sum_{j=i}^{l}\left[(2j+1-2i)(u_{\mathrm{a}} - u_{\mathrm{w}})_j^{-2}\right] \quad (i = 1,2,\cdots l) \tag{4.2-7}$$

$$k_{\mathrm{sc}} = A_{\mathrm{d}} \sum_{j=i}^{l}\left[(2j+1-2i)(u_{\mathrm{a}} - u_{\mathrm{w}})_j^{-2}\right] \quad (i = 0,1,2,\cdots l) \tag{4.2-8}$$

式中，$k_{\mathrm{w}}(\theta_i)$——对应于第i个等分段中点的体积含水率θ_i的渗透系数；

k_{s}——实测饱和渗透系数；

k_{sc}——计算饱和渗透系数，包含了零点（$i=0$），即包含饱和体积含水率θ_{s}；

j——从i～l的计数；

$(u_a - u_w)_j$——第j个等分段中点的基质吸力；

A_d——调整常数。

结合式(4.2-7)和式(4.2-8)可得到最终的渗透系数预测模型：

$$k_w(\theta_i) = k_s \frac{\sum_{j=i}^{l} \frac{2(j-i)+1}{\psi_j^2}}{\sum_{j=i}^{l} \frac{2j-1}{\psi_j^2}} \quad (i = 1,2,\cdots l) \tag{4.2-9}$$

式中，ψ_j即为$(u_a - u_w)_j$。

以初始孔隙比e_0为 1.12 土样的 SWCC 试验数据为例，运用上述的 CCG 模型来计算非饱和土渗透系数。将 SWCC 的x轴改成线性坐标表示，将纵坐标体积含水率按$m = 15$ 等分。

已知$m = 15$，令$i = 1$ 代入式(4.2-9)，分子与分母相互抵消后有，$k_w(\theta_1) = k_s$，即等分段编号 1 所对应的渗透系数为饱和渗透系数；再依次将$i = 2,3,\cdots 15$代入式(4.2-9)，结合表 4.2-2 饱和渗透系数k_s的实测数据，则可得到初始孔隙比为 1.12 的湖南黏土不同体积含水率θ_i和基质吸力ψ_i对应的非饱和土渗透系数，同理可得其他初始孔隙比湖南黏土的非饱和渗透系数。

计算结果如图 4.2-4 所示。需要指出，上述计算方法预测的是进气值之后的非饱和渗透系数，进气值之前为饱和渗透系数。

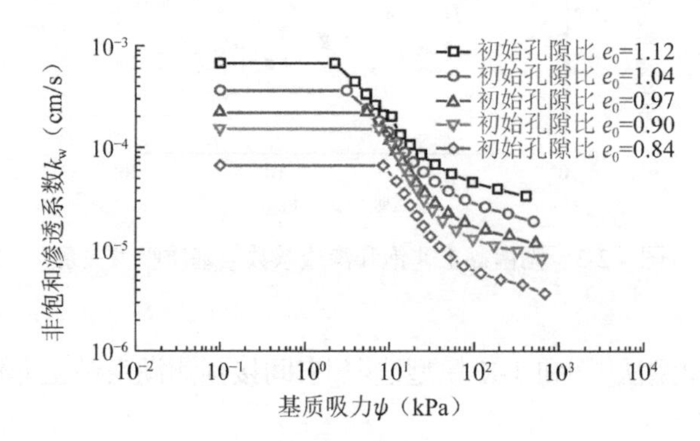

图 4.2-4　CCG 模型预测的湖南黏土非饱和渗透系数

（2）T-K 模型法

笔者曾从微观孔隙角度出发，将土-水特征曲线视为反映孔隙通道的间接指标，认为土-水特征曲线试验在某级压力下排出水的体积可看作在该级排水孔隙通道的总体积。利用流体力学理论，建立了微观孔隙通道渗透系数与等效孔径的关系，并以此为基础，结合毛细理论建立了非饱和渗透系数与土-水特征曲线的关系模型（T-K 模型）。

T-K 模型假设土体由海量的连通孔隙通道组成，这些孔隙通道的等效孔径大小不一，当基质吸力较小时，等效孔径较大的通道先排水，等效孔径较小的通道仍然充满水分，而这些通道正是非饱和土渗流发生的主要通道，水分在连通孔隙通道流动时满足达西定律。根据流体力学理论，层流状态下沿程水头损失与流速成正比，而局部水头损失与流速的平方成正比，在黏土中渗透流速一般小于 10^{-3}cm/s，因此局部水头损失远小于沿程水头损失，可将其忽略。由沿程水头损失公式和达西定律便可得到某连通孔隙通道的渗透系数，将所有这些渗透系数叠加起来便可得到土体饱和渗透系数：

$$k_s = \sum_{i=1}^{y} k_c \frac{\Delta\theta_i}{\psi_i^2} \tag{4.2-10}$$

式中，y——不同孔径大小的连通孔隙通道等级数，也即土-水特征曲线体积含水率的等分段数；

$\Delta\theta_i$——第i级连通孔隙通道体积含水率；

ψ_i——对应的基质吸力。

对于同一土样，k_c可看作常数，其表达式如下：

$$k_c = \frac{\rho g T_s^2 \cos^2\alpha}{2 p_i \mu} \tag{4.2-11}$$

式中，ρ和μ——水的密度和绝对黏度；

T_s——表面张力；

α　接触角，

p_i——第i级孔隙通道实际长度与土样长度l的比值。

当y级孔隙通道中只有 1～x级通道充满水时（$x < y$），则非饱和土相对渗透系数k_r（即渗透系数k_w和饱和渗透系数k_s的比值）可表示为：

$$k_r(\theta_{i=m}) = \frac{\sum_{i=1}^{x} \frac{\Delta\theta_i}{\psi_i^2}}{\sum_{i=1}^{y} \frac{\Delta\theta_i}{\psi_i^2}} \tag{4.2-12}$$

在已知 SWCC 实测值的基础之上，便可根据式(4.2-12)和饱和渗透系数k_s预测非饱和土渗透系数k_w。T-K 模型假定某级孔隙通道中的水排出后，该级通道的孔径才发生失水收缩，体积才变形，即相应的土-水特征曲线忽略收缩体变的影响。以初始孔隙比e_0为 1.12 的土样为例，从最小实测含水率至饱和含水率，将 SWCC 划分为 15 段（$x = 15$），如图 4.2-5 所示，其中$\Delta\theta_i = \theta_{i+1} - \theta_i$，等效基质吸力按$\psi_i = (\psi_a + \psi_b)/2$近似计算，其中$\psi_a$、$\psi_b$为划分段界限基质吸力。按图 4.2-5 计算得到等分段体积含水率改变量$\Delta\theta_i = 1.79\%$，将$\Delta\theta_i$和对应等效基质吸力ψ_i代入式(4.2-12)中可计算出非饱和土相对渗透系数k_r，结合表 4.2-2 中饱和渗透系数k_s实测值，可得到初始孔隙比为 1.12 的湖南黏土不同体积含水率或基质吸力对应的非饱和土渗透系数。

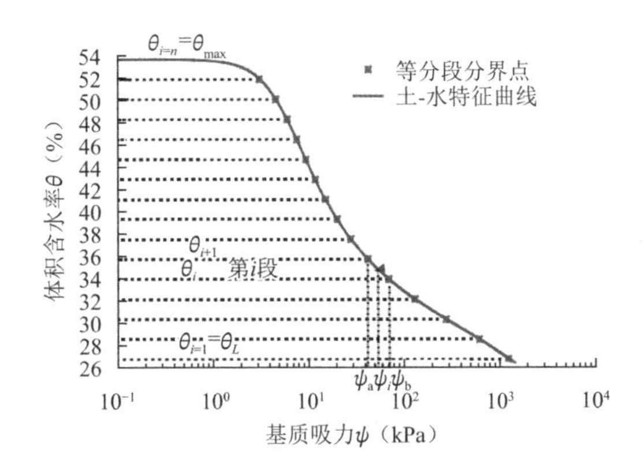

图 4.2-5　湖南黏土（$e = 1.12$）SWCC 分段图（T-K 模型）

同理得到其他初始孔隙比湖南黏土的非饱和渗透系数，计算结果如图 4.2-6 所示。值得说明的是，上述方法是针对大于进气值之后的排水阶段，对于进气值之前，取相应饱和渗透系数。

由图 4.2-6 可发现，非饱和土渗透系数随着基质吸力的增大而不断减小，相同基质吸力条件下，不同初始孔隙比土样的非饱和渗透系数相差不大。这一现象的机制可从土体微观孔隙分布规律方面进行分析。图 4.2-7 给出了不同孔隙比武汉黏性土累计孔隙体积分布规律[213]，大孔隙累计体积差异大，小孔隙累计体积几乎不变。前文已述，大孔隙对渗透系数贡献远大于小孔隙，不同初始孔隙比土体大孔隙分布差别较大造成了基质吸力较小时渗透性的较大差异；当基质吸力较大时，较大孔隙已经排完水，不参与渗透作用，而剩余的较小孔隙分布规律相近，导致此时孔隙比对渗透性的影响较小。

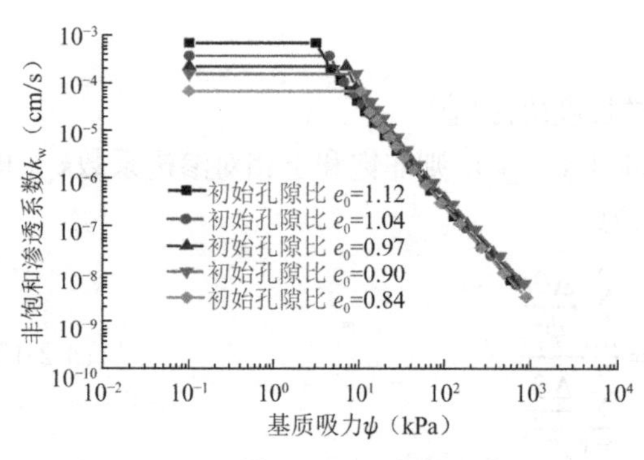

图 4.2-6 T-K 模型预测的湖南黏土非饱和渗透系数

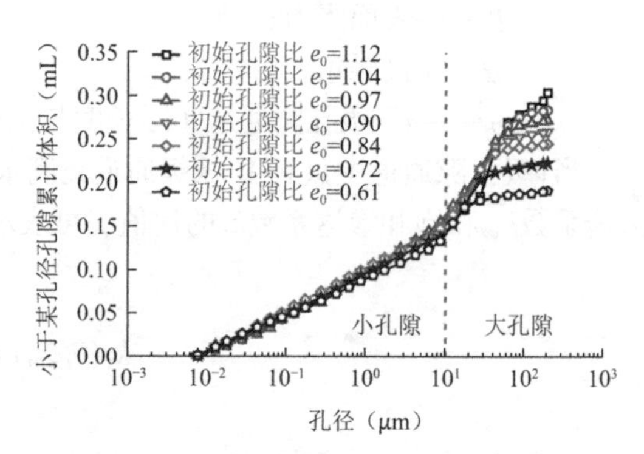

图 4.2-7 不同孔隙比黏性土孔隙累计体积曲线图[213]

4. 对比分析与讨论

（1）模型的预测效果

将 5 种初始孔隙比湖南黏土非饱和渗透系数的实测值及预测值进行对比，见图 4.2-8。

由图 4.2-8 可知，实测相对渗透系数位于 10^{-4}～10^{-1} 数量级区间，而 CCG 模型法预测的相对渗透系数位于 10^{-2}～1 数量级区间，两者数量级区间相差较大，表明 CCG 模型对湖南黏土的非饱和渗透系数预测效果较差。

T-K 模型法预测值连线则与实测值连线均有相交点，并且模型所预测的非饱和相对渗透系数跨越的数量级区间也与实测值相近，表明 T-K 模型预测效果较好，特别在低基质吸力阶段，比如 100kPa 以下，T-K 模型预测值与实测值基本一致。

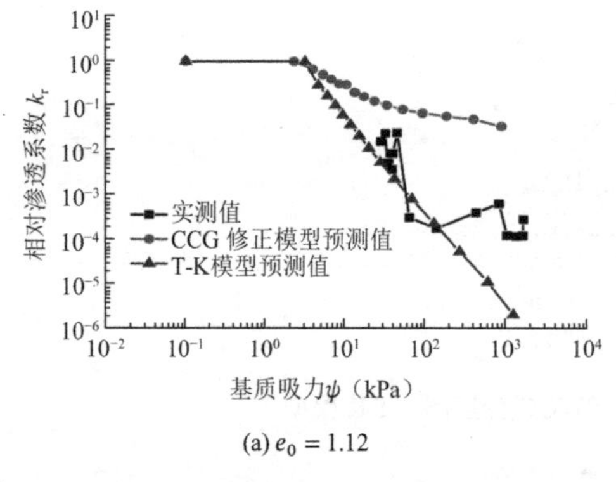

(a) $e_0 = 1.12$

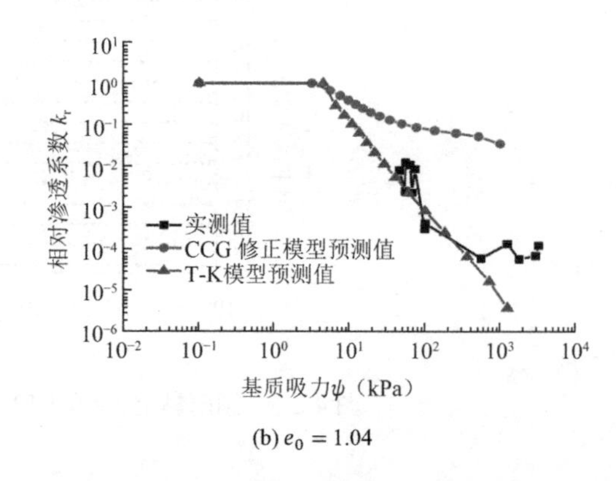

(b) $e_0 = 1.04$

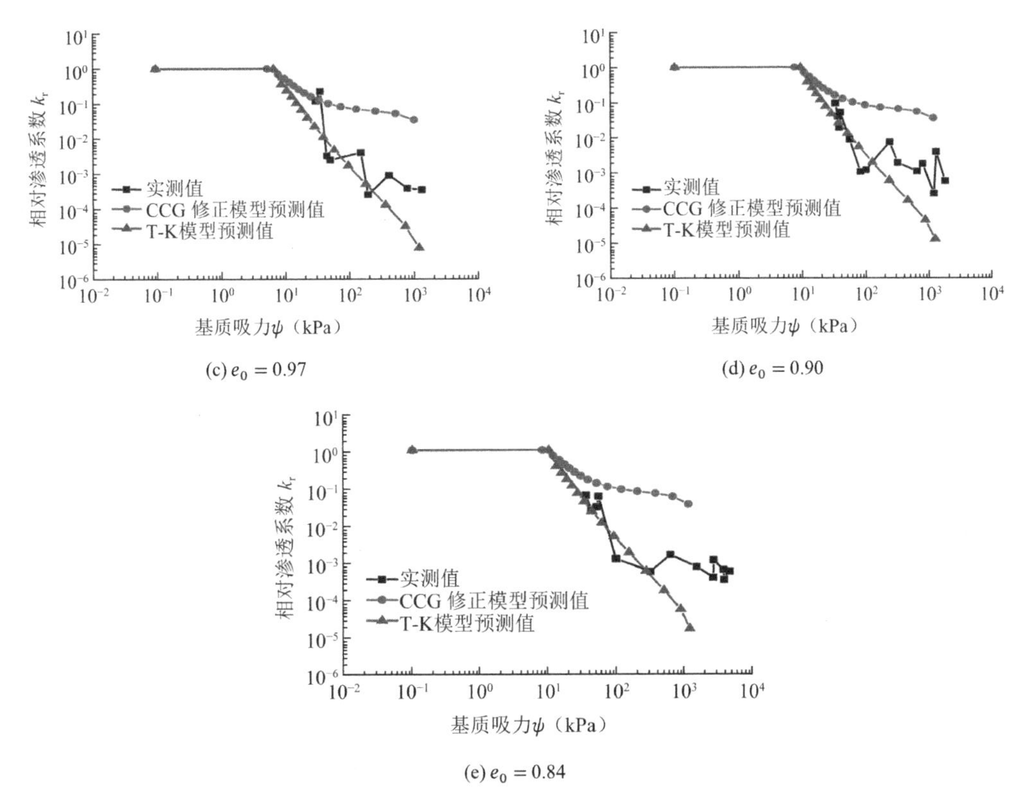

(c) $e_0 = 0.97$　　(d) $e_0 = 0.90$

(e) $e_0 = 0.84$

图 4.2-8　不同初始孔隙比湖南黏土非饱和相对渗透系数实测值与预测值对比

但是需要指出，T-K 模型法仍然有一定的误差，特别在高吸力阶段（比如在 1000kPa 附近），T-K 模型预测值均小于实测值，相应误差较大。

在低基质吸力阶段（100kPa 以下）和高基质吸力阶段（100kPa 以上）T-K 模型预测值随基质吸力减小的斜率基本一致，而实测值在 100～1000kPa 之间斜率出现拐点，高基质吸力阶段斜率（绝对值）明显变小。

上述模型预测误差可能有两个原因，首先，可能来自试验测量误差。图 4.2-9 以初始孔隙比$e_0 = 1.04$ 为例分析了土柱在整个试验过程中不同高度位置含水率变化趋势，根据测试区间段（5cm 高度）两端含水率变化剧烈程度划分了 3 个区域。图中①部分实际为土样初始含水率区域，含水率较小波动可能是测量误差和土样含水率不均匀引起的。图中②部分为含水率急变区，此区域内的含水率变化较为剧烈。②区实际反映了湿润锋所处的时间和高度，区段内含水率剧烈变化是湿润锋前后含水率较大差异造成的[214]。深入分析可知，T_1时刻湿润锋处在高度 20～25cm 处；T_2时刻湿润锋处在高度 25～30cm 处（b 段）；T_4时刻湿润锋处在高度 30～35cm 处（c 段）；T_3时刻湿润锋处在高度 30～35cm 处（d 段）；T_5时刻湿润锋处在高度 35～40cm 处（e 段），这也符合试验中湿润锋的观测记录。图中③部分为含水率渐变区域，此区域内的含水率变化较为平缓。

分析可知，③区内含水率变化平缓，可近似认为符合假定，此时计算精度较高，基质吸力 100kPa 以内对应的数据点均位于该区内，因此 T-K 模型在 100kPa 以内预测较为准确；②区内湿润锋前后含水率变化剧烈，明显不符合线性变化的假定，相应计算误差自然较大，基质吸力对应的1000kPa以上的数据点大多在该区内，因此T-K模型在高基质吸力条件下预测误差较大。

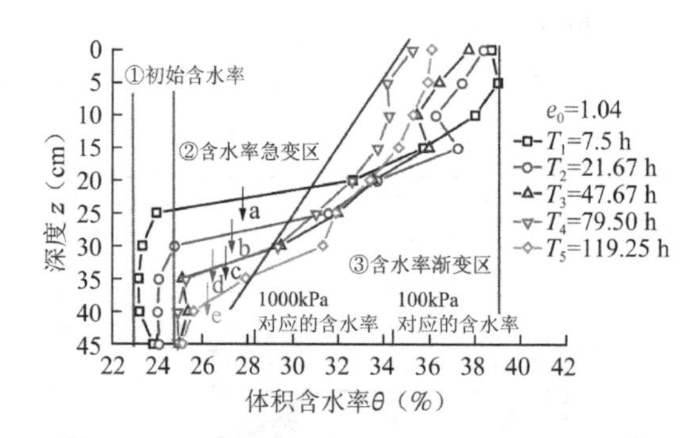

图4.2-9　土柱剖面含水率分区及湿润锋位置图

其次，在高基质吸力阶段，土样中薄膜水流动（吸附水）对土的渗透性影响很大[215]，而T-K模型进行预测时只考虑了毛细水，忽略了吸附水的影响，这也可能是导致相应预测误差较大的原因之一。

（2）初始孔隙比的影响

对于相同的土样，不同的初始孔隙比实际上代表着不同的变形程度。将初始孔隙比e_0为1.12、1.04、0.97、0.90和0.84的湖南黏土非饱和渗透系数实测值和T-K模型预测值绘制在一幅图中，以方便对比，见图4.2-10。

由图4.2-10可发现，T-K模型的预测值和实测值较为接近。当土样还未排水时（基质吸力较小时），其渗透系数即饱和渗透系数，此时初始孔隙比的影响较大，初始孔隙比越小，相应饱和渗透系数越小。当土样开始排水时（基质吸力逐渐增大），不同初始孔隙比预测值几乎重合，此时初始孔隙比对渗透系数的影响很小，实测值也同时印证了这一现象，特别在100kPa以内，不同初始孔隙比非饱和渗透系数实测值同样几乎重合。

为研究初始孔隙比对非饱和相对渗透系数的影响，将图4.2-10中5种不同初始孔隙比湖南黏土实测值及T-K模型预测值绘制在一幅图中，见图4.2-11。

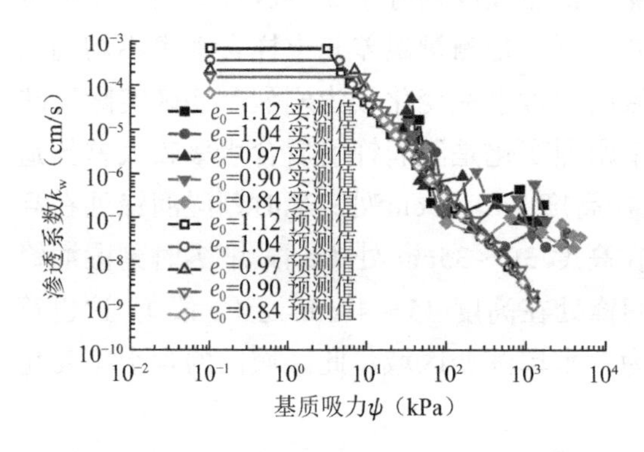

图4.2-10　初始孔隙比对湖南黏土非饱和渗透系数的影响

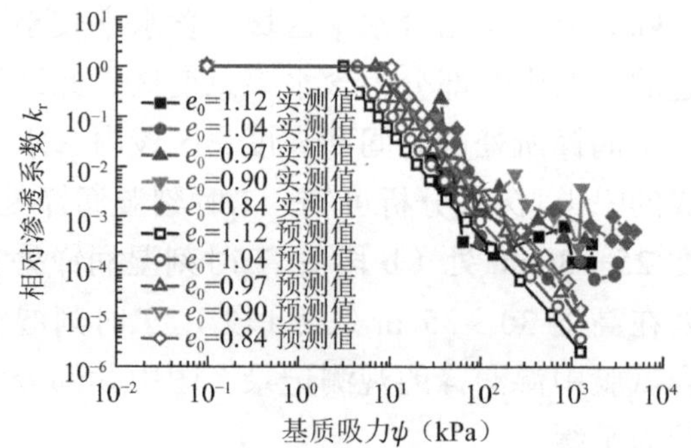

图4.2-11　初始孔隙比对湖南黏土非饱和相对渗透系数的影响

由图 4.2-11 可知，不同初始孔隙比湖南黏土非饱和相对渗透系数预测值随基质吸力的变化规律如下：土样未排水时，相对渗透系数为 1；土样开始排水后，变化线近似平行，初始孔隙比越小，该变化线越靠上，即相同基质吸力下相对渗透系数越大。预测值所反映的非饱和相对系数随基质吸力的变化特性较为规律，初步观察图 4.2-11 中的实测值，相似规律较难发现，经分析，其原因可能是：①试验误差；②相邻样本初始孔隙比差别相对较小。由于图 4.2-11 中数据较多，为更好地研究实测值是否能印证预测值所反映的规律，只绘制试验中最小（$e_0 = 0.84$）和最大初始孔隙比（$e_0 = 1.12$）样本的试验实测数据，见图 4.2-12。

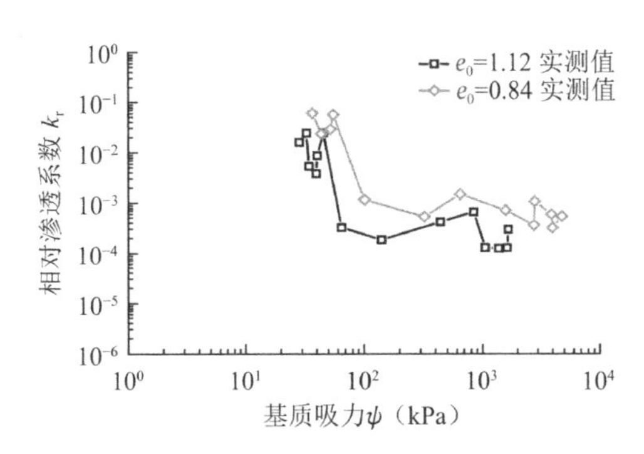

图 4.2-12　最小及最大初始孔隙比湖南黏土非饱和相对渗透系数实测值对比

图 4.2-12 中，样本初始孔隙比相差较大，可清楚地发现 T-K 模型预测值反映的基本规律在此可以找到印证，即相同基质吸力条件下，初始孔隙比越小，相对渗透系数越大，两个不同初始孔隙比变化线近似平行。

4.2.2　基于 T-K 模型的变形黏性土饱和/非饱和渗透系数预测

1. 预测方法

第 4.2 节从微观角度建立了 SWCC 与饱和/非饱和渗透系数的关系式，第 4.1 节从微观角度建立了变形条件下 SWCC 的预测方法，结合上述方法和公式便可从微观角度预测土体变形条件下的饱和/非饱和渗透系数，具体方法如下。

首先需要通过试验获取土体变形前的饱和渗透系数与 SWCC。其次，根据第 4.1 节的方法，预测不同变形条件下质量含水率表示的 SWCC，结合压缩变形引起的孔隙比变化，将 SWCC 转换为体积含水率的形式。最后，以上述试验及预测结果为基础，采用式(4.2-10)预测不同变形条件下的饱和渗透系数，其中参数k_c近似认为是常数，其值可通过变形前的 SWCC 及饱和渗透系数实测结果计算获得；采用式(4.2-12)预测不同变形条件下的非饱和相对渗透系数；将二者相乘，可获得相应的非饱和渗透系数。

2. 变形条件下黏性土饱和渗透系数预测

土样取自武汉地区某深基坑底部黏性土，基本物理性质指标详见第 4.1 节，制备 2 组平行试样，每组包含 7 个试样，孔隙比分别为 1.12、1.04、0.96、0.90、0.83、0.72 和 0.61，一组用于 SWCC 测试，一组用于饱和渗透系数测量。SWCC 测试采用压力板仪测量，测量结果转化为体积表示的 SWCC，如图 4.2-13 所示（近似认为孔隙水排出后孔隙大小才发生改变，因此本节不考虑收缩体变的影响）。饱和渗透系数采用变水头法测量，进行温度修正后的最终结果相对于孔隙比1.12、1.04、0.96、0.90、0.83、0.72和0.61分别为2.806×10^{-4}cm/s、7.350×10^{-5}cm/s、3.655×10^{-5}cm/s、3.346×10^{-5}cm/s、2.409×10^{-5}cm/s、1.872×10^{-6}cm/s和7.510×10^{-7}cm/s。

首先根据测量的7组SWCC数据（图4.2-13）及初始饱和渗透系数（2.806×10^{-4}cm/s）预测不同初始孔隙比土样的饱和渗透系数，计算时采用式(4.2-10)（不同变形量土体k_c取常值）。图4.2-14给出了预测结果及实测结果的比较，二者吻合较好，说明根据SWCC的变化预测黏性土饱和渗透系数的变化是可行的。实际工程应用及理论分析往往不能提供任意变形量土样的SWCC，第4.1节提出的方法能通过变形前的SWCC实测值，预测土体不同变形量的SWCC。在已知变形前（$e = 1.12$）的SWCC条件下采用该方法预测了变形后的SWCC（质量含水率），并将结果转化为体积含水率的形式（如前文所述，不考虑收缩体变的影响），如图4.2-15所示。

根据SWCC数据（图4.2-15）及初始饱和渗透系数（2.806×10^{-4}cm/s）预测了变形后不同孔隙比土样的饱和渗透系数，并与实测值进行比较，见图4.2-16。图4.2-16表明饱和渗透系数实测值与预测值基本吻合，说明在仅已知变形前的SWCC及饱和渗透系数的条件下，按照上述方法预测任意变形量土样的饱和渗透系数是可行的。

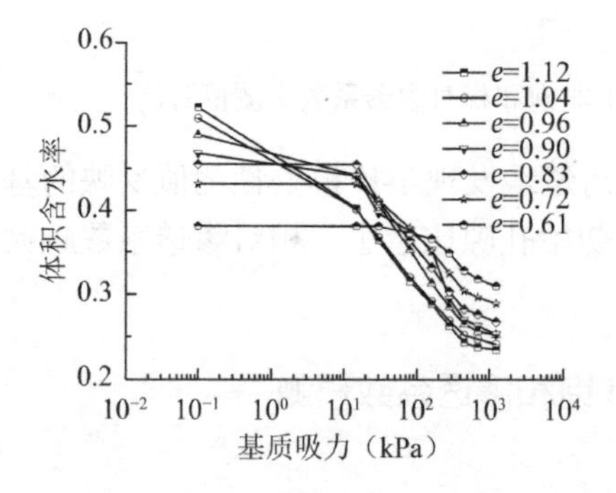

图4.2-13 不同变形量的黏性土SWCC实测

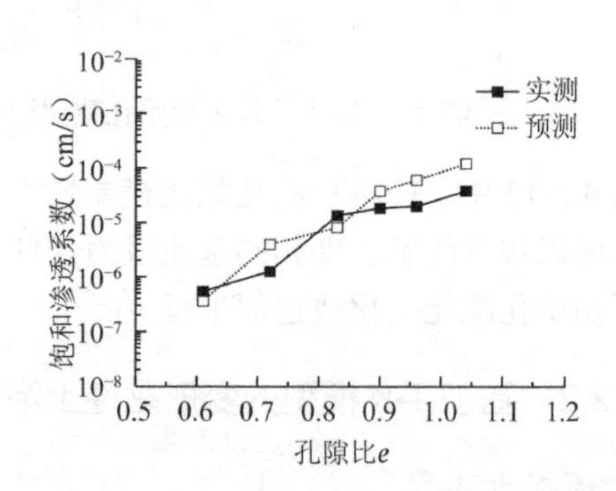

图4.2-14 根据实测SWCC预测饱和渗透系数

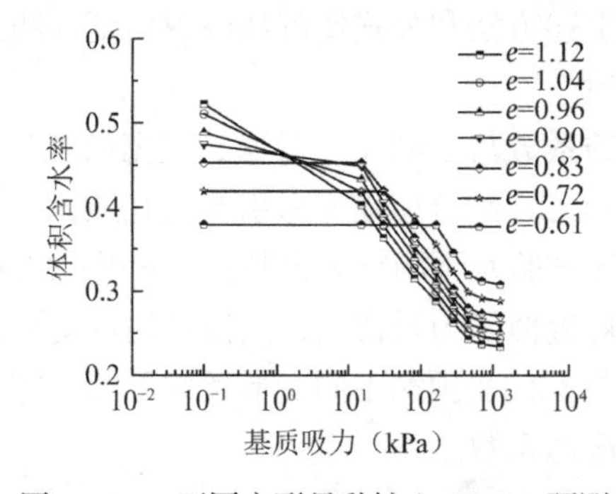

图4.2-15 不同变形量黏性土SWCC预测（其中$e = 1.12$为实测）

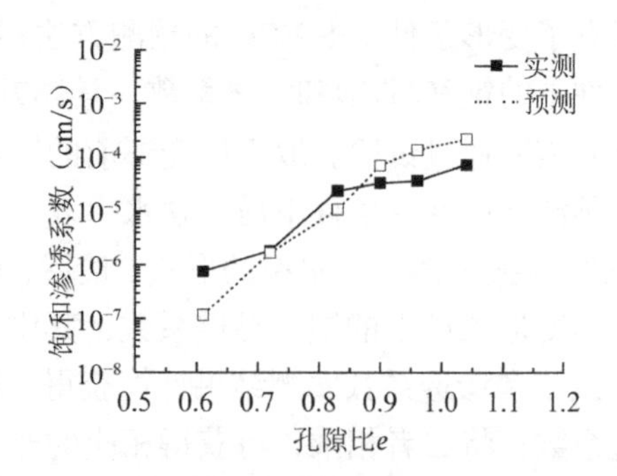

图4.2-16 根据预测的SWCC预测饱和渗透系数

3. 变形条件下黏性土非饱和渗透系数预测

结合式(4.2-12)非饱和土相对渗透系数计算方法及第4.1节的SWCC预测手段，在仅已知变形前的SWCC（$e = 1.12$）的条件下便可预测任意变形量条件下非饱和土相对渗透系数，预测结果见图4.2-17。图4.2-17表明在相同基质吸力条件下，孔隙比越小，黏性土非饱和相对渗透系数越大。相对渗透系数随基质吸力增加而减小，双对数坐标下，不同初始孔隙比土样的变化线近似平行。图 4.2-17 近似——“斜毛刷”。

以图 4.2-17 计算结果为基础，结合预测的饱和渗透系数（图 4.2-16）可计算不同初始孔隙比条件下黏性土的非饱和渗透系数，结果见图 4.2-18。图 4.2-18 表明，双对数坐标下，在小于进气值的低吸力阶段，非饱和渗透系数-基质吸力曲线为一水平线，其值实际为饱和渗透系数（试样未开始排水），初始孔隙比越小该值越小；在大于进气值的高吸力阶段，基质吸力越大，非饱和渗透系数越小（土样开始排水），该阶段不同初始孔隙比土样非饱和渗透系数几乎重合，整体形状为“扫帚形”。

上述变形条件下黏性土非饱和渗透系数的变化规律与第 4.1 节所述变形条件下 SWCC 变化规律相似，都呈现“扫帚形”分布。根据这一规律，在预测不同初始孔隙比黏性土饱和渗透系数的基础上，可直接预测变形条件下非饱和渗透系数：以饱和渗透系数值作水平直线与最大初始孔隙比（变形前）下的曲线相交，交点处的横坐标便是进气值，进气值之前为相应饱和渗透系数，进气值之后的非饱和渗透系数与变形前相同。其预测结果和图 4.2-18 相似，本节不再赘述。

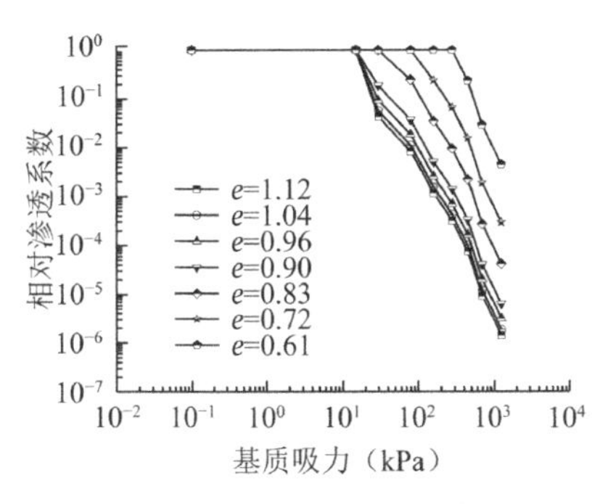

图 4.2-17　变形黏性土非饱和相对渗透系数预测值

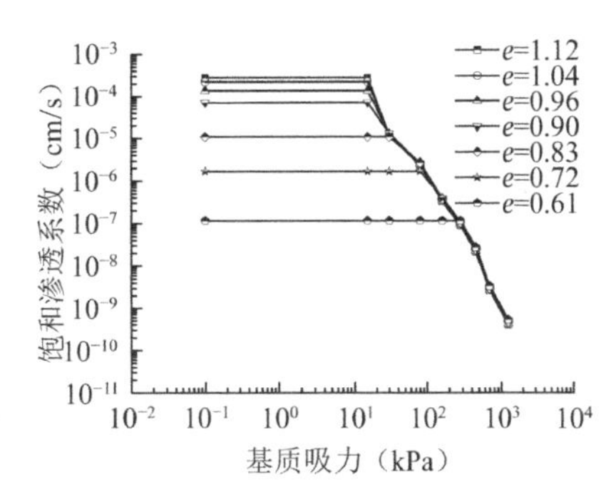

图 4.2-18　变形黏性土非饱和渗透系数预测值

4.3　不同初始孔隙比土体进气值及土-水特征曲线的分形预测

本节结合分形理论，通过预测不同初始孔隙比条件下进气值及分维数来预测土-水特征曲线，并以试验验证其有效性。该方法提供了一种理论预测新思路，为相关及后续研究提供了一种新方法。

4.3.1　变形条件下土-水特征曲线的两种预测方法

1. 第一种预测方法

1）分形模型及分维数求解方法

第 2 章给出了孔隙孔径分布密度函数，其表达式为：

$$f(r) = cr^{-1-D} \tag{4.3-1}$$

式中，c——常数；

r——孔径，本节将r看作连通孔隙通道有效孔径；

D——分维数。

假设最小孔径趋近于0，孔隙体积形状因子相同且为k_V，根据式(4.3-1)，则孔径小于等于r的孔隙累计体积$V(\leqslant r)$可以表示为：

$$V(\leqslant r) = \int_0^r c r^{-1-D} k_V r^3 \, \mathrm{d}r = \frac{c k_V}{3-D} r^{3-D} \tag{4.3-2}$$

假设孔径小于等于r的孔隙充满水，若研究的是相对于1g颗粒土体的孔隙，水的密度为ρ_w，则质量含水率为：

$$w = \rho_w V(\leqslant r) = \frac{c \rho_w k_V}{3-D} r^{3-D} \tag{4.3-3}$$

当最大孔径r_{max}也充满水时，则土样饱和，利用式(4.3-3)，饱和质量含水率表示为：

$$w_s = \frac{c \rho_w k_V}{3-D} r_{max}^{3-D} \tag{4.3-4}$$

基质吸力与有效孔径r之间的关系可用Young-Laplace方程表示：

$$\psi = 2T_s \cos\alpha / r \tag{4.3-5}$$

式中，T_s——表面张力；

α——接触角，当温度一定时$2T_s \cos\alpha$为恒定值。

最大孔径对应的基质吸力可以近似看作进气值ψ_a，则根据式(4.3-5)有：

$$\psi_a = 2T_s \cos\alpha / r_{max} \tag{4.3-6}$$

将式(4.3-5)代入式(4.3-3)、式(4.3-6)代入式(4.3-4)，分别得到：

$$w = \frac{c \rho_w k_V}{3-D} \left(\frac{2T_s \cos\alpha}{\psi} \right)^{3-D} \tag{4.3-7}$$

$$w_s = \frac{c \rho_w k_V}{3-D} \left(\frac{2T_s \cos\alpha}{\psi_a} \right)^{3-D} \tag{4.3-8}$$

将式(4.3-7)、式(4.3-8)两边分别相除可得：

$$\frac{w}{w_s} = \left(\frac{\psi_a}{\psi} \right)^{3-D} \tag{4.3-9}$$

式(4.3-9)与Bird模型[55]相似，不过Bird模型通过PSF模型推导出来，且其分维数通过土体颗粒质量分布规律求得，式(4.3-9)分维数可通过式(4.3-7)求得。式(4.3-7)左右两边变量只有w、ψ，则式(4.3-7)两边同时取对数，有：

$$\ln w \propto (3-D)(-\ln\psi) \tag{4.3-10}$$

根据式(4.3-10)，求解分维数时，可用$-\ln\psi$作为横坐标，用$\ln w$作为纵坐标，绘制散点图，然后作直线拟合，若相关系数较高，则说明分形行为明显，假设斜率为k，那么分维数$D = 3 - k$。值得说明的是：式(4.3-7)适用条件为$\psi \geqslant \psi_a$，故计算时应舍去质量含水率未开始下降或者微微下降阶段的数据；式(4.3-9)适用条件同样是$\psi \geqslant \psi_a$，当基质吸力小于进气值时，土样可认为是饱和的，所以完整的土-水特征曲线模型应为：

$$\begin{cases} \dfrac{w}{w_s} = \left(\dfrac{\psi_a}{\psi}\right)^{3-D} & \psi \geqslant \psi_a \\ w = w_s & \psi < \psi_a \end{cases} \tag{4.3-11}$$

假设初始孔隙比为e（本节孔隙比均指初始孔隙比），一般可近似取水的密度$\rho_w = 1\text{g/cm}^3$，则饱和质量含水率为$w_s = e/G_s$（G_s表示土粒相对密度），代入式(4.3-11)，得：

$$\begin{cases} w = \dfrac{e}{G_s}\left(\dfrac{\psi_a}{\psi}\right)^{3-D} & \psi \geqslant \psi_a \\ w = \dfrac{e}{G_s} & \psi < \psi_a \end{cases} \tag{4.3-12}$$

2）土-水特征曲线预测方法

现利用上述模型对变形土的土-水特征曲线进行预测。假设已测量获得变形前（初始孔隙比为e_0）土体的土-水特征曲线，利用式(4.3-10)便可计算出相应分维数D_0，利用式(4.3-12)对土-水特征曲线试验数据进行分析拟合，便可得到相应进气值ψ_{a0}。则变形前土体土-水特征曲线可用下式表示：

$$\begin{cases} w = \dfrac{e_0}{G_s}\left(\dfrac{\psi_{a0}}{\psi}\right)^{3-D_0} & \psi \geqslant \psi_{a0} \\ w = \dfrac{e_0}{G_s} & \psi < \psi_{a0} \end{cases} \tag{4.3-13}$$

利用式(4.3-12)预测变形后（任意初始孔隙比为e_1，且$e_0 > e_1$）土体的土-水特征曲线，关键在于变形后分维数及进气值的计算。

（1）变形后的分维数

根据文献[109]的结论：变形土体质量含水率表示的土-水特征曲线呈现“扫帚形”分布，不同初始孔隙比的土-水特征曲线在进气值之后基本重合，而式(4.3-10)计算时采用的便是进气值之后的试验数据，因此可以认为不同初始孔隙比条件下分维数近似不变。于是，初始孔隙比e_1的分维数D_1按照e_0时的取值，即$D_1 = D_0$。

（2）变形后的进气值

根据第 4.1 节的结论，当变形后土体初始孔隙比变为e_1时（$e_0 > e_1$），假设进气值为ψ_{a1}，则$\psi > \psi_{a1}$阶段的质量含水率表示的土-水特征曲线几乎与变形前e_0时重合，于是作水平线$w = e_1/G_s$，与变形前e_0时的土-水特征曲线的交点横坐标便可近似认为是e_1时的进气值ψ_{a1}，如图 4.3-1 所示。具体计算方法为：将$w = e_1/G_s$代入式(4.3-13)中的第 1 式，可得：

$$\frac{e_1}{e_0} = \left(\frac{\psi_{a0}}{\psi}\right)^{3-D_0} \tag{4.3-14}$$

对式(4.3-14)进行简单变形，可得：

$$\psi = \frac{\psi_{a0}}{\left(\dfrac{e_1}{e_0}\right)^{1/(3-D_0)}} \tag{4.3-15}$$

式(4.3-15)表示的基质吸力便可近似认为是变形土体$e = e_1$时的进气值ψ_{a1}。

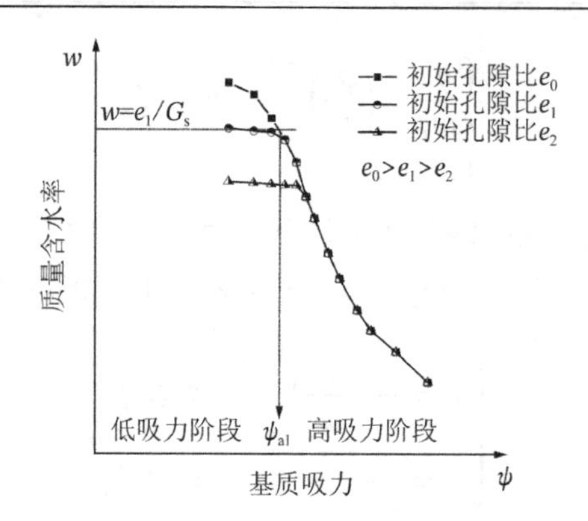

图 4.3-1　不同初始孔隙比条件下质量含水率表示的土-水特征曲线

2. 第二种预测方法

（1）分形模型及分维数求解方法

结合毛细理论，文献[105]根据孔隙率模型推导了质量含水率表示的土-水特征曲线模型，其表达式为：

$$w=\frac{(1+e)(\psi_a/\psi)^{3-D}-1}{G_s} \tag{4.3-16}$$

式(4.3-16)适用范围为$\psi>\psi_a$，若$\psi\leqslant\psi_a$，令$\psi=\psi_a$代入式(4.3-16)，土-水特征曲线变为$w=e/G_s$，因此完整的土-水特征曲线模型应为：

$$\begin{cases} w=\dfrac{(1+e)(\psi_a/\psi)^{3-D}-1}{G_s} & \psi\geqslant\psi_a \\ w=\dfrac{e}{G_s} & \psi<\psi_a \end{cases} \tag{4.3-17}$$

计算式(4.3-17)中的分维数D值时，同样必须选择$\psi>\psi_a$的数据（舍去含水率未开始下降或者微微开始下降的吸力阶段数据），以$\ln\psi$为横坐标，$\ln(1/G_s+w)$为纵坐标作散点图，作线性拟合得到斜率为k，则$D=3-k$。

（2）土-水特征曲线预测方法

根据变形前（初始孔隙比$e=e_0$）的土-水特征曲线试验数据，按照第 2.2.1 节方法计算其分维数为D_0，利用式(4.3-17)对其进行分析拟合，获得相应的进气值ψ_{a0}，则初始孔隙比$e=e_0$时的土-水特征曲线方程为：

$$\begin{cases} w=\dfrac{(1+e_0)(\psi_{a0}/\psi)^{3-D_0}-1}{G_s} & \psi\geqslant\psi_{a0} \\ w=\dfrac{e_0}{G_s} & \psi<\psi_{a0} \end{cases} \tag{4.3-18}$$

同样参照文献[109]的方法，当初始孔隙比变为e_1时（$e_0>e_1$），作水平线$w=e_1/G_s$，与$e=e_0$时的土-水特征曲线的交点近似认为是e_1时的进气值ψ_{a1}，如图 4.3-1 所示。将$w=e_1/G_s$代入式(4.3-18)的第 1 式，得到：

$$\frac{1+e_1}{1+e_0}=\left(\frac{\psi_{a0}}{\psi}\right)^{3-D_0} \tag{4.3-19}$$

式(4.3-19)可进行简单变形得到：

$$\psi = \frac{\psi_{a0}}{\left(\frac{1+e_1}{1+e_0}\right)^{1/(3-D_0)}} \tag{4.3-20}$$

式(4.3-20)所得交点的基质吸力便可以近似认为是e_1时的进气值ψ_{a1}。

3. 预测方法计算要点及说明

上述预测方法都是依据文献[109]的研究结论建立的，基本思想相同，所用分形模型不同，二者计算要点相似。二者都是在已知初始孔隙比e_0时的土-水特征曲线条件下，预测任意初始孔隙比e_1（$e_0 > e_1$）时的土-水特征曲线。首先根据e_0时的土-水特征曲线，分别按照按第2.1节、2.2节方法计算分维数D_0；再分别利用式(4.3-12)、式(4.3-17)对土-水特征曲线进行拟合，得到e_0时的进气值ψ_{a0}；进气值分别以式(4.3-15)、式(4.3-20)进行预测，分维数均认为不变；最后，分别利用式(4.3-12)、式(4.3-17)便能预测e_1时的土-水特征曲线。

4.3.2　预测方法的验证

以土-水特征曲线试验数据为基础验证上述预测方法的适用性，试验数据来源包括：文献[103]中黏性土试验数据、文献[215]中合肥膨胀土及广西膨胀土试验数据、文献[216]中粉土试验数据、文献[217]中黄土试验数据（均以质量含水率形式表示）。

首先，按照第4.3.1节的两种方法分别计算不同土样最大初始孔隙比（e_0）时的分维数，计算过程如图4.3-2所示，计算结果如表4.3-1所示。图4.3-2表明两种预测方法计算分维数时的拟合相关系数都非常高，在0.97～1.00之间，说明试验土样的土-水特征曲线具有良好的分形特性。表4.3-1表明，对于四种土体，第二种计算方法所得的分维数均高于第一种方法。

其次，利用第4.3.1节中两种方法的分形模型分别对最大初始孔隙比时的土-水特征曲线试验结果进行拟合分析，获取相应的进气值，计算结果如表4.3-1所示，图4.3-3给出了变形前（最大初始孔隙比）土-水特征曲线拟合结果。表4.3-1说明，第一种方法获得的进气值均高于第二种方法，但二者总体上比较接近。

变形前分维数及进气值计算结果　　表4.3-1

土类	数据来源	初始孔隙比	分维数		进气值（kPa）		土类	数据来源	初始孔隙比	分维数		进气值（kPa）	
			方法1	方法2	方法1	方法2				方法1	方法2	方法1	方法2
武汉黏性土	文献[103]	1.115	2.869	2.949	1.66	0.75	Saskatchewan粉土/PPCT1组	文献[216]	0.692	2.640	2.908	7.78	4.76
合肥膨胀土	文献[215]	0.88	2.514	2.864	50.56	36.78	Saskatchewan粉土/PPCT2组	文献[216]	0.525	2.604	2.904	17.71	14.36
广西膨胀土	文献[215]	0.88	2.589	2.886	26.78	18.65	西安黄土（5°C）	文献[217]	1.23	2.825	2.941	0.55	0.12

最后，分别利用式(4.3-15)及式(4.3-20)对变形后的进气值进行预测。根据研究结论，变形后分维数可近似认为与变形前相同。表4.3-2给出了变形后不同初始孔隙比的分维数及进气值的预测值。表4.3-2表明，两种预测方法所预测的进气值相接近，第一种方法预测值稍稍大于第二种。

变形后分维数及进气值预测值　　表 4.3-2

土类	初始孔隙比	分维数		进气值（kPa）		土类	初始孔隙比	分维数		进气值（kPa）	
		方法 1	方法 2	方法 1	方法 2			方法 1	方法 2	方法 1	方法 2
武汉 黏性土	1.037 0.964 0.897 0.833 0.719 0.613	2.869	2.949	2.89 5.04 8.74 15.37 47.28 159.74	1.57 3.20 6.33 12.41 43.70 152.21	Saskatchewan 粉土/ PPCT1 组	0.54 0.528 0.501 0.483 0.466	2.640	2.908	15.50 16.50 19.08 21.12 23.33	13.24 14.42 17.50 19.95 22.62
合肥 膨胀土	0.8 0.73	2.514	2.864	61.51 74.27	50.64 67.79	Saskatchewan 粉土/ PPCT2 组	0.513 0.490 0.474 0.454 0.426	2.604	2.904	18.77 21.08 22.92 25.56 30.02	15.59 18.29 20.47 23.60 28.89
广西 膨胀土	0.8 0.73	2.589	2.886	33.77 42.20	27.31 38.68	西安黄土 （5℃）	0.88 0.75 0.72	2.825	2.941	3.73 9.29 11.73	2.17 7.30 9.79

依据表 4.3-2 中预测的变形后的分维数及进气值，采用式(4.3-12)和式(4.3-17)便可对变形后的土-水特征曲线进行预测。对比研究了武汉黏性土、合肥膨胀土、广西膨胀土、Saskatchewan 粉土（PPCT1 组、PPCT2 组）、西安黄土（5℃）的土-水特征曲线实测值与预测曲线（由于篇幅限制仅给出了武汉黏性土预测值，即图 4.3-4），可以看出两种预测方法的预测曲线总体上均与实测值吻合较好。在较低吸力阶段，两种预测方法的预测值差别不大，在无试验数据的高吸力阶段，特别是 1000kPa 之后，二者预测值相差甚远，两种预测曲线整体上呈现“剪刀形”分布。

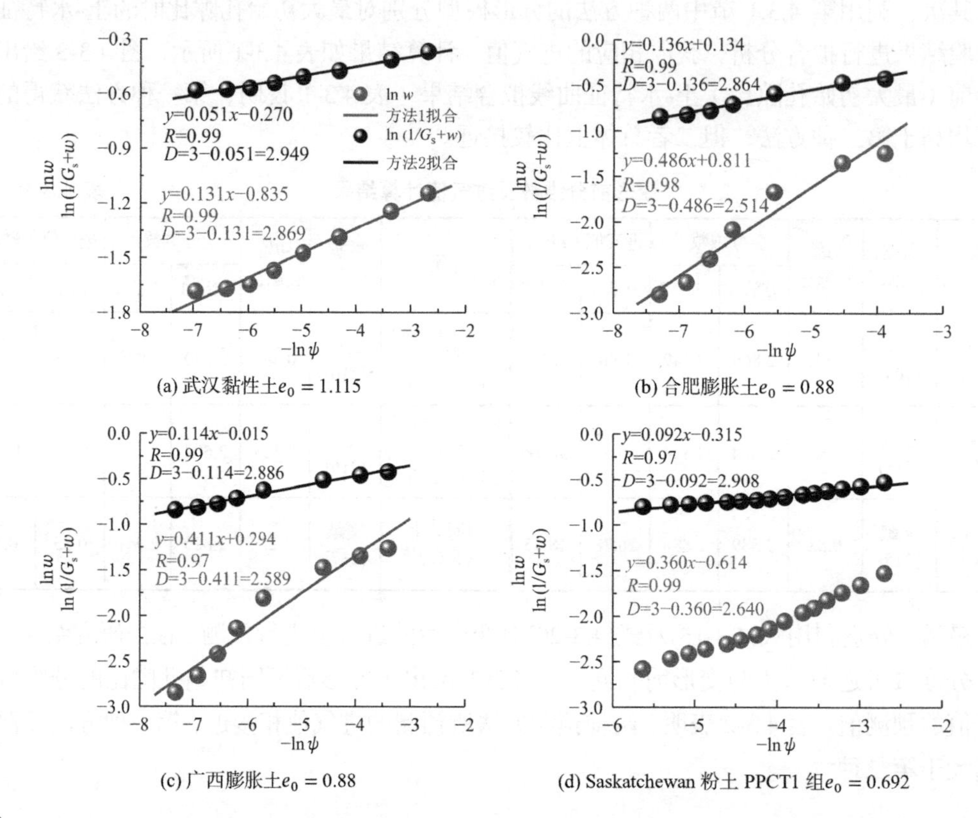

(a) 武汉黏性土 $e_0 = 1.115$　　(b) 合肥膨胀土 $e_0 = 0.88$

(c) 广西膨胀土 $e_0 = 0.88$　　(d) Saskatchewan 粉土 PPCT1 组 $e_0 = 0.692$

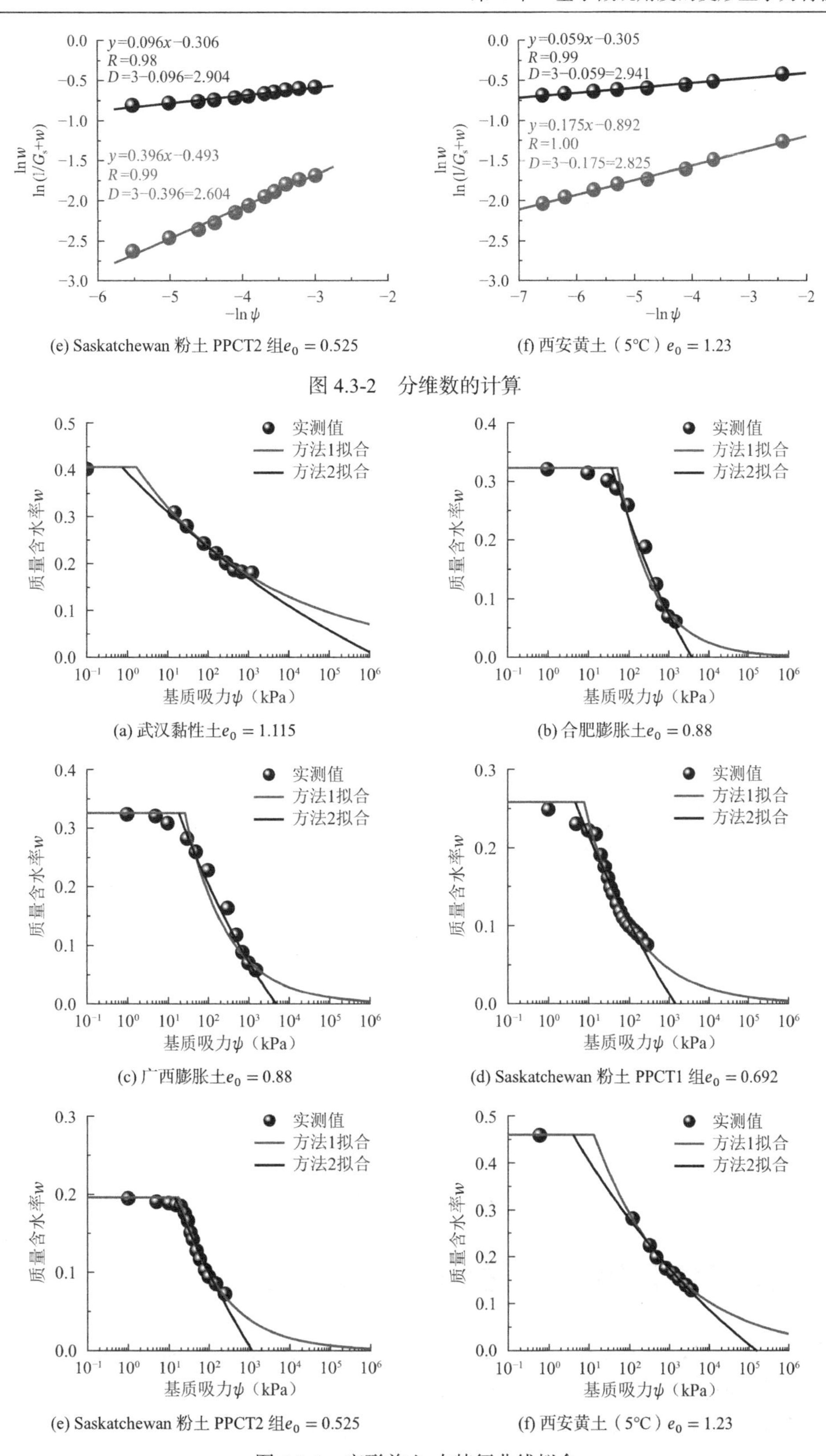

(e) Saskatchewan 粉土 PPCT2 组$e_0 = 0.525$

(f) 西安黄土（5°C）$e_0 = 1.23$

图 4.3-2　分维数的计算

(a) 武汉黏性土$e_0 = 1.115$

(b) 合肥膨胀土$e_0 = 0.88$

(c) 广西膨胀土$e_0 = 0.88$

(d) Saskatchewan 粉土 PPCT1 组$e_0 = 0.692$

(e) Saskatchewan 粉土 PPCT2 组$e_0 = 0.525$

(f) 西安黄土（5°C）$e_0 = 1.23$

图 4.3-3　变形前土-水特征曲线拟合

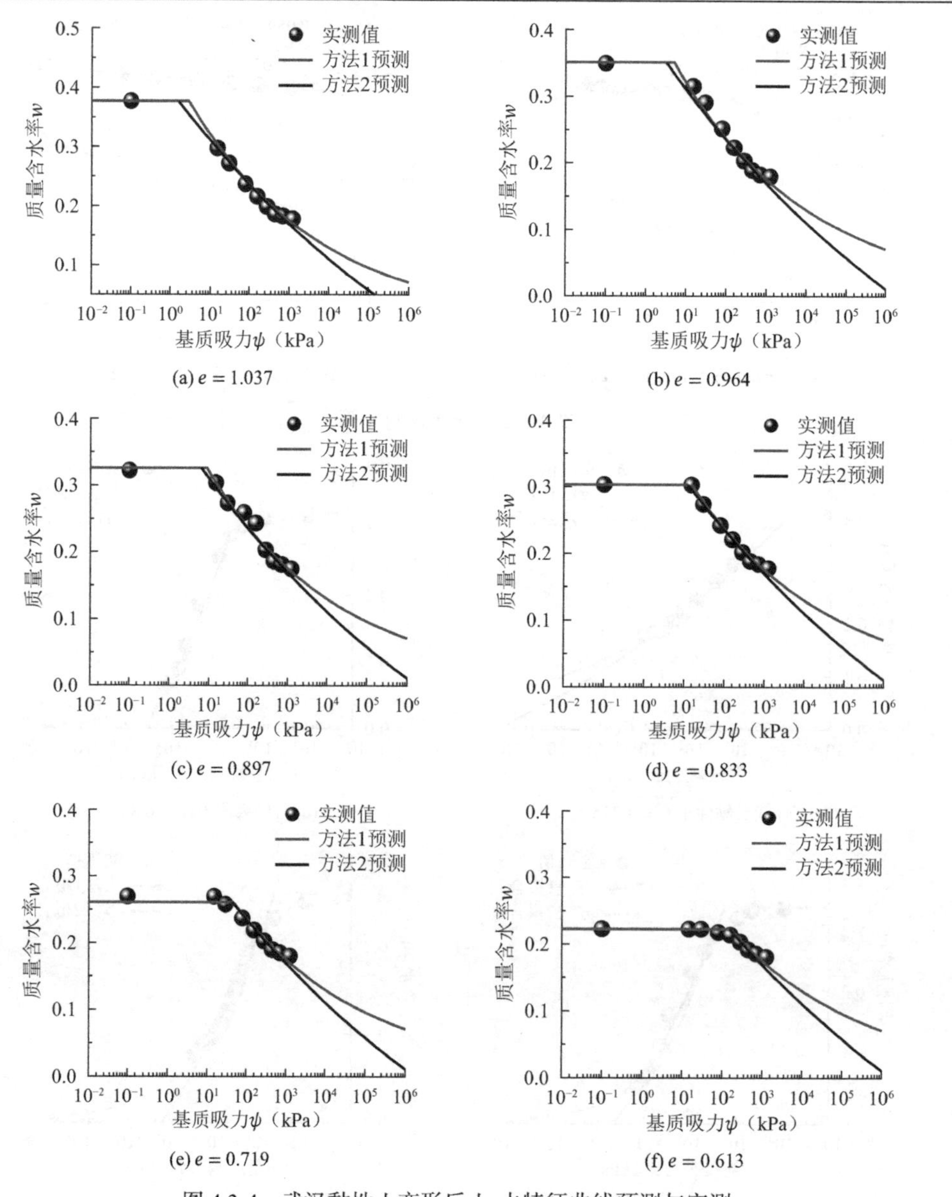

图 4.3-4　武汉黏性土变形后土-水特征曲线预测与实测

研究表明[153]，当基质吸力达到 106kPa 时，含水率才接近为 0，但是方法 2 的预测结果与这一结论差别较大。比如，对于合肥膨胀土、广西膨胀土、Saskatchewan 粉土，方法 2 的预测曲线在 103～104kPa 区间便接近于 0。因此，本节建议采用第一种预测方法。

4.4　变形条件下饱和土渗透系数分形预测方法

借助分形理论，基于 T-K 模型、CCG 模型、Mualem 模型和土-水特征曲线的不同分形形式推导了四种变形条件下饱和土渗透系数模型，结合变形条件下进气值的预测方法，建立了变形条件下饱和土渗透系数的四种预测方法，通过已有变形土的饱和渗透系数实测值对本节提出的方法进行验证，结果表明：四种方法对变形条件下的黏土、粉壤土、砂壤土以及砂土的预测结果较好，其中方法 B［式(4.4-27)］预测效果与实测值最为接近。

4.4.1　饱和土渗透系数模型

目前常用的饱和土渗透系数模型有 T-K 模型，CCG 模型和 Mualem 模型。

陶高梁和孔令伟[178]认为土-水特征曲线是反映孔隙通道的指标，并提出土体的饱和渗透系数是大量孔隙通道的渗透系数之和。基于流体力学，得到了如下的土体饱和渗透系数模型：

$$k_s = k_c \int_{\theta_{\min}}^{\theta_{\max}} \frac{1}{\psi^2(\theta)} \mathrm{d}\theta \tag{4.4-1}$$

式中，$k_c = \gamma T_s^2 \cos\alpha/(2p_i\mu)$，对于相同的土样，它是一个恒定值；$\theta_{\max}$、$\theta_{\min}$分别为最大、最小体积含水率；$\psi$为基质吸力。

CCG 模型给出了饱和土渗透系数与基质吸力之间的关系：

$$k_s = k_c \int_{\theta_r}^{\theta_s} \frac{(\theta_s - x)\,\mathrm{d}x}{\psi^2(x)} \tag{4.4-2}$$

式中，θ_s——饱和体积含水率；

θ_r——残余体积含水率。

Mualem 模型的饱和土渗透系数表达式为：

$$k_s = k_c \left(\int_{\theta_r}^{\theta_s} \frac{\mathrm{d}x}{\psi(x)} \right)^2 \tag{4.4-3}$$

4.4.2　土-水特征曲线的分形模型

1. 土-水特征曲线的第一种分形形式

Tao 等[125]推导了与 Bird[206]模型相似的土-水特征曲线的分形模型。

质量含水率的表达式为：

$$\begin{cases} w = \dfrac{e}{G_s}\left(\dfrac{\psi_a}{\psi}\right)^{3-D} & \psi \geqslant \psi_a \\ w = \dfrac{e}{G_s} & \psi < \psi_a \end{cases} \tag{4.4-4}$$

体积含水率的表达式为：

$$\begin{cases} \theta = \dfrac{e}{1+e}\left(\dfrac{\psi_a}{\psi}\right)^{3-D} & \psi \geqslant \psi_a \\ \theta = \theta_s = \dfrac{e}{1+e} & \psi < \psi_a \end{cases} \tag{4.4-5}$$

式中，θ——体积含水率；

w——质量含水率；

G_s——重度；

e——孔隙比；

ψ——基质吸力；

ψ_a——进气值；

D——分维数。

2. 土-水特征曲线的第二种分形形式

陶高梁等[104]以 Xu[51]假想团聚体类型的土-水特征曲线推导出土-水特征曲线的另一种分形表达形式如下：

$$w = \frac{(1+e)(\psi_a/\psi)^{3-D} - 1}{G_s} \tag{4.4-6}$$

将其转化为体积含水率表达式并根据适用条件写为分段函数模式，可以得到如下的联系：

$$\begin{cases} \theta = \left(\dfrac{\psi_a}{\psi}\right)^{3-D} - \dfrac{1}{1+e} & \psi \geqslant \psi_a \\ \theta = -\dfrac{1}{1+e} & \psi < \psi_a \end{cases} \tag{4.4-7}$$

4.4.3 饱和土渗透系数预测模型分形形式

1. T-K 模型饱和土渗透系数模型

当土-水特征曲线中基质吸力大于进气值（$\psi > \psi_a$）时，对式(4.4-5)两端同时求导可得：

$$\mathrm{d}\theta = \frac{D-3}{\psi_a^{D-3}\psi^{4-D}}\frac{e}{1+e}\mathrm{d}\psi \tag{4.4-8}$$

其中，残余水被认为是颗粒本身的一个组成部分且不参与饱和土壤的渗透。假设土-水特征曲线中进气值对应的是最大孔隙，残余含水率对应于最小孔隙，因此将式(4.4-8)代入式(4.4-1)中可得：

$$k_s = k_c \int_{\psi_d}^{\psi_a} \frac{D-3}{\psi_a^{D-3}\psi^{6-D}}\frac{e}{1+e}\mathrm{d}\psi \tag{4.4-9}$$

式中，ψ_a——进气值；

ψ_d——残余含水率所对应的基质吸力。

化简式(4.4-9)得到：

$$k_s = \frac{k_c}{\psi_a^2}\frac{D-3}{D-5}\frac{e}{1+e}\left[1 - \left(\frac{\psi_d}{\psi_a}\right)^{D-5}\right] \tag{4.4-10}$$

对于任意土体，分维数都有$D = 3 - k$，因此对任何土体，$D < 3$，必有$D - 5 < -2$。由于最大基质吸力远大于进气值$\psi_d \gg \psi_a$，则式(4.4-10)可以简化为：

$$k_s = \frac{k_c}{\psi_a^2}\frac{D-3}{D-5}\frac{e}{1+e} \tag{4.4-11}$$

式(4.4-11)给出了从 T-K 模型中得到的第一种饱和土渗透系数模型。

对于 T-K 模型的第二种饱和土渗透系数模型，将式(4.4-7)中$\psi \geqslant \psi_a$的式子左右两边求导可得如下关系：

$$\mathrm{d}\theta = \frac{D-3}{\psi_\mathrm{a}^{D-3}\psi^{4-D}}\mathrm{d}\psi \tag{4.4-12}$$

将式(4.4-12)代入式(4.4-1)中得到：

$$k_\mathrm{s} = k_\mathrm{c}\int_{\psi_\mathrm{d}}^{\psi_\mathrm{a}} \frac{D-3}{\psi_\mathrm{a}^{D-3}\psi^{6-D}}\mathrm{d}\psi \tag{4.4-13}$$

化简式(4.4-13)得到：

$$k_\mathrm{s} = \frac{k_\mathrm{c}}{\psi_\mathrm{a}^2}\frac{D-3}{D-5}\left[1-\left(\frac{\psi_\mathrm{d}}{\psi_\mathrm{a}}\right)^{D-5}\right] \tag{4.4-14}$$

由于残余含水率所对应的基质吸力远大于进气值所对应的基质吸力，此时式(4.4-14)可简化为：

$$k_\mathrm{s} = \frac{k_\mathrm{c}}{\psi_\mathrm{a}^2}\frac{D-3}{D-5} \tag{4.4-15}$$

式(4.4-15)给出的变形条件下饱和土渗透系数的预测模型与式(4.4-11)类似，但式(4.4-15)的预测方法忽略了孔隙比的影响。

2. CCG 饱和土渗透系数模型

令$\theta = x$，代入式(4.4-5)中得到：

$$\frac{1}{\psi^2} = \frac{1}{\psi_\mathrm{a}^2}\left(\frac{x}{\theta_\mathrm{s}}\right)^{\frac{2}{3-D}} \tag{4.4-16}$$

将式(4.4-16)代入式(4.4-2)中得到：

$$k_\mathrm{s} = k_\mathrm{c}\int_{\theta_\mathrm{r}}^{\theta_\mathrm{s}} \frac{\theta_\mathrm{s}-x}{\psi_\mathrm{a}^2}\left(\frac{x}{\theta_\mathrm{s}}\right)^{\frac{2}{3-D}}\mathrm{d}x \tag{4.4-17}$$

和

$$k_\mathrm{s} = \frac{k_\mathrm{c}\theta_\mathrm{s}^2}{\psi_\mathrm{a}^2}\left\{\frac{3-D}{5-D}\left[1-\left(\frac{\theta_\mathrm{r}}{\theta_\mathrm{s}}\right)^{\frac{5-D}{3-D}}\right]-\frac{3-D}{8-2D}\left[1-\left(\frac{\theta_\mathrm{r}}{\theta_\mathrm{s}}\right)^{\frac{8-2D}{3-D}}\right]\right\} \tag{4.4-18}$$

由于饱和体积含水率远大于残余体积含水率，因此可将式(4.4-18)简化为：

$$k_\mathrm{s} = \frac{k_\mathrm{c}}{\psi_\mathrm{a}^2}\left(\frac{3-D}{5-D}-\frac{3-D}{8-2D}\right)\left(\frac{e}{1+e}\right)^2 \tag{4.4-19}$$

3. Mualem 饱和土渗透系数模型

将式(4.4-7)代入式(4.4-3)中可以得到：

$$k_\mathrm{s} = \frac{k_\mathrm{c}}{\psi_\mathrm{a}^2}\left\{\frac{D-3}{D-4}\frac{e}{1+e}\left[1-\left(\frac{\psi_\mathrm{a}}{\psi_\mathrm{d}}\right)^{4-D}\right]\right\}^2 \tag{4.4-20}$$

由于$4-D>1$，$\psi_\mathrm{a} \ll \psi_\mathrm{d}$，因此$(\psi_\mathrm{a}/\psi_\mathrm{d})^{4-D}$几乎等于 0，可以忽略不计，式(4.4-20)可以

简化为：

$$k_s = \frac{k_c}{\psi_a^2}\left(\frac{D-3}{D-4}\right)^2\left(\frac{e}{1+e}\right)^2 \tag{4.4-21}$$

4.4.4 变形条件下土体进气值的预测

通过式(4.4-11)、式(4.4-15)、式(4.4-19)和式(4.4-21)预测土壤饱和渗透系数时，即使已知渗透系数常数k_c、分维数D和孔隙比e，计算任意变形条件下的土壤饱和渗透系数仍需要已知变形前后的土壤进气值。然而在实际工程中，无法直接给出进气值，也不能直接获得试验测量值。过去较为常用的方法主要是通过压力板仪、滤纸法、饱和盐溶液法和蒸汽平衡法测得土-水特征曲线，然后用图解法[207]来估算进气值。该过程过于繁琐，精度普遍不高，而且需要测得变形后的土-水特征曲线从而进行求解，不便于实际工程应用。

1. 第一种分形形式的预测方法

为了求解第一种土-水特征曲线分形形式变形条件下的土体进气值，必须知道变形前土体的进气值。

在有土-水特征曲线实测点的情况下，可以用式(4.3-20)对土-水特征曲线实测点进行拟合分析，得到变形前土体进气值的参考值ψ_{a0}。由于不同初始孔隙比土体的土-水特征曲线在进气值之后趋近于重合[109]，所以当初始孔隙比由e_0变为e（$e_0 > e$）时可以近似认为分维数保持不变，则变形后的进气值为：

$$\frac{e}{e_0} = \left(\frac{\psi_{a0}}{\psi}\right)^{3-D_0} \tag{4.4-22}$$

对式(4.4-22)进行变形可得：

$$\psi_{a1} = \psi_{a0}\left(\frac{e}{e_0}\right)^{\frac{1}{D_0-3}} \tag{4.4-23}$$

式中，ψ_{a1}——变形后的进气值。

2. 第二种分形形式的预测方法

对于第二种土-水特征曲线的分形形式，求解变形前土体进气值的方法与上述方法相同。而对于变形后的进气值，陶高梁和孔令伟[206]认为通过作水平线$w = e/G_s$，得出与土-水特征曲线的交点便可得到，因此有：

$$\frac{1+e}{1+e_0} = \left(\frac{\psi_{a0}}{\psi}\right)^{3-D_0} \tag{4.4-24}$$

将式(4.4-24)变形可得：

$$\psi_{a1} = \psi_{a0}\left(\frac{1+e}{1+e_0}\right)^{\frac{1}{D_0-3}} \tag{4.4-25}$$

式(4.4-23)和式(4.4-25)是变形条件下土体进气值的两种预测方法，为了便于后文描述，令式(4.4-23)为O1，式(4.4-25)为O2。

4.4.5 变形土饱和渗透系数分形预测方法

对于变形土的饱和渗透系数的预测，需要用上文推导的不同分形形式下的土体饱和渗透系数预测方程和不同分形形式下的变形土的进气值预测方程。

将式(4.4-23)代入式(4.4-11)得到预测方法 A：

$$k_{\mathrm{s}}=\frac{k_{\mathrm{c}}}{\psi_{\mathrm{a0}}^{2}}\frac{D_{0}-3}{D_{0}-5}\frac{e^{\frac{2}{3-D_{0}}}}{e_{0}^{\frac{2}{3-D_{0}}}+e_{0}^{\frac{D_{0}-1}{3-D_{0}}}} \tag{4.4-26}$$

将式(4.4-25)代入式(4.4-15)得到预测方法 B：

$$k_{\mathrm{s}}=\frac{k_{\mathrm{c}}}{\psi_{\mathrm{a0}}^{2}}\frac{D_{0}-3}{D_{0}-5}\left(\frac{1+e}{1+e_{0}}\right)^{\frac{2}{3-D_{0}}} \tag{4.4-27}$$

将式(4.4-23)代入式(4.4-19)得到预测方法 C：

$$k_{\mathrm{s}}=\frac{k_{\mathrm{c}}}{\psi_{\mathrm{a0}}^{2}}\left(\frac{3-D_{0}}{5-D_{0}}-\frac{3-D_{0}}{8-2D_{0}}\right)\frac{e^{\frac{2}{3-D_{0}}}}{\left(e_{0}^{\frac{D_{0}-2}{3-D_{0}}}+e_{0}^{\frac{1}{3-D_{0}}}\right)^{2}} \tag{4.4-28}$$

将式(4.4-23)代入式(4.4-21)得到预测方法 D：

$$k_{\mathrm{s}}=\frac{k_{\mathrm{c}}}{\psi_{\mathrm{a0}}^{2}}\left(\frac{D_{0}-3}{D_{0}-4}\right)^{2}\frac{e^{\frac{2}{3-D_{0}}}}{\left(e_{0}^{\frac{D_{0}-2}{3-D_{0}}}+e_{0}^{\frac{1}{3-D_{0}}}\right)^{2}} \tag{4.4-29}$$

上述的 A、B、C、D 四种预测方法都是本节推导得出的考虑变形条件下的土体饱和渗透系数的预测方法，而且都反映了进气值与渗透系数之间的关系，即饱和土渗透系数与进气值的平方成反比。从上面的式子可以看出，对于同一种土体，k_{c}是一个常数，这种方法将饱和土渗透系数简化为一个只取决于土样类型、孔隙率、分维数以及变形后的进气值的表达式。因此，只需要利用土-水特征曲线和变形前后的孔隙比便可以求得变形条件下的进气值及饱和土渗透系数。

4.4.6　模型验证

为了验证模型的准确性，本节收集 UNSODA 及文献中的 5 种来自各地不同性质的土体作为预测数据，所选土体种类包括粉砂壤土、砂壤土、松砂、粉质黏土及黏土。其各项参数如表 4.4-1 所示。

黏土相关物理参数　　　　**表 4.4-1**

样本编号	土样	初始孔隙比	变形前饱和渗透系数（cm/s）	数据来源
1	Touchet 粉砂壤土	0.916	3.1×10^{-4}	UNSODA
2	Columbia 砂壤土	1.11	8.8×10^{-4}	UNSODA
3	松砂	0.82	6.83×10^{-2}	UNSODA
4	Moldova 粉质黏土	0.98	1.26×10^{-3}	UNSODA
5	武汉黏土	1.12	2.81×10^{-4}	文献[206]

1. 分维数求解

对于分维数的求解采用第 4.3.1 节中的两种方式，第一种方法计算过程见图 4.4-1，计算结果见表 4.4-2；第二种方法计算过程见图 4.4-2，计算结果见表 4.4-3。

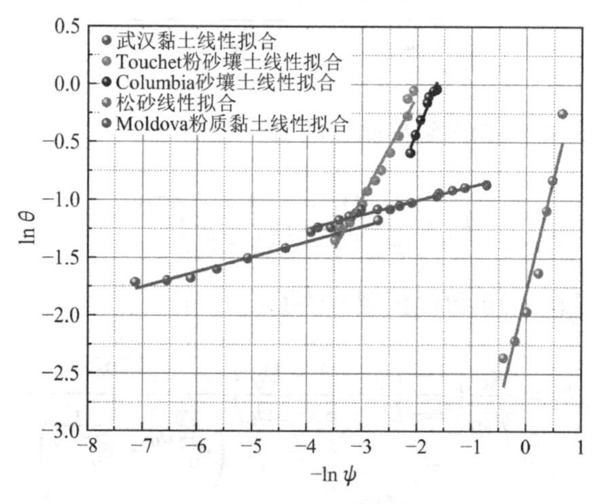

图 4.4-1　第一种分维数拟合过程

第一种分维数计算结果　　表 4.4-2

土样	线性拟合方程	相关系数R	分维数D_0
Touchet 粉砂壤土	$y = 0.13128x - 0.83498$	0.99	2.87
Columbia 砂壤土	$y = 0.889x + 1.685$	0.99	2.11
松砂	$y = 1.144x + 1.887$	0.98	1.86
Moldova 粉质黏土	$y = 1.985x - 1.796$	0.97	1.02
武汉黏土	$y = 0.12371x - 0.7561$	0.98	2.88

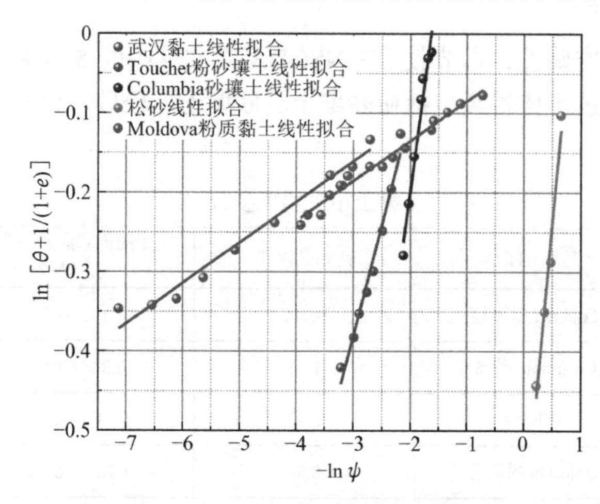

图 4.4-2　第二种分维数拟合过程

第二种分维数计算结果　　表 4.4-3

土样	线性拟合方程	相关系数R	分维数D_0
Touchet 粉砂壤土	$y=0.05117x-0.007$	0.99	2.95
Columbia 砂壤土	$y=0.28178x+0.46408$	0.99	2.72
松砂	$y=0.53888x+0.88276$	0.98	2.46
Moldova 粉质黏土	$y=0.7831x-0.63384$	0.99	2.22
武汉黏土	$y=0.0503x-0.03431$	0.99	2.95

2. 变形后的进气值预测

通过式(4.4-5)和式(4.4-7)对变形前的土-水特征曲线进行拟合，得出变形前的进气值ψ_{a0}。将变形前的孔隙比e_0、进气值ψ_{a0}、分维数D_0和变形后的孔隙比e_1分别代入式(4.4-23)和式(4.4-25)便可得到变形后的试样进气值，其结果如图 4.4-3 所示。

如图 4.4-3（a）～（e）所示为 5 种试样在变形条件下的实测值以及通过式(4.4-23)和式(4.4-25)得到的预测值。从图中可以看出式(4.4-23)的预测效果较式(4.4-25)更准确，但总体而言两种方法与实测值均相差不大。

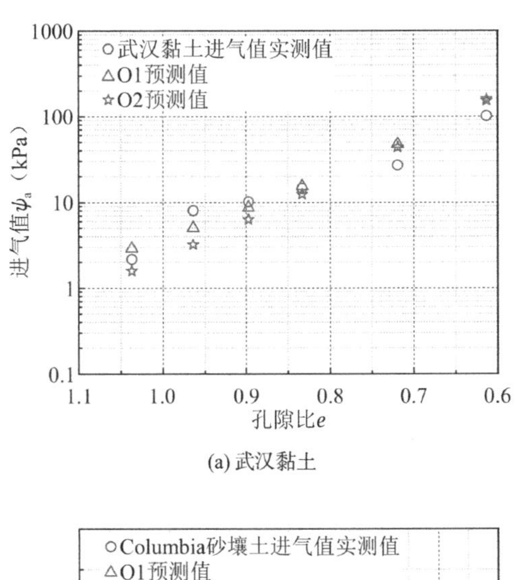

(a) 武汉黏土

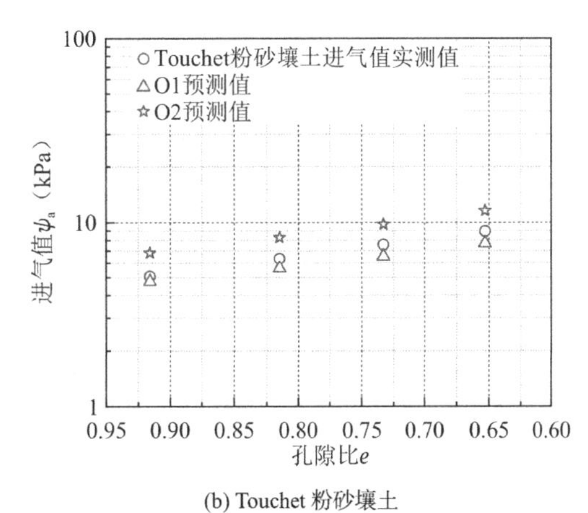

(b) Touchet 粉砂壤土

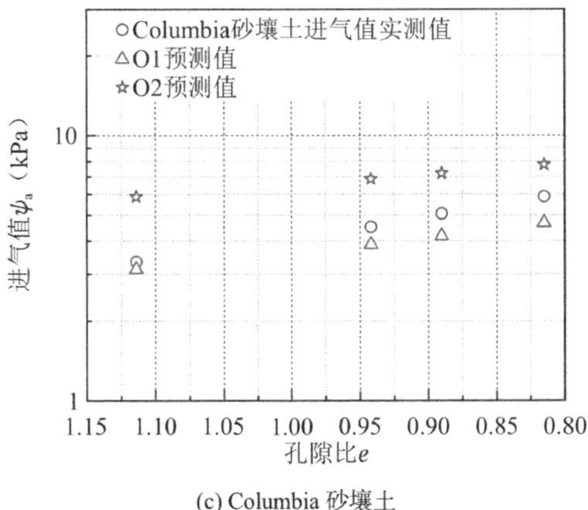

(c) Columbia 砂壤土

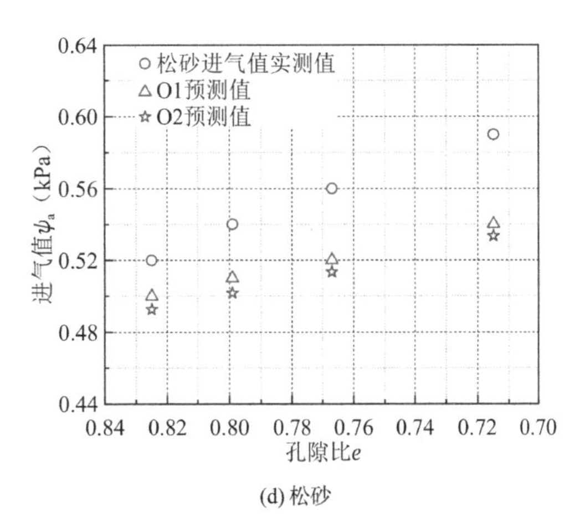

(d) 松砂

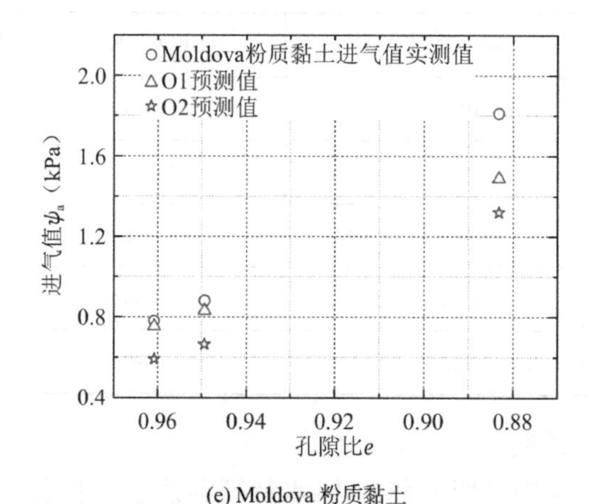

(e) Moldova 粉质黏土

图 4.4-3　变形前后进气值的实测值和预测值

3. 变形条件下的饱和土渗透系数预测

通过利用前文计算得到的变形前后孔隙比、分维数、进气值等数据，用式(4.4-26)～式(4.4-29)预测了变形后的饱和土渗透系数，具体结果如图 4.4-4 所示。

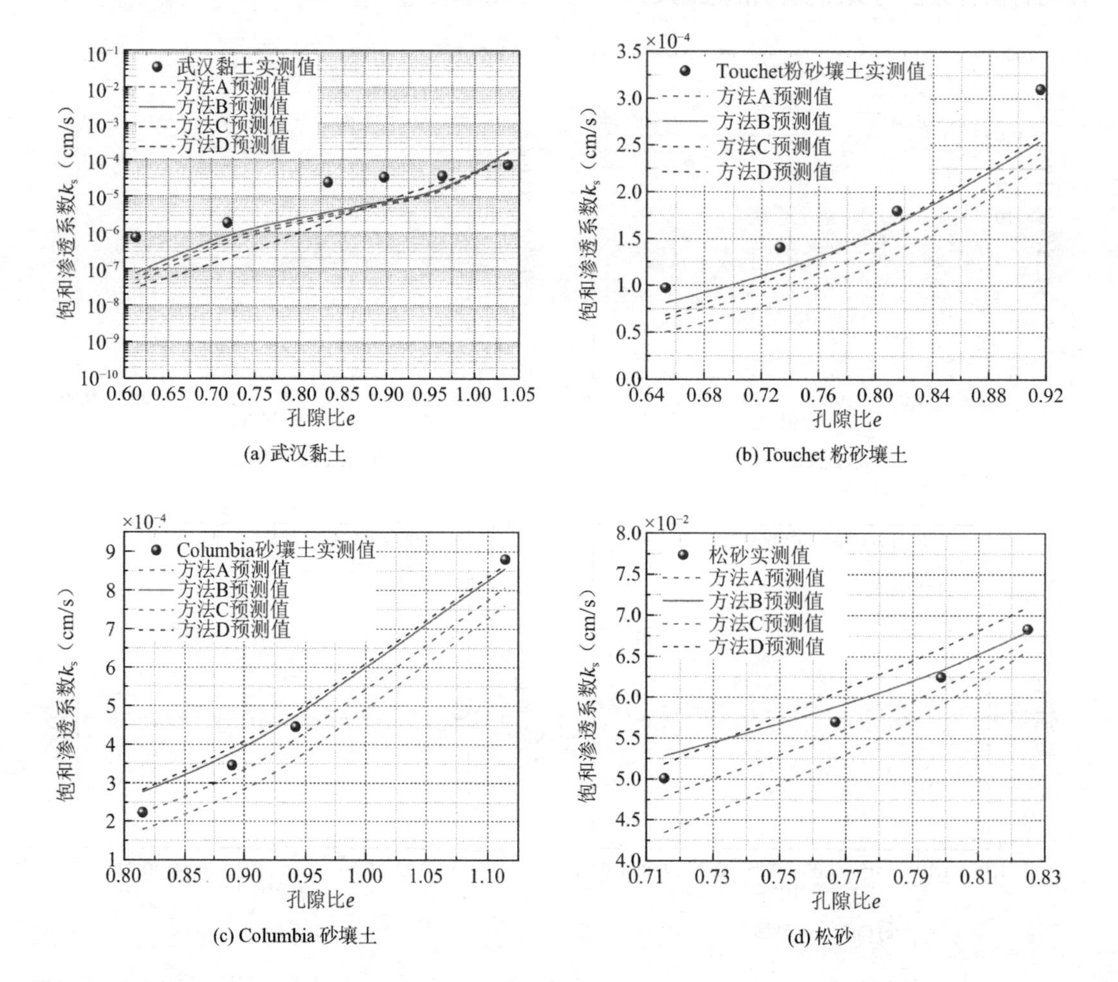

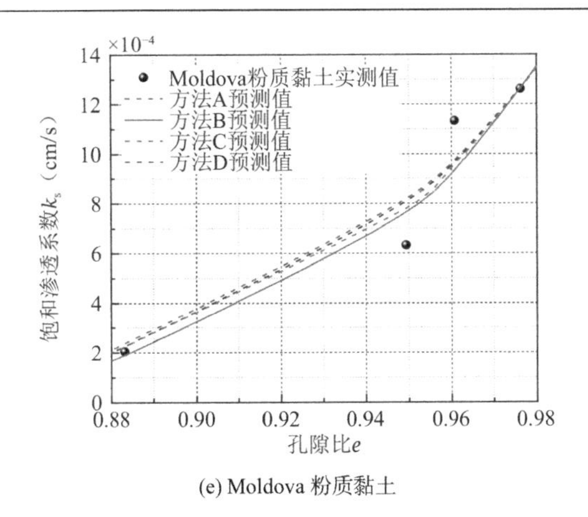

(e) Moldova 粉质黏土

图 4.4-4　饱和渗透系数实测值与预测值

4.4.7　讨论

土体在固结过程中会产生连续形变，对于一些渗透性差的土体，较差的渗透性往往导致固结过程中孔隙水的排出速度较慢，让土体达到稳定状态需要很长时间，不利于对渗透系数的测量。本节提出了一种基于进气值的变形条件下饱和土渗透系数的预测方法，该方法只需要知道变形前的孔隙比和土-水特征曲线就可以求出其变形条件下的饱和土渗透系数，应用起来十分方便。图 4.4-4 显示了本节几种方法的预测值和实际值的对比，从图中可以看出，预测值与实测值相差不大，其中对于砂土及砂壤土的预测效果最好。虽然在孔隙比较低的情况下，预测的饱和土渗透系数与实测值存在着误差，但均在误差范围内。结果表明，式(4.4-27)的预测结果与实测值最为接近，这一现象也进一步证明了饱和土渗透系数与进气值的平方成反比。一般来说，毛细定律表达式为：

$$\psi = \frac{4T_s \cos\alpha}{d} \tag{4.4-30}$$

式中，ψ——土体基质吸力；

T_s——土体表面张力；

α——接触角；

d——孔隙直径。

毛细定律反映了基质吸力与孔隙之间的关系，所以土-水特征曲线也是反映体积含水率和孔径之间关系的曲线。在这种情况下，进气值对应的孔径是最大孔径，因此有下式：

$$\psi_a = \frac{4T_s \cos\alpha}{d_{max}} \tag{4.4-31}$$

式中，d_{max}——最大孔径。

将式(4.4-31)代入式(4.4-21)后化简可得：

$$k_s = \frac{\gamma}{32pV_T\mu}\frac{D-3}{D-5}d_{max}^2 \tag{4.4-32}$$

式中，γ——重度；

p——孔隙长度与土样长度的比值；

V_{T}——土样体积；

μ——黏度。

式(4.4-32)中土体的饱和渗透系数不仅与进气值的平方成反比，且与最大孔径的平方成正比，土体变形前后的孔隙比发生变化，但不同孔隙比的土体在进气值之后的土-水特征曲线接近重合，所以分维数的变化十分小，在计算中认为是定值，取变形前的分维数。以上表明土体的饱和土渗透系数由土样中的最大等效连通孔隙或进气值控制，并且近似呈现二次方的关系。这一结论已在金毅[207]的数值模拟中被验证。

4.5 变形条件下非饱和土相对渗透系数的简易作图预测法

相对渗透系数是研究非饱和土渗流的重要参数之一。目前能够预测变形条件下非饱和土相对渗透系数的模型较少，且计算过程相对较为繁琐。本节借助非饱和土相对渗透系数的简化统一模型对变形前的非饱和土相对渗透系数实测值进行拟合，得出土体变形前的参数λ，变形前后参数λ数值不变；基于变形前土-水特征曲线实测值，利用进气值预测模型预测不同初始孔隙比的进气值；最后，结合非饱和土相对渗透系数简化统一模型，通过作图法快速预测出任意初始孔隙比下的非饱和土相对渗透系数。利用粉砂壤土、砂壤土、松砂土试验数据对该方法进行了验证，结果表明：本节预测方法预测结果与实测值基本吻合，预测效果较好，有较好的适用性。本节预测方法简便，克服了已有的非饱和相对渗透系数分形模型通过特定关系来计算指数λ的缺陷，扩大了非饱和相对渗透系数模型的适用范围，提高了预测精度。

4.5.1 统一模型

陶高梁等[125]借助分形理论提出的以质量含水率表示土-水特征曲线分形形式，依据体积含水率和质量含水率以及饱和度之间的关系，将其转化为以体积含水率和饱和度表示的土-水特征曲线分形形式，与已知的 CCG 模型、Burdine 模型、Mualem 模型、T-K 模型相结合，并推导了他们的非饱和渗透系数分形形式，发现它们之间具有相似性，继而提出了简化统一模型[184]，验证了统一模型的有效性和适用范围。

统一为下式：

$$k_{\mathrm{r}}(\psi)=(a+bS_{\mathrm{r}})\cdot\left(\frac{\psi_{\mathrm{a}}}{\psi}\right)^{\lambda} \tag{4.5-1}$$

式中，a、b、λ——与分维数D相关的系数，参数取值不同，具体见表 4.5-1。

模型系数、λ 与 D 的关系 **表 4.5-1**

模型	系数a	系数b	λ与D的关系
CCG	$a=(8-2D)/(3-D)$	$b=(D-5)/(3-D)$	$\lambda=5-D$
Mualem	$a=1$	$b=0$	$\lambda=9.5-2.5D$
Burdine	$a=1$	$b=0$	$\lambda=11-3D$
T-K	$a=1$	$b=0$	$\lambda=5-D$

对于不同的土类，模型参数的选取也不同，具体参数选择的参考与分维数D有关。D的取值为：当 $2.8 \leqslant D < 3$ 时，CCG 模型、Tao 和 Kong 模型预测效果较好；$2.6 \leqslant D < 2.8$，T-K 模型预测效果好；$D < 2.6$，Burdine 模型、Mualem 模型预测效果好。因 CCG 模型中系数$a = (8 - 2D)/(3 - D)$，系数$b = (D - 5)/(3 - D)$，计算时较为麻烦；而在D的取值为 $2.8 \leqslant D < 3$ 时，T-K 模型有较好的预测效果，且系数$a = 1$，$b = 0$，计算较为简便。所以本节为计算简便，不考虑 CCG 模型，则式(4.5-1)可简化为：

$$k_{\mathrm{r}} = \left(\frac{\psi_{\mathrm{a}}}{\psi}\right)^{\lambda} \tag{4.5-2}$$

4.5.2　参数 λ 与分维数 D 之间关系

分形维度是用来描述分形几何体不规则程度的物理参数，它与土体孔隙结构密切相关。因此，土体分维数的不同，其力学特性和水力特性等性质也存在着较大的差异。因此，分维数对土体渗透系数的研究十分重要。陶高梁等[125]在建立不同初始孔隙比条件下土-水特征曲线的预测方法时，利用土-水特征曲线分形模型对不同初始孔隙比条件下土-水特征曲线的变化规律进行了分析，发现当初始孔隙比不同时，进气值是引起土-水特征曲线改变的主要因素；在进气值后，不同初始孔隙比下的土-水特征曲线基本重合。而文献[126]中是选取进气值之后的数据来计算分维数，因此可认为在不同孔隙比时，土体分维数不会发生明显变化。在上节所述的非饱和土渗透系数的简化统一模型中指数λ与分维数D的关系如表 4.5-1 所示，由此可得到，在不同初始孔隙比时，土体分维数不会发生明显变化，统一模型中的指数λ也不会有明显变化。

然而，上述四种模型中λ与分维数D的关系不能包括所有情况，一些情况下，λ与分维数D的关系已超出了上述表述式的范围。对于变形条件下非饱和渗透系数预测，本节建议首先测出土体的非饱和渗透系数，基于变形前的非饱和相对系数实测数据和进气值拟合获得λ值，即得到变形后的λ值。

4.5.3　变形条件下非饱和土相对渗透系数变化规律

陶高梁和孔令伟[176]从微观孔隙通道出发，基于土-水特征曲线、毛细理论和流体力学理论，建立了土-水特征曲线与饱和/非饱和渗透系数的关系模型，且都具有较理想的效果。结合陶高梁和孔令伟[206]变形土体的土-水特征曲线预测方法，提出非饱和相对渗透系数的预测模型：

$$k_{\mathrm{r}}(\theta_{i=m}) = \sum_{i=1}^{m} \frac{\Delta\theta_i}{\psi_i^2} \Big/ \sum_{i=1}^{m} \frac{\Delta\theta_i}{\psi_i^2} \tag{4.5-3}$$

式(4.5-3)中含水率要求采用体积含水率的形式。

利用模型预测了武汉黏性土不同变形条件下的非饱和相对渗透系数，发现不同变形条件下非饱和相对渗透系数随基质吸力的变化规律在双对数坐标下可用“毛刷形分布”描述，即：进气值ψ_{a}之前，为 1；进气值ψ_{a}之后，非饱和相对渗透系数随基质吸力增大而减小，相应斜率在不同初始孔隙比的情况下近似相等，如图 4.5-1 所示。

使用统一模型式(4.5-2)对变形前非饱和土相对渗透系数实测值和进气值进行拟合，得到λ。由于变形后土体分维数D不会发生明显改变，则λ不变。在双对数坐标下，理论上不同初始孔隙比下非饱和相对渗透系数与基质吸力的关系在进气值后也呈现平行关系，与由T-K 模型得到的非饱和土渗透系数规律一致，如图 4.5-1 所示。

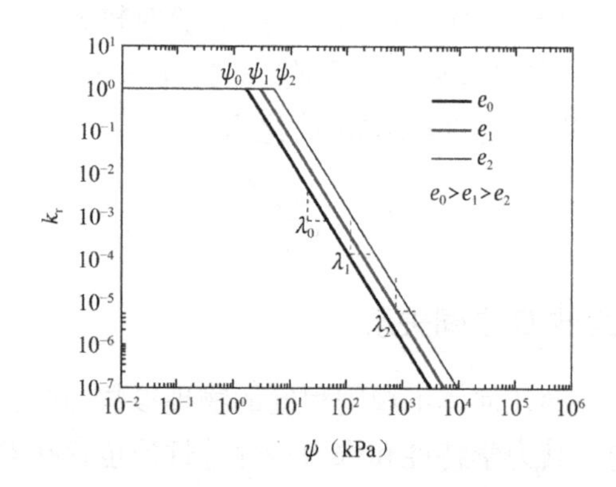

图 4.5-1　变形条件下非饱和土渗透系数规律

4.5.4　简易作图法

根据第 4.5.3 节变形条件下非饱和土相对渗透系数变化规律，本节给出了简易作图法来预测不同初始孔隙比非饱和土相对渗透系数，该方法以变形前非饱和渗透系数实测值和进气值为基础确定λ，相关模型已经不局限于 T-K 模型、Burdine 模型、Mualem 模型，适用范围更广。

（1）测量变形前的土-水特征曲线和非饱和相对渗透系数

饱和渗透系数与非饱和相对渗透系数的乘积为非饱和渗透系数。通过测得土体非饱和渗透系数和饱和渗透系数后，两者的比值即为土体的非饱和相对渗透系数实测值。对于土-水特征曲线的测量，目前主要的方法有压力板仪法、盐溶液法、滤纸法、张力计法等。

（2）求解分维数

文献[126]借助分形理论提出以质量含水率表示土-水特征曲线分形形式：

$$\begin{cases} w = \dfrac{e}{G_s}\left(\dfrac{\psi_a}{\psi}\right)^{3-D} & \psi \geqslant \psi_a \\ w = \dfrac{e}{G_s} & \psi < \psi_a \end{cases} \tag{4.5-4}$$

式中，w——质量含水率；

e——孔隙比；

G_s——相对密实度；

ψ_a——进气值；

D——分维数。

式(4.5-4)可转化为关于饱和度的土-水特征曲线分形形式，如下：

$$\begin{cases} S_r = \left(\dfrac{\psi_a}{\psi}\right)^{3-D} & \psi \geqslant \psi_a \\ S_r = 1 & \psi < \psi_a \end{cases} \tag{4.5-5}$$

式中，S_r——残余饱和度。

分维数D求解方法如下：以$-\ln\psi$作为横坐标，用$\ln w$、$\ln\theta$或$\ln S_r$作为纵坐标，绘制散点图，然后作直线拟合；假设斜率为k，则分维数$D=3-k$。

（3）预测变形后的进气值

文献[208]通过分析不同初始孔隙比条件下分维数及进气值变化规律，给出了变形条件下进气值预测公式如下：

$$\psi=\frac{\psi_{a0}}{\left(\frac{e_1}{e_0}\right)^{1/(3-D_0)}} \tag{4.5-6}$$

式中，ψ_{a0}——相应于最大初始孔隙比e_0的进气值，可通过式(4.5-4)拟合得到；

D_0——分维数，变形条件下几乎不变。分维数D_0可由e_0时的土-水特征曲线试验结果计算得出，则根据式(4.5-6)即可预测任意初始孔隙比条件下的进气值。

（4）根据变形前非饱和相对渗透系数实测值确定 λ

以变形前的非饱和土相对渗透系数为基础，通过式(4.5-4)拟合得到变形前土体进气值ψ_{a0}，将两者代入简化统一模型式(4.5-2)中，得到变形前模型参数λ。

（5）确定变形后的 λ

如图 4.5-1 所示，设最大初始孔隙比e_0时指数为λ_0，得到变形前e_0时的指数λ_0后，已知λ在变形条件下不会有明显改变，则可取任意变形条件下e_1、e_2（$e_0>e_1>e_2$）的$\lambda_0=\lambda_1=\lambda_2$。

（6）简易作图

如图 4.5-1 所示，由上述基于变形前e_0的非饱和土相对渗透系数实测值和进气值通过式(4.5-2)拟合得到参数λ，再绘制出变形前e_0时相对渗透系数实测值和基质吸力的关系图。通过式(4.5-6)预测出变形后各孔隙比e_1、e_2下的进气值，即可以进气值为起点，向右作直线，直线斜率与初始孔隙比e_0时进气值之后的直线斜率相同，由此可快速得到变形后非饱和土相对系数与基质吸力的关系图，达到预测任意变形条件下非饱和土相对系数的目的。

4.5.5　方法验证

为验证上述方法的合理性，本节采用文献[210]中的粉砂壤土、砂壤土、松砂土-水特征曲线试验数据为例，进行计算分析与对比，发现该方法预测效果较好，由于篇幅限制不在此展现。

第 5 章

基于微观角度的土-水特征曲线及非饱和渗透系数同步测量方法

非饱和土渗透系数作为非饱和土孔隙内水分迁移能力的一个尺度指标，直接反映了土体的渗透特性，其与基质吸力或者含水率（饱和度）的关系称为渗透系数函数（SHCC），且已经被许多学者深入研究，获取非饱和土渗透系数函数的方法大体上可以分为两种类型，即间接预测法和直接测量法。在缺乏直接测定出非饱和土渗透系数仪器的情况下，间接通过一些数学模型预测出非饱和土渗透系数的准确性，取决于模型本身的科学性以及测得土-水特征曲线和饱和渗透系数的准确性，这就使得间接法预测结果与实测值难免有一定的误差。直接法测量非饱和土渗透系数还存在一定的局限性，瞬态剖面法对传感器的测量精度要求较高，并且传感器的安装会在一定程度上扰动试验土。利用稳态法来测量非饱和土渗透系数的试验仪器制作成本高，试验方法常常较为复杂，不利于有效推广。

本章提出了一种全新的基于轴平移技术的非饱和土土-水特征曲线和渗透系数同步测量新方法。该新方法以测量土-水曲线的常用仪器压力板仪为基本测量装置，通过更换不同进气值的陶土板和改变试样尺寸的方法，确保每级基质吸力下排水平衡时间由试样渗透特性控制，同步测量出了土-水特征曲线和非饱和渗透系数函数，验证了同步测量新方法的可行性和仪器的实用性。

5.1 非饱和土渗透系数和土-水特征曲线同步测量方法

5.1.1 同步测量新方法及其原理

1. 新方法的基本原理

该试验方法以压力板仪作为基本试验仪器。压力板仪作为测量土-水特征曲线的常用仪器，包括了压力容器和压力控制面板两个主要部分，在常规的土-水特征曲线测量试验中，土样被放置于压力室内的陶土板上，在气压作用下，土样中的水分被逐渐排出，经过陶土板被排入读数装置内，这一过程到达平衡条件需要漫长的时间，主要原因在于，试验中，土样和陶土板会在整个横截面上发生渗透。由于高进气值陶土板的渗透系数较小，在试验过程中，土样中的水分透过高进气值的陶土板所用时间较长。测量土样的排水平衡时间往往是由陶土板渗透系数控制，不能真实反映土样渗透特性，这使得常规压力板仪不能作为测量土壤渗透系数的工具。

本节目的在于同时测量出试样的土-水特征曲线和渗透系数，关键在于控制每级吸力排水平衡时间等于土样真实的渗透时间。试验过程中，假设某段时间内排出水分体积是Q，根据流体力学知识，有以下公式成立：

$$Q = k_1 i_1 A_1 t_1 \tag{5.1-1}$$

式中，k_1——土样的渗透系数；

i_1——饱和土样的水力坡度；

A_1——土样的横截面积。

对式(5.1-1)进行简单变形，可得到试样排出体积水分为Q所需的渗透时间t_1为：

$$t_1 = \frac{Q}{k_1 i_1 A_1} \tag{5.1-2}$$

按照相同的方法，排出相同体积水分Q时，陶土板所需时间t_2为：

$$t_2 = \frac{Q}{k_2 i_2 A_2} \tag{5.1-3}$$

式中，k_2——饱和陶土板的渗透系数；

i_2——陶土板的水力坡度；

A_2——陶土板的横截面积。

如果土样渗透时间t_1大于陶土板的渗透时间t_2，说明陶土板可以及时排出土样渗流出来的水分，则试验测量获得的排水平衡时间为土样真实的渗透时间，因此本节测量方法必须满足以下公式：

$$\frac{t_1}{t_2} = \frac{k_2 i_2 A_2}{k_1 i_1 A_1} \geqslant 1 \tag{5.1-4}$$

为了达到这一条件，可以通过缩小土样的横截面积A_1和增加陶土板渗透系数k_2这两种办法来实现，其示意图如图 5.1-1 所示。

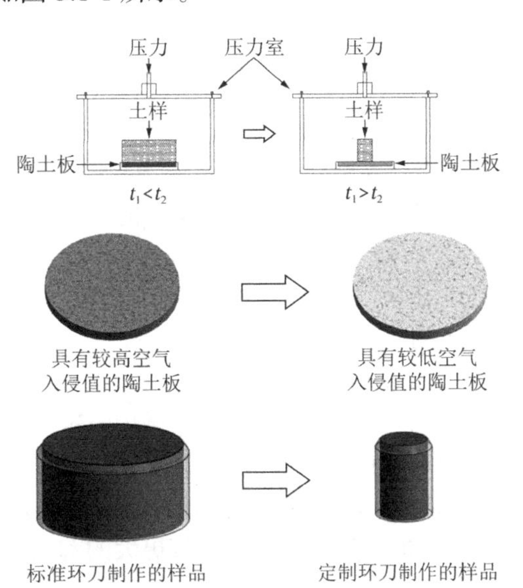

图 5.1-1　压力板试验改进示意图

值得说明的是，式(5.1-1)～式(5.1-4)中的水力梯度按如下方法计算得到。在试验过程中土样和陶土板所受到的气压相同，轴平移技术将土样中的孔隙水压平移到 0 值，通过控制气压的方式来改变基质吸力的大小。在上述公式中，将达西定律中渗流中的水头差用基质吸力换算出代替，其换算公式如下：

$$\psi = P = \rho_w g \Delta h \tag{5.1-5}$$

式中，ψ——基质吸力；

P——气压；

ρ_w——水的密度；

g——重力加速度；

Δh——水头差。

$$i = \frac{\Delta h}{L} \tag{5.1-6}$$

式中，i——水力梯度；

L——渗流长度。

将式(5.1-5)代入式(5.1-6)中可以得到：

$$i = \frac{\psi}{\rho_w g L} \tag{5.1-7}$$

2. 多块陶土板的选择与更换

试验中确定出合适的环刀尺寸后，还需要对陶土板进行选择，所选择的一系列陶土板的进气值从小到大依次为$\psi_{a1}, \psi_{a2}, \cdots \psi_{an}$。如上文所示的试验方法，为了得到更大基质吸力范围内的 SWCC 和渗透系数，需要选择合适的陶土板进行试验。需要重视的两个方面是初始陶土板的选择和更换陶土板前的验算。

初始陶土板的选择需要满足其进气值大于土样进气值这一基本条件，见式(5.1-8)。否则试验开始后土样将一直处于饱和状态，读数装置将没有变化，无法测出相应数据。

$$\psi_{a1} > \psi_{a0} \tag{5.1-8}$$

式中，ψ_{a1}——初始陶土板的进气值；

ψ_{a0}——土样的进气值。

更换更大进气值的陶土板，渗透系数k_2减小，必然导致t_2增大。试验开始后，土样由饱和状态变成非饱和状态，饱和渗透系数k_1也变成了非饱和渗透系数k_n，导致t_1增大。因此，更换陶土板前需要验算此时的渗透系数是否符合$t_1 \geqslant t_2$的基本条件，见式(5.1-9)：

$$t_1/t_2 = \frac{k_2(\psi_{a2}) \times A_2 \times L_1}{k_n \times A_1 \times L_2} \geqslant 1 \tag{5.1-9}$$

式中，k_n——基质吸力ψ_n对应的非饱和土渗透系数；

$k_2(\psi_{a2})$——进气值为ψ_{a2}的陶土板的饱和渗透系数。

更换陶土板前，需要将ψ_n对应的非饱和土渗透系数k_n，进气值为ψ_{a2}的陶土板对应的渗透系数k_2，代入式(5.1-9)中，判断此时的试验能否满足土样渗流量小于或者等于陶土板的渗流量这一条件。若能满足这一条件，则可更换陶土板；若不能满足这一条件，则需要更换合适的陶土板来进行试验。以此类推，每次更换进气值更大的陶土板进行试验需要验算。

3. 试样尺寸的确定

在本节试验中还需要采用达西定律确定出较为合理的土样渗流横截面积，以便于后续定制环刀来制作土样。结合式(5.1-1)和式(5.1-4)可知，确定出土样的横截面积A_1需要测量出饱和土样的渗透系数k_1，陶土板的渗透系数k_2和二者的渗流长度L。渗流长度L即土样的高度和陶土板的厚度，陶土板渗透系数可以通过压力板仪施加气压测得，土样的渗透系数可以通过变水头试验测得。为了能够选择合适的环刀进行试验，必须求得合适的环刀横截面面积。将式(5.1-1)进行变换可得：

$$A_1 = \frac{k_2 i_2 A_2 t_2}{k_1 i_1 t_1} \tag{5.1-10}$$

将式(5.1-7)代入式(5.1-10)可以得到：

$$A_1 = \frac{k_2 A_2 L_1 t_2}{k_1 L_2 t_1} \tag{5.1-11}$$

式中，L_1——土样渗流长度，即土样高度；

L_2——陶土板渗流长度，即陶土板的厚度。

试验方法成立的条件，保证土样渗透时间t_1大于或者等于陶土板的渗透时间t_2，因此当两者相等时，就可以求出定制环刀的最大直径，将面积换算成直径得到式(5.1-12)：

$$d_{\max} = \sqrt{\frac{4k_2 A_2 L_1}{\pi k_1 L_2}} \tag{5.1-12}$$

式中，$d_{\max}$——定制环刀的最大直径。

5.1.2　试验读数装置的改进

由于压力板仪上的刻度管径长比过大，通过减小土样的横截面积来减少土样渗流量这一方法导致了排水量的减少，这使得读取数据变得困难。为了克服这一困难，本试验中重新组装了一套简易的读数装置用来代替压力板仪上自带的读数装置。

该套新的读数装置具有精度高、造价成本低、操作简便等优点。新的读数装置主要由支座、刻度板、玻璃管、排水管及开关组成。支座的构成材料是金属，主要起到固定刻度板的作用。刻度板原材料是有机玻璃，通过刻度板可以观察两个玻璃管内的水位变化，玻璃管与压力板仪自带的压力容器连接，压力容器排出的水分通过排水管进入玻璃管中，从而引起玻璃管内水位变化。为提高该压力板仪的读数精度，通过安装径长比适宜的刻度管，其目的在于缩小玻璃管的内径，增加玻璃管的高度，这样使得各级基质吸力下土样排出的水分都能让玻璃管中的水位产生明显变化。读数装置的示意图如图 5.1-2 所示。

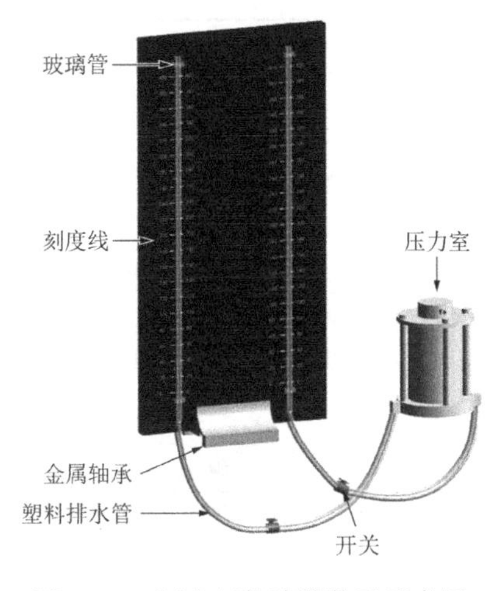

图 5.1-2　压力板仪读数装置示意图

5.1.3 新方法的基本步骤

具体的试验方法为：

（1）在已知饱和土样的渗透系数k_1、饱和陶土板渗透系数k_2和陶土板横截面积A_2的前提下，根据式(5.1-12)计算出土样所对应的最大直径，确定出合适的横截面积A_1，并且制备好土样。

（2）预估测量土样的进气值，选择进气值为ψ_{a1}的陶土板作为初始陶土板，该陶土板的选择要同时满足式(5.1-4)和式(5.1-8)的基本条件。

（3）将初始陶土板和制备好的土样装入压力板仪中，进行压力板试验。通过不同的基质吸力（$0\text{kPa} < \psi_1 < \psi_2 < \cdots < \psi_n < \psi_{a1}$），得到了不同基质吸力下非饱和土渗透系数$k$和体积含水率$\theta$。

（4）将初始陶土板更换为进气值为ψ_{a2}的饱和陶土板（$\psi_{a1} < \psi_{a2}$），更换前按照式(5.1-9)进行验算。符合条件则选用该陶土板，不符合条件则选取其他符合条件的陶土板进行更换。

（5）重新安装好压力容器和读数装置，对压力板仪的密闭性进行再次检查，记录好读数装置中液面的初始位置，再次对土样施加不同的基质吸力（$\psi_{a1} < \psi_{n+1} < \psi_{n+2} < \cdots < \psi_{2n} < \psi_{a2}$），得到其对应的非饱和土渗透系数$k$和体积含水率$\theta$。以此类推，通过更换进气值更大的陶土板，得到更大范围下基质吸力对应的非饱和土渗透系数k和体积含水率θ。每次更换陶土板前需要验算一次。

5.2 新方法的验证

5.2.1 试验材料

本节的试验土样为湖南红黏土，该土属于次生黏土，取自湖南邵阳某地，通过室内试验测量得到湖南红黏土的基本物理参数，如表 5.2-1 所示。通过激光粒度仪测试得到了湖南红黏土的颗粒级配，见图 5.2-1[209]。

湖南红黏土基本物理参数　　表 5.2-1

参数	相对密度G_s	液限w_L（%）	塑限w_P（%）	塑性指数I_P（%）
湖南红黏土	2.76	46.34	27.84	18.50

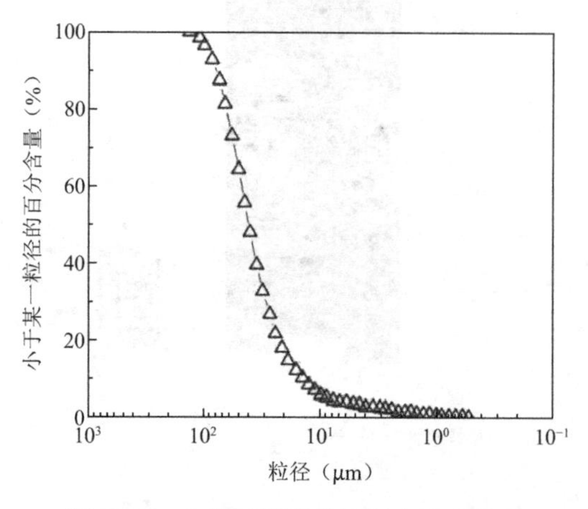

图 5.2-1　土粒的累计质量-粒径分布曲线

从图 5.2-1 中可以看出湖南红黏土中黏粒（< 5μm）占 3.35%，粉粒（5～75μm）占 84.33%，砂粒（75～250μm）占 12.32%。表 5.2-2 为湖南红黏土在干密度为 1.5g/cm³、1.6g/cm³、1.7g/cm³ 时的饱和渗透系数k_1，表 5.2-3 为 3 种不同进气值陶土板的饱和渗透系数k_2。

不同干密度湖南红黏土的饱和渗透系数　　表 5.2-2

干密度ρ_d（g/cm³）	1.5	1.6	1.7
饱和渗透系数k_1（cm/s）	4.78×10^{-5}	9.92×10^{-6}	3.89×10^{-7}

5.2.2 试验器材的选择和设备

所采用的试验设备为美国 Soilmoisture 公司生产的 SWC-150 Fredlund 土-水特征曲线仪，试验采用的读数装置如图 5.1-2 所示，其中玻璃管长 500mm、内径 4mm、外径 6mm，径长比为 3 : 250。

本次试验已知湖南红黏土的进气值，试验选用进气值为 100kPa 的陶土板作为初始陶土板来测定 0～100kPa 范围以内的相关数据点，通过式(5.1-9)的验算选用 200kPa 的陶土板作为第一次更换的陶土板。两种陶土板尺寸大小相同，直径均为 8cm，厚度为 1cm。两种陶土板的饱和渗透系数如表 5.2-3 所示。

不同进气值陶土板的饱和渗透系数　　表 5.2-3

进气值ψ_a（kPa）	100	200
饱和渗透系数k_2（cm/s）	4.23×10^{-7}	6.53×10^{-8}

为了求出合理的土样横截面积，将已经测得的饱和土渗透系数k_1和陶土板的饱和渗透系数k_2代入式(5.1-12)中求得环刀直径的最大值d_{max}。为避免因为不同干密度土样的体积差别过大而造成误差，最终确定干密度为 1.5g/cm³ 的土样选取直径为 1.5cm 的环刀，干密度为 1.6g/cm³ 和 1.7g/cm³ 的土样选取直径为 2.5cm 的环刀（表 5.2-4）。

定制环刀尺寸计算表　　表 5.2-4

干密度ρ_d（g/cm³）	土样饱和渗透系数k_1（cm/s）	土样高度L_1（cm）	陶土板面积A_2（cm²）	陶土板饱和渗透系数k_2（cm/s）	陶土板厚度L_2（cm）	环刀直径的最大值d_{max}（cm）	选用环刀的尺寸d_1（cm）
1.5	4.78×10^{-5}	4	50.27	4.23×10^{-7}	1	1.51	1.5
1.6	9.92×10^{-6}	4	50.27	4.23×10^{-7}	1	3.30	2.5
1.7	3.89×10^{-7}	4	50.27	4.23×10^{-7}	1	16.69	2.5

5.2.3 试验步骤

采用定制的环刀制备土样，将进气值为 100kPa 的陶土板和制备好的土样装入压力板仪中，进行压力板试验。通过不同的基质吸力（$0\text{kPa} < \psi_1 < \psi_2 < \cdots < \psi_n < 100\text{kPa}$），得到了不同基质吸力下非饱和土渗透系数$k$和体积含水率$\theta$。

当施加的基质吸力接近 100kPa 时，选取基质吸力为 95kPa 时测得的非饱和渗透系数代替 100kPa 时的非饱和土渗透系数进行验算，判断在更换陶土板后，试验的基本条件能否成立。验算过程如式(5.1-9)所示，将相关参数进行替换，求出土样渗透时间t_1与陶土板渗透时间t_2的比值，计算数据见表 5.2-5。当施加的基质吸力接近 100kPa 时，对压力容器泄压，快速将压力容器中的进气值为 100kPa 的陶土板更换为进气值为 200kPa 的饱和陶土板，重新安装好压力容器和读数装置，对压力板仪的密闭性进行再次检查，记录好读数装置中液面的初始位置，再次对土样施加不同的基质吸力（100kPa $< \psi_{n+1} < \psi_{n+2} < \cdots < \psi_{2n} <$ 200kPa），得到其对应的非饱和土渗透系数k和体积含水率θ。

更换陶土板前的试验条件判别　　表 5.2-5

干密度ρ_d（g/cm³）	土样在 95kPa 时的非饱和渗透系数k_n（cm/s）	土样横截面积A_1（cm²）	土样高度L_1（cm）	进气值为 200kPa 的陶土板饱和渗透系数k_2（cm/s）	陶土板厚度L_2（cm）	陶土板面积A_2（cm²）	t_1/t_2	试验条件是否成立
1.5	1.33×10^{-8}	1.77	4	6.53×10^{-7}	1	50.27	557.77	是
1.6	6.19×10^{-9}	4.91	4	6.53×10^{-7}	1	50.27	432.03	是
1.7	2.78×10^{-9}	4.91	4	6.53×10^{-7}	1	50.27	961.96	是

本次试验控制路径如表 5.2-6 所示。

试验的控制路径　　表 5.2-6

试验测量的基质吸力范围（kPa）	试验选用陶土板的进气值（kPa）	试验前的验算结果	试验中选取的测量数据点（kPa）
0～100	100	是	0.1 4 8 12 30 40 50 60 80 95
100～200	200	是	130 160 190

5.2.4 试验结果及分析

1. 各级基质吸力条件下排水平衡时间

将开始施加基质吸力到流量平衡不变的这段时间作为土样在该基质吸力下到达平衡所需的总时间，如图 5.2-2 所示。将基质吸力为 0～200kPa 的非饱和土试样到达的各级压力下所需要的排水平衡时间进行对比，如图 5.2-2 所示。由图 5.2-2 可以看出，非饱和土试样在各级基质吸力下的平衡时间主要集中在 10^2～10^4s 这一范围内。从总体来看，平衡时间随着基质吸力的增加而增加，在低基质吸力范围内，平衡时间的变化较大，变化幅度达到了两个数量级。当基质吸力大于 100kPa 时，主要变化范围在 10^4～10^5s 内。3 种不同干密度的总体变化趋势差别不大，较大干密度的试样在各级基质吸力下对应的平衡时间大部分高于较小干密度在各级基质吸力下对应的平衡时间。

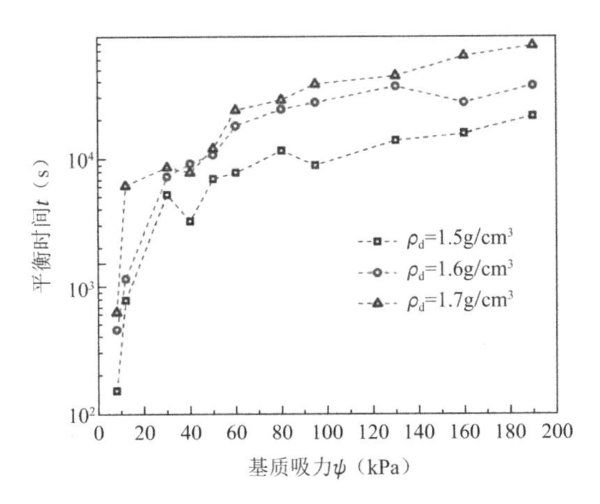

图 5.2-2　各基质吸力下的平衡时间

2. 土-水特征曲线测量结果

本次试验通过记录压力板仪施加的基质吸力和土样的排水量，获取湖南红黏土土-水散点图，以 Van Genuchten（简称 VG）模型和 Fredlund-Xing（简称 F-X）模型拟合出了三种不同干密度土样下的土-水特征曲线，均取得了较好的拟合效果。拟合参数如表 5.2-7 所示，VG 模型拟合图形见图 5.2-3（a），F-X 模型拟合图形见图 5.2-3（b）。

从表 5.2-7 中可以看出，VG 模型和 F-X 模型两种模型对于实测值的拟合相关性均达到了 0.99 以上，这在一定程度上反映了该方法测得的土-水特征曲线数据点的准确性。文献中的土-水特征曲线与两种模型拟合出来的土-水特征曲线变化趋势基本一致[142]。在 0～200kPa 的范围内，三种干密度土样的体积含水率随着基质吸力的增加而降低。

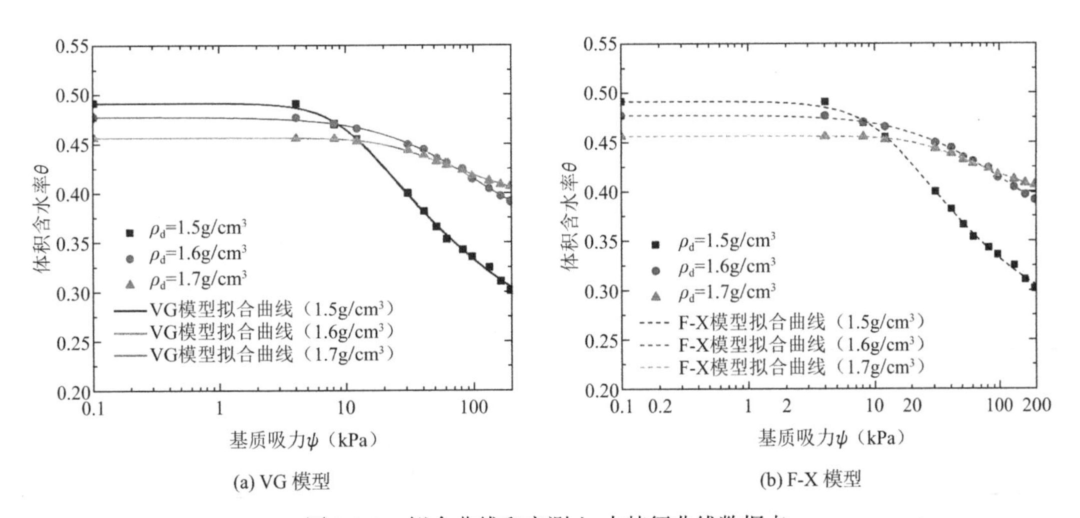

(a) VG 模型　　(b) F-X 模型

图 5.2-3　拟合曲线和实测土-水特征曲线数据点

模型参数值　　**表 5.2-7**

模型	干密度ρ_d（g/cm³）	a	m	n	θ_r	相关性R^2
VG	1.5	0.09637	0.1531	2.256	0.1992	0.9985
	1.6	0.02874	0.1918	1.524	0.2326	0.9978
	1.7	0.04104	0.15	2.176	0.3542	0.9977

续表

模型	干密度ρ_d（g/cm³）	a	m	n	θ_r	相关性R^2
F-X	1.5	12.51	0.2874	1.82		0.9982
	1.6	29.64	0.2031	1.217		0.9977
	1.7	24.13	0.06849	2.287		0.9982

3. 非饱和渗透系数测量结果

结合图 5.2-2 中的平衡时间，流量可以通过达西定律求出非饱和土在不同基质吸力下的渗透系数，如图 5.2-4、表 5.2-8 所示。

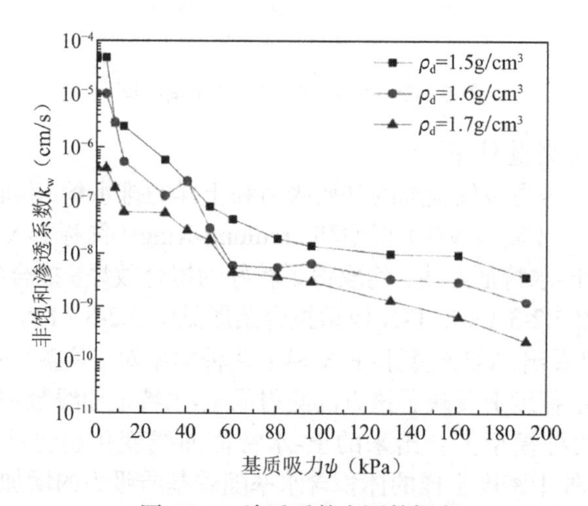

图 5.2-4　渗透系数实测数据点

由图 5.2-4 可以看出，3 种干密度土样的渗透系数随着基质吸力的增加而减小，且在 0～60kPa 的范围内下降幅度大，当基质吸力大于 100kPa 时，渗透系数的变化幅度小。在相同基质吸力的情况下，干密度越小，非饱和渗透系数越大。试验的初始阶段，土样仍处于饱和状态，在低基质吸力范围内，土样不发生渗透，此时的渗透系数仍然是饱和渗透系数。随着基质吸力的增加，基质吸力到达进气值后，土样开始发生渗透，土样也由饱和状态转变成非饱和状态。

非饱和土渗透系数测量值　　　　表 5.2-8

基质吸力ψ（kPa）	干密度ρ_d（g/cm³）		
	1.5	1.6	1.7
0.1	4.78×10^{-5}	9.92×10^{-6}	3.89×10^{-7}
4	4.78×10^{-5}	9.92×10^{-6}	3.89×10^{-7}
8	2.80×10^{-6}	2.85×10^{-6}	1.63×10^{-7}
12	2.43×10^{-6}	5.14×10^{-7}	5.74×10^{-8}
30	5.58×10^{-7}	1.17×10^{-7}	5.52×10^{-8}
40	2.19×10^{-7}	2.21×10^{-7}	2.61×10^{-8}
50	7.31×10^{-8}	2.88×10^{-8}	1.69×10^{-8}

续表

基质吸力ψ（kPa）	干密度ρ_d（g/cm³）		
	1.5	1.6	1.7
60	4.24×10^{-8}	5.62×10^{-9}	4.22×10^{-9}
80	1.81×10^{-8}	5.18×10^{-9}	3.50×10^{-9}
95	1.33×10^{-8}	6.19×10^{-9}	2.78×10^{-9}
130	9.31×10^{-9}	3.15×10^{-9}	1.22×10^{-9}
160	8.89×10^{-9}	2.76×10^{-9}	5.93×10^{-10}
190	3.44×10^{-9}	1.14×10^{-9}	2.08×10^{-10}

4. 非饱和渗透系数测量值与模型预测值对比分析

（1）CCG 模型

由于该方法测得的非饱和渗透系数缺乏相应的对比数据，因此选用两种经典的统计模型以该方法测得的 SWCC 作为依据，预测出相应的非饱和渗透系数，通过将预测值与实测值的对比，来验证实测值的准确性和评价该新方法的可行性。CCG 模型[175]作为常用的统计模型，对于渗透系数的预测具有一定的参考价值。CCG 模型需要将已经测得的土-水特征曲线沿体积含水率进行等分，按照等分区间中点处的基质吸力计算得到非饱和相对渗透系数k_r。等分区间数量越多，预测的精度越高，随着等分区间的增加，预测精度越来越高，在保证 CCG 模型预测结果准确性的前提下，本节选取数量为 15 的等分区间用于模型中的相关计算。

$$k_w(\theta_i)=\frac{k_s}{k_{sc}}A_d\sum_{j=i}^{m}\left[(2j+i-2i)(u_a-u_w)_j^{-2}\right],\qquad(i=1,2,\cdots m)\tag{5.2-1}$$

$$k_{sc}=A_d\sum_{j=i}^{m}\left[(2j+i-2i)(u_a-u_w)_j^{-2}\right],\qquad(i=0,1,2,\cdots m)\tag{5.2-2}$$

式中，$k_w(\theta_i)$——第i个区间段的体积含水率对应的渗透系数；

k_s——实测饱和渗透系数；

k_{sc}——计算饱和渗透系数；

A_d——调整常数；

i——划分的区间号；

j——i～m之间的某个数；

u_a——非饱和土体内孔隙气压力；

u_w——非饱和土体内孔隙水压力。

结合上述两式得到渗透系数预测模型：

$$k_w(\theta_i)=k_s\frac{\sum_{j=i}^{m}\frac{2(j-i)+1}{\psi_j^{\,2}}}{\sum_{j=i}^{m}\frac{2j-1}{\psi_j^{\,2}}}\qquad(i=1,2,\cdots m)\tag{5.2-3}$$

根据上述区间段的划分方法，已知$m=15$，将$i=1$ 代入式(5.2-3)中得到$k_{\mathrm{w}}(\theta_i)$等于k_{s}，此时渗透系数为饱和渗透系数，各个区间段的非饱和渗透系数预测结果如图 5.2-5 所示。

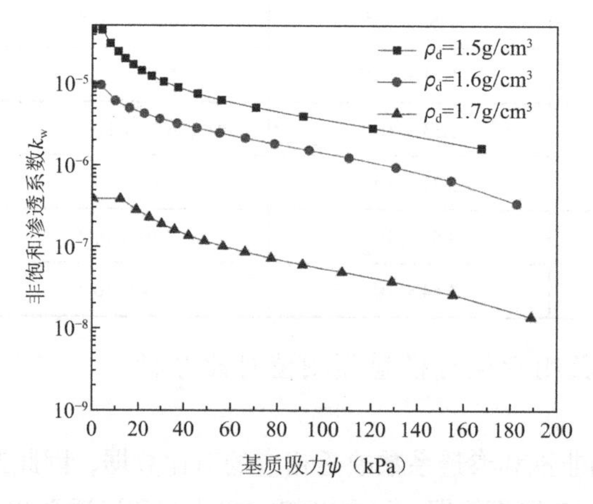

图 5.2-5　CCG 模型预测的非饱和渗透系数

（2）T-K 模型

由于常用的统计模型对于一些特定土壤类型的渗透系数难以取得较好的预测效果，陶高梁和孔令伟[176]以流体力学理论和毛细理论为基本理论依据，建立起了一种新的土-水特征曲线和非饱和渗透系数模型。T-K 模型的计算公式如下：

$$k_{\mathrm{s}}=\sum_{i=1}^{y}k_{\mathrm{c}}\frac{\Delta\theta_i}{{\psi_i}^2} \tag{5.2-4}$$

式中，k_{s}——饱和渗透系数；

y——不同孔径大小的孔隙通道等级数，也是土-水特征曲线的分段数；

$\Delta\theta_i$——第i级孔隙通道的体积含水率；

ψ_i——第i级孔隙通道对应的基质吸力；

k_{c}——常数。

$$k_{\mathrm{c}}=\frac{\rho g {T_{\mathrm{s}}}^2\cos^2\alpha}{2p_i\mu} \tag{5.2-5}$$

式中，ρ——水的密度；

g——重力加速度；

T_{s}——表面张力；

α——接触角；

μ——水的绝对黏度；

p_i——第i级孔隙通道的实际长度与土样长度l的比值。

T-K 模型假设土样中总共有y级孔隙通道，当土样为饱和状态时，所有的孔隙通道都充满了水分，当土样为非饱和状态时，则只有一部分的孔隙通道充满了水分；假定在非饱和状态下的土体总共有x级孔隙通道充满了水分（$1 < x < y$），渗透过程只发生在 1～x级的孔隙通道当中，此时非饱和相对渗透系数的表达式可以写成：

$$k_{\mathrm{r}} = \frac{\sum_{i=1}^{x} k_{\mathrm{c}} \frac{\Delta\theta_i}{\psi_i^2}}{\sum_{i=1}^{y} k_{\mathrm{c}} \frac{\Delta\theta_i}{\psi_i^2}} \tag{5.2-6}$$

式中，k_{r}——非饱和相对渗透系数；

x——充满水分的孔隙通道数量；

y——土体中所有孔隙通道的数量。

将已经测得的土-水特征曲线按照体积含水率等分的方法划分为 15 个区间段，$\Delta\theta_i$为区间段的体积含水率变化量，ψ_i为每个区间段上下界限对应的基质吸力平均值。经过计算，可以求得不同基质吸力对应的非饱和土相对渗透系数，结合上述变水头试验测得的饱和土渗透系数，可以求得 T-K 模型下的非饱和渗透系数，模型预测结果见图 5.2-6。

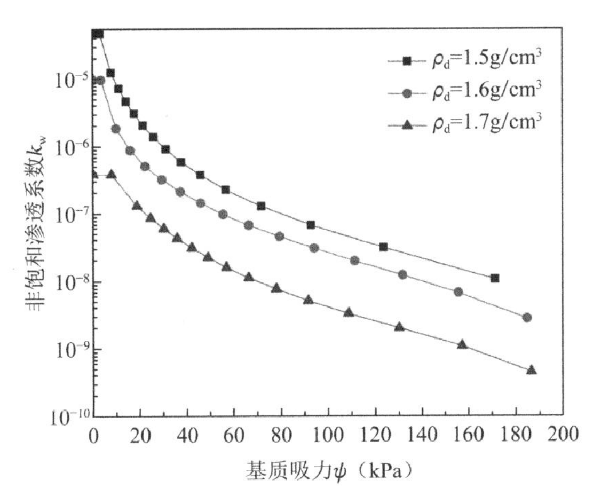

图 5.2-6　T-K 模型预测的非饱和渗透系数

（3）对比分析

将 3 种不同干密度的湖南红黏土的实测非饱和渗透系数与 CCG 模型和 T-K 模型的预测值进行对比，其结果如图 5.2-7 所示。由图 5.2-7 可以看出，3 种干密度土样的非饱和渗透系数在 0～200kPa 的基质吸力范围内跨度较大，实测值的范围主要集中在 10^{-10}～10^{-5}。依据两者的实测 SWCC 曲线，分别采用 CCG 模型和 T-K 模型对非饱和土渗透系数进行预测。从图 5.2-7 可以看出 CCG 模型预测值的范围在 10^{-8}～10^{-5}，T-K 模型预测值的范围在 10^{-10}～10^{-5}，T-K 模型预测值的范围与实测值范围相近。从实测值与预测值的对比可以看出，实测值与 CCG 模型的预测值差别较大，且 CCG 模型对于 3 种不同干密度土样的非饱和渗透系数预测值远远大于实测值。T-K 模型的预测值相对于 CCG 模型的预测值更加贴近于实测值，其渗透系数的总体变化趋势也和实测值的变化趋势相近。

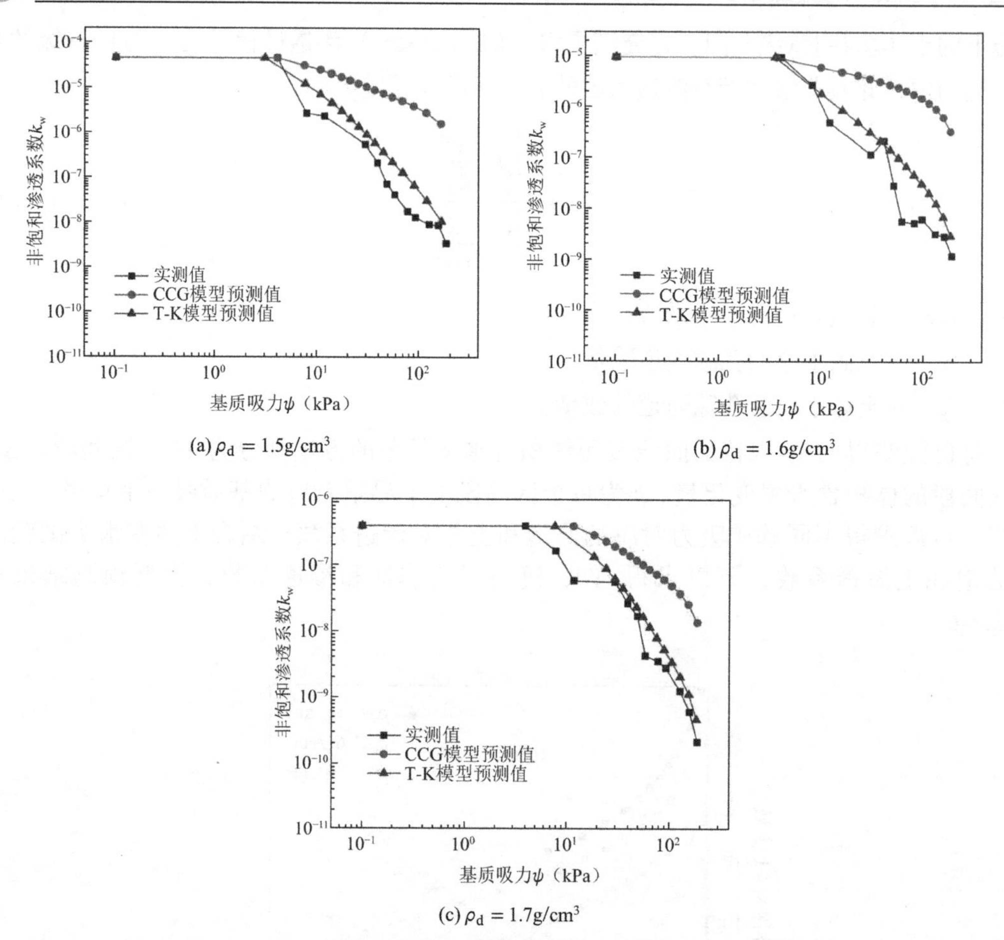

(a) $\rho_d = 1.5g/cm^3$

(b) $\rho_d = 1.6g/cm^3$

(c) $\rho_d = 1.7g/cm^3$

图 5.2-7　不同干密度湖南红黏土渗透系数实测值与预测值的对比

5.3　讨论

从试验成本的角度看，本次试验所用的测量仪器为已有的压力板仪，为直接测量非饱和土渗透系数提供了便利条件。改装读数装置所用的材料均可以较低的成本购置，这也在一定程度上降低了试验成本。

初始陶土板的进气值不宜小于土样的进气值，也不能过于偏大。进气值大的陶土板的渗透系数小，会导致需要制作的土样横截面积偏小，不便于读取试验数据。本次试验已知测量土样的进气值，从而选择进气值为 100kPa 的陶土板作为初始陶土板。在用不同类型土壤进行试验之前，对测量土样的进气值进行预估，能更加合理地选择初始陶土板。

从上述试验结果和过程分析，此次试验只选用了两种不同进气值的陶土板，测得了基质吸力在 200kPa 以下的非饱和土的土-水特征曲线和渗透系数。为了测试该方法的有效性，此次试验选取的数据点较多，测量范围不够大。对于该类问题，建议在试验中选取适量的数据点，以便于加快试验进程，扩大测量范围。

此次试验中通过控制陶土板与土样横截面积比值的方法来保证测量得到的平衡时间等于土样的真实渗透时间。本次试验也可以选用不同类型的压力板仪进行试验，这样便于确保土样的横截面积在合适范围之内，后续会进一步研究尺寸效应对试验方法的影响。

参考文献

[1] Mandelbrot B. How long is the coast of Britain? Statistical self-similarity and fractional dimension[J]. Science, 1967, 156(3775): 636-638.

[2] Turcotte D L, Harris R A. Relationship between the oceanic geoid and the structure of the oceanic lithosphere[J]. Marine Geophysical Researches, 1984, 7(1-2): 177-190.

[3] Matsushita M. Fractal viewpoint of fracture and accretion[J]. Journal of the Physical Society of Japan, 1985, 54(3): 857-860.

[4] Tyler S W, Wheatcraft S W. Fractal scaling of soil particle-size distributions: Analysis and limitations[J]. Soil Science Society of America Journal, 1992, 56(2): 362-369.

[5] Turcotte D L. Fractals and fragmentation[J]. Journal of Geophysical Research: Solid Earth, 1986, 91(B2): 1921-1926.

[6] 张季如, 朱瑞赓, 祝文化. 用粒径的数量分布表征的土壤分形特征[J]. 水利学报, 2004,35 (4): 67-79.

[7] 杨培岭, 罗远培. 用粒径的重量分布表征的土壤分形特征[J]. 科学通报, 1993, 38(20): 1896-1896.

[8] 李德成, 张桃林. 中国土壤颗粒组成的分形特征研究[J]. 土壤与环境, 2000, 9(4): 263-265.

[9] 黄冠华, 詹卫华. 土壤颗粒的分形特征及其应用[J]. 土壤学报, 2002, 39(4): 490-497.

[10] 王宝军, 施斌, 唐朝生. 基于 GIS 实现黏性土颗粒形态的三维分形研究[J]. 岩土工程学报, 2007, 29(2): 309-312.

[11] Hurd A J, Schaefer D W, Smith D M, et al. Surface areas of fractally rough particles studied by scattering[J]. Physical Review B, 1989, 39(13): 9742.

[12] 武生智, 魏春玲. 沙粒粗糙度和粒径分布的分形特性[J]. 兰州大学学报, 1999, 35(1): 57-60.

[13] Katz A J, Thompson A H. Fractal sandstone pores: implications for conductivity and pore formation[J]. Physical Review Letters, 1985, 54(12): 1325.

[14] Brakensiek D L, Rawls W J, Logsdon S D, et al. Fractal description of macroporosity[J]. Soil Science Society of America Journal, 1992, 56(6): 1721-1723.

[15] Anderson A N, McBratney A B, FitzPatrick E A. Soil mass, surface, and spectral fractal dimensions estimated from thin section photographs[J]. Soil Science Society of America Journal, 1996, 60(4): 962-969.

[16] 李向全, 胡瑞林. 粘性土固结过程中的微结构效应研究[J]. 岩土工程技术, 1999(3): 52-56.

[17] 张季如, 祝杰, 黄丽, 等. 固结条件下软黏土微观孔隙结构的演化及其分形描述[J]. 水利学报, 2008, 39(4): 394-400.

[18] 周宇泉, 洪宝宁. 粘性土压缩过程中的微细结构变化试验研究[J]. 岩土力学, 2005, 26(S1): 82-86.

[19] 王清, 王剑平. 土孔隙的分形几何研究[J]. 岩土工程学报, 2000, 22(4): 496-498.

[20] 许勇, 张季超, 李伍平. 饱和软土微结构分形特征的试验研究[C]//第九届全国岩土力学数值分析与解析方法讨论会论文集, 武汉, 2007.

[21] Pfeifer P, Avnir D. Chemistry in noninteger dimensions between two and three. I. Fractal theory of heterogeneous surfaces[J]. The Journal of Chemical Physics, 1983, 79(7): 3558-3565.

[22] Avnir D, Farin D, Pfeifer P. Chemistry in noninteger dimensions between two and three. II. Fractal surfaces of adsorbents[J]. The Journal of Chemical Physics, 1983, 79(7): 3566-3571.

[23] Friesen W I, Mikula R J. Fractal dimensions of coal particles[J]. Journal of Colloid and Interface Science, 1987, 120(1): 263-271.

[24] 尹小涛, 王水林, 党发宁, 等. CT 实验条件下砂岩破裂分形特性研究[J]. 岩石力学与工程学报, 2008, 27(S1): 2721-2726.

[25] Bonala M V S, Reddi L N. Fractal representation of soil cohesion[J]. Journal of Geotechnical and Geoenvironmental Engineering, 1999, 125(10): 901-904.

[26] 徐永福, 龚友平, 殷宗泽. 非饱和膨胀土强度的分形特征[J]. 工程力学, 1998, 15(2): 76-81.

[27] 徐永福, 傅德明. 非饱和土结构强度的研究[J]. 工程力学, 1999, 16(4): 73-77.

[28] 徐永福. 膨胀土地基承载力研究[J]. 岩石力学与工程学报, 2000, 19(3): 387-390.

[29] 张季如, 祝杰, 黄文竞. 侧限压缩下石英砂砾的颗粒破碎特性及其分形描述[J]. 岩土工程学报, 2008, 30(6): 783-789.

[30] 卫宏, 张玉三, 李太任, 等. 岩石显微空隙粒度分布的分形特征与岩石强度的关系[J]. 岩石力学与工程学报, 2000, 19(3): 58-60.

[31] 谢和平. 分形-岩石力学导论[M]. 北京: 科学出版社, 1996.

[32] 谢和平, 于广明, 杨伦, 等. 采动岩体分形裂隙网络研究[J]. 岩石力学与工程学报, 1999, 18(2): 29-33.

[33] 谢和平, 高峰, 周宏伟, 等. 岩石断裂和破碎的分形研究[J]. 防灾减灾工程学报, 2003, 23(4): 1-9.

[34] 谢和平, 彭瑞东, 周宏伟, 等. 基于断裂力学与损伤力学的岩石强度理论研究进展[J]. 自然科学进展, 2004, 14(10): 7-13.

[35] 涂新斌, 王思敬, 岳中琦. 风化岩石的破碎分形及其工程地质意义[J]. 岩石力学与工程学报, 2005, 24(4): 587-595.

[36] 王谦源, 张清. 破碎体颗粒分级的分形分析[C]//面向 21 世纪的岩石力学与工程:中国岩石力学与工程学会第四次学术大会论文集, 杭州, 1996.

[37] 高峰, 谢和平, 赵鹏. 岩石块度分布的分形性质及细观结构效应[J]. 岩石力学与工程学报, 1994, 13(3): 240-246.

[38] 廖娜. 有机粉状载体表面分形维数与其承载能力关系研究[D]. 武汉: 华中农业大学, 2008.

[39] 郁伯铭. 多孔介质运输性质的分形分析研究进展[J]. 力学进展, 2003, 33(3): 333-346.

[40] Shi M H, Cheng Y P. Determination of permeability using fractal method for porous media[J]. Science China Technological Sciences, 2001, 44(6): 625-630.

[41] Crawford J W. The relationship between structure and the hydraulic conductivity of soil[J]. European Journal of Soil Science, 1994, 45(4): 493-502.

[42] Giménez D, Allmaras R R, Huggins D R, et al. Prediction of the saturated hydraulic conductivity-porosity dependence using fractals[J]. Soil Science Society of America Journal, 1997, 61(5): 1285-1292.

[43] Giménez D, Rawls W J, Lauren J G. Scaling properties of saturated hydraulic conductivity in soil[J]. Geoderma, 1999, 88(3-4): 205-220.

[44] Guerrini I A, Swartzendruber D. Fractal concepts in relation to soil water diffusivity1[J]. Soil Science, 1997, 162(11): 778-784.

[45] Mualem Y. A new model for predicting the hydraulic conductivity of unsaturated porous media[J]. Water

resources research, 1976, 12(3): 513-522.

[46] 徐永福，黄寅春. 分形理论在研究非饱和土力学性质中的应用[J]. 岩土工程学报，2006, 28(5): 635-638.

[47] 任强，徐卫亚. 裂隙岩体非饱和渗流的分形模型[J]. 岩土力学，2008, 29(10): 2735-2740.

[48] Arya L M, Paris J F. A physicoempirical model to predict the soil moisture characteristic from particle-size distribution and bulk density data[J]. Soil Science Society of America Journal, 1981, 45(6): 1023-1030.

[49] Tyler S W, Wheatcraft S W. Application of fractal mathematics to soil water retention estimation[J]. Soil Science Society of America Journal, 1989, 53(4): 987-996.

[50] Kravchenko K, Zhang R. Estimating the soil water retention from particle-size distributions: a fractal approach[J]. Soil Science, 1998, 163(3): 171-179.

[51] Xu Y F, Dong P. Fractal approach to hydraulic properties in unsaturated porous media[J]. Chaos, Solitons & Fractals, 2004, 19(2): 327-337.

[52] Rawitz E. The influence of a number of environmental factors on the availability of soil moisture to plants[D]. Hebrew Univ, Rehovot, Israel, 1965.

[53] Perfect E, McLaughlin N B, Kay B D, et al. An improved fractal equation for the soil water retention curve[J]. Water Resources Research, 1996, 32(2): 281-287.

[54] Xu P, Qiu S, Yu B, et al. Prediction of relative permeability in unsaturated porous media with a fractal approach[J]. International Journal of Heat and Mass Transfer, 2013, 64: 829-837.

[55] Bird N R A, Perrier E, Rieu M. The water retention function for a model of soil structure with pore and solid fractal distributions[J]. European Journal of Soil Science, 2000, 51(1): 55-63.

[56] 徐永福，董平. 非饱和土的水分特征曲线的分形模型[J]. 岩土力学，2002, 23(4): 400-405.

[57] 尹小涛，赵海英，李最雄，等. K_2SiO_3 溶液对黏性土孔隙分形特性的影响分析[J]. 岩土力学，2008, 29(10): 2847-2852.

[58] 陈慧娥，王清. 水泥加固土微观结构的分形[J]. 哈尔滨工业大学学报，2008, 40(2): 307-309.

[59] 薛茹，胡瑞林，毛灵涛. 软土加固过程中微结构变化的分形研究[J]. 土木工程学报，2006, 39(10): 87-91.

[60] 周翠英，林春秀. 基于微观结构的软土变形计算模型[J]. 中山大学学报，2008, 47(1): 16-20.

[61] 赵明华，陈炳初，苏永华. 红层软岩崩解破碎过程的分形分析及数值模拟[J]. 中南大学学报：自然科学版，2007, 38(2): 351-356.

[62] 马新仿，张士诚，郎兆新. 分形理论在岩石孔隙结构研究中的应用[J]. 岩石力学与工程学报，2003(S1): 2164-2167.

[63] 连建发，慎乃齐，张杰坤.分形理论在岩体质量评价中的应用研究[J]. 岩石力学与工程学报，2001(S1): 1695-1698.

[64] 贺承祖，华明琪. 储层孔隙结构的分形几何描述[J]. 石油与天然气地质，1998, 19(1): 17-25.

[65] 洪世铎. 油藏物理基础[M]. 北京：石油工业出版社，1985.

[66] 王金安，谢和平，田晓燕，等. 岩石断裂表面分形测量的尺度效应[J]. 岩石力学与工程学报，2000, 19(1): 11-17.

[67] 李廷芥，王耀辉，张梅英，等. 岩石裂纹的分形特性及岩爆机理研究[J]. 岩石力学与工程学报，2000, 19(1): 6-10.

[68] 赵安平，王清，李杨. 季节冻土区路基土粒度成分的分形特征[J]. 吉林大学学报, 2006, 36(4): 583-587.

[69] 管志勇，路卫卫，戚蓝，等. 建筑物地基沉降曲线的分形特征分析[J]. 岩土力学, 2008, 29(5): 1415-1418.

[70] Su Y Z, Zhao H L, Zhang T H, el a1. Soil degradation process and character in the desertification process of rainfed farmland in horqin sandy land[J]. Journal of Soil and Water Conservation, 2002, 16(1): 25-28.

[71] 苏永中，赵哈林. 科尔沁沙地农田沙漠化演变中土壤颗粒分形特征[J]. 生态学报, 2004, 24(1): 71-74.

[72] 谢和平. 岩土介质的分形孔隙和分形粒子[J]. 力学进展, 1993, 23(2): 145-164.

[73] 徐永福，史春乐. 用土的分形结构确定土的水份特征曲线[J]. 岩土力学，1997, 18(2): 40-43.

[74] 徐永福，林飞. 粒状材料的强度与变形[J]. 岩土力学, 2006, 27(3): 348-352.

[75] Degiorgio V, Mandelbrot B B. The fractal geometry of nature[J]. Scientia, Rivista di Scienza, 1984, 78(119):27.

[76] 张季如，祝杰，黄丽，等. 土壤微观结构定量分析的 IPP 图像技术研究[J]. 武汉理工大学学报, 2008, 30(4): 80-83.

[77] Xu Y F, Yin Z Z. Fractal structure of soils-a case study[C]// Proc. 2nd Int. Conf. on Soft Soil Engrg, Nanjing, 1996, 75-78.

[78] 李德成，张桃林, Velde B. CT 分析技术在土壤科学研究中的应用[J]. 土壤, 2002, 34(6): 328-332.

[79] 王国梁，周生路，赵其国. 土壤颗粒的体积分形维数及其在土地利用中的应用[J]. 土壤学报, 2005, 42(4): 545-550.

[80] 孙霞，吴自勤，黄畇. 分形原理及其应用[M]. 合肥：中国科学技术大学出版社, 2003.

[81] Yu B, Li J. Some fractal characters of porous media[J]. Fractals, 2001, 9(3): 365-372.

[82] Rieu M, Sposito G. Fractal fragmentation, soil porosity, and soil water properties: I. Theory[J]. Soil Science Society of America Journal, 1991, 55(5): 1231-1238.

[83] 陶高梁，张季如. 表征孔隙及颗粒体积与尺度分布的两类岩土体分形模型[J]. 科学通报, 2009, 54(6): 838-846.

[84] Rieu M, Sposito G. Fractal fragmentation, soil porosity, and soil water properties: II. applications[J]. Soil Science Society of America Journal, 1991, 55(5): 1239-1244.

[85] Perfect E, Kenst A B, Díaz-Zorita M, et al. Fractal analysis of soil water desorption data collected on disturbed samples with water activity meters[J]. Soil Science Society of America Journal, 2004, 68(4): 1177-1184.

[86] Perrier E, Rieu M, Sposito G, et al. Models of the water retention curve for soils with a fractal pore size distribution[J]. Water Resources Research, 1996, 32(10): 3025-3031.

[87] Roberts J N. Comment about fractal sandstone pores[J]. Physical Review Letters, 1986, 56(19): 2111.

[88] Feder J. Fractals[M]. New York: Springer Science & Business Media, 1988.

[89] Yu B. Comments on “Fractal fragmentation, soil porosity, and soil water properties: I. Theory”[J]. Soil Science Society of America Journal, 2007, 71(2): 632-632.

[90] Sposito G. Response to “Comments on ‘Fractal Fragmentation, Soil Porosity, and Soil Water Properties: I. Theory’”[J]. Soil Science Society of America Journal, 2007, 71(2): 633-633.

[91] Zhang J, Liu Y, Liu Z. Quantitative analysis of micro-porosity of eco-material by using SEM technique[J]. Journal of Wuhan University of Technology-Mater. Sci. Ed, 2004, 19(2): 35-37.

[92] 张季如，黄丽，祝杰，等. 微观尺度上土壤孔隙及其分维数的 SEM 分析[J]. 土壤学报, 2008, 45(2):

207-215.

[93] Zhang J R, Liu Z D. Microstructure of a planting material consisting of nutrition-expansive perlitic-cement composites[J]. Journal of Wuhan University of Technology-Mater. Sci. Ed, 2003, 18(2): 75-78.

[94] Perfect E, Mclaughlin N B, Kay B D, et al. Reply [to "Comment on 'An Improved fractal equation for the soil water retention curve'by E. Perfect et al."][J]. Water Resources Research, 1998, 34(4): 933-935.

[95] Garga V K. Effect of sample size on shear strength of basaltic residual soils[J]. Canadian Geotechnical Journal, 1988, 25(3): 478-487.

[96] Lo K Y. The operational strength of fissured clays[J]. Geotechnique, 1970, 20(1): 57-74.

[97] Tsur-Lavie Y, Denekamp S A. Comparison of size effect for different types of strength tests[J]. Rock Mechanics, 1982, 15(4): 243-254.

[98] Delage P, Lefebvre G. Study of the structure of a sensitive Champlain clay and of its evolution during consolidation[J]. Canadian Geotechnical Journal, 1984, 21(1): 21-35.

[99] 周晖，房营光，曾铖. 广州饱和软土固结过程微孔隙变化的试验分析[J]. 岩土力学，2010, 31(S1): 138-144.

[100] 陈波，孙德安，高游,等. 弱胶结结构性软黏土力学特性的试验研究[J]. 岩土工程学报，2017, 39(12): 2296-2303.

[101] 张先伟，孔令伟，郭爱国，等. 基于 SEM 和 MIP 试验结构性黏土压缩过程中微观孔隙的变化规律[J]. 岩石力学与工程学报, 2012, 31(2): 406-412.

[102] 李晓军，张登良. 路基填土单轴受压细观结构 CT 监测分析[J]. 岩土工程学报, 2000, 22(2): 205-209.

[103] 王升福，杨平，刘贯荣，等. 人工冻融软黏土微观孔隙变化及分形特性分析[J]. 岩土工程学报，2016, 38(7): 1254-1261.

[104] 陶高梁，孔令伟，肖衡林，等. 土-水特征曲线的分形特性及其分析拟合[J]. 岩土力学，2014, 35(9): 2443-2447.

[105] Washburn E W. Note on a method of determining the distribution of pore sizes in a porous material[J]. Proceedings of the National Academy of Sciences, 1921, 7(4): 115-116.

[106] 张先伟，孔令伟. 利用扫描电镜、压汞法、氮气吸附法评价近海黏土孔隙特征[J]. 岩土力学，2013, 34(S2): 134-142.

[107] Gregg S J, Sing K S W, Salzberg H W. Adsorption surface area and porosity[J]. Journal of The electrochemical society, 1967, 114(11): 279.

[108] 陶高梁，张季如，庄心善，等. 压缩变形影响下的土-水特征曲线及其简化表征方法[J]. 水利学报，2014, 45(10): 1239-1246.

[109] 谈云志，孔令伟，郭爱国，等. 压实过程对红黏土的孔隙分布影响研究[J]. 岩土力学，2010, 31(5): 1427-1430.

[110] 张先伟，王常明，李军霞，等. 蠕变条件下软土微观孔隙变化特性[J]. 岩土力学，2010, 31(4): 1061-1067.

[111] Tao G L, Zhang J R. Two categories of fractal models of rock and soil expressing volume and size-distribution of pores and grains[J]. Chinese Science Bulletin, 2009, 54(23): 4458-4467.

[112] Luo T, Liu L, Yao Y P. Description of critical state for sands considering particle crushing[J]. Chinese Journal of Geotechnical Engineering, 2017, 39(4): 592-600.

[113] 王铁行，杨涛，鲁洁. 干密度及冻融循环对黄土渗透性的各向异性影响[J]. 岩土力学，2016, 37(S1):

72-78.

[114] 韩洪兴，陈伟，邱子锋，等. 考虑破碎的堆石料二维颗粒流数值模拟[J]. 岩土工程学报, 2016, 38(S2): 234-239.

[115] 周博，黄润秋，汪华斌,等. 基于离散元法的砂土破碎演化规律研究[J]. 岩土力学, 2014, 35(9): 2709-2716.

[116] 胡波，汪稔，孟庆山，等. 三轴条件下钙质砂颗粒破碎的试验研究[C]//第十四届中国海洋（岸）工程学术讨论会论文集（下册），呼和浩特, 2009: 367-369.

[117] 胡波. 三轴条件下钙质砂颗粒破碎力学性质与本构模型研究[D]. 北京：中国科学院研究生院, 2008.

[118] Mcdowell G R, Bolton M D. On the micromechanics of crushable aggregates[J]. Géotechnique, 1998, 48(5): 667-679.

[119] Huang G H, Zhang R D, Huang Q Z. Modeling soil water retention curve with a fractal method[J]. Pedosphere, 2006, 16(2): 137-146.

[120] Ghanbarian-Alavijeh B, Liaghat A, Huang G H, et al. Estimation of the van Genuchten soil water retention properties from soil textural data[J]. Pedosphere, 2010, 20(4): 456-465.

[121] Xu Y. Calculation of unsaturated hydraulic conductivity using a fractal model for the pore-size distribution[J]. Computers and Geotechnics, 2004, 31(7): 549-557.

[122] Huang G, Zhang R. Evaluation of soil water retention curve with the pore-solid fractal model[J]. Geoderma, 2005, 127(1-2): 52-61.

[123] Wang K, Zhang R. Estimation of soil water retention curve: An asymmetrical pore-solid fractal model[J]. Wuhan University Journal of Natural Sciences, 2011, 16(2): 171-178.

[124] 张季如，陶高梁，黄丽，等. 表征孔隙孔径分布的岩土体孔隙率模型及其应用[J]. 科学通报, 2010, 55(27-28): 2761-2770.

[125] Tao G L, Chen Y, Kong L W, et al. A simple fractal-based model for soil-water characteristic curves incorporating effects of initial void ratios[J]. Energies, 2018, 11(6): 1419.

[126] Wang M, Kong L, Zang M. Effects of sample dimensions and shapes on measuring soil−water characteristic curves using pressure plate[J]. Journal of Rock Mechanics and Geotechnical Engineering, 2015, 7(4): 463-468.

[127] Burger C A, Shackelford C D. Evaluating dual porosity of pelletized diatomaceous earth using bimodal soil-water characteristic curve functions[J]. Canadian Geotechnical Journal, 2001, 38(1): 53-66.

[128] Burger C A, Shackelford C D. Soil-water characteristic curves and dual porosity of sand-diatomaceous earth mixtures[J]. Journal of Geotechnical and Geoenvironmental Engineering, 2001, 127(9): 790-800.

[129] Satyanaga A, Rahardjo H, Leong E C, et al. Water characteristic curve of soil with bimodal grain-size distribution[J]. Computers and Geotechnics, 2013, 48(4): 51-61.

[130] Zou L, Leong E C. Soils with Bimodal Soil-Water Characteristic Curve[M]. New York: PanAm Unsaturated Soils, 2017: 48-57.

[131] Xu Y F, Sun D A. A fractal model for soil pores and its application to determination of water permeability[J]. Physica A: Statistical Mechanics and its Applications, 2002, 316(1-4): 56-64.

[132] Li X, Li J H, Zhang L M. Predicting bimodal soil-water characteristic curves and permeability functions using physically based parameters[J]. Computers and Geotechnics, 2014, 57: 85-96.

[133] Tyler S W, Wheatcraft S W. Fractal processes in soil water retention[J]. Water Resources Research, 1990,

26(5): 1047-1054.

[134] Brakensiek D L, Rawls W J. Comment on "Fractal processes in soil water retention" by Scott W. Tyler and Stephen W. Wheatcraft[J]. Water Resources Research, 1992, 28(2): 601-602.

[135] Xu Y F, Dong P. Fractal models for the soil-water characteristics of unsaturated soils[J]. Rock and Soil Mechanics, 2002, 23(4): 400-405.

[136] Xu Y, Sun D. Determination of expansive soil strength using a fractal model[J]. Fractals, 2001, 9(01): 51-60.

[137] Zhang F, Cui Y J, Ye W M. Distinguishing macro-and micro-pores for materials with different pore populations[J]. Géotechnique Letters, 2018, 8(2): 102-110.

[138] Lloret A, Villar M V, Sanchez M, et al. Mechanical behaviour of heavily compacted bentonite under high suction changes[J]. Géotechnique, 2003, 53(1): 27-40.

[139] Songyu L, Jiwen Z. Fractal approach to measuring soil porosity[J]. Journal of Southeast University, 1997, 27(3): 127-131.

[140] Yang Y, Yao H L, Chen S Y. Characteristics of microcosmic structure of Guangxi expansive soil[J]. Rock and Soil Mechanics, 2006, 27(1): 155-158.

[141] Tao G L, Chen Y, Xiao H L, et al. Determining soil-water characteristic curves from mercury intrusion porosimeter test data using fractal theory[J]. Energies, 2019, 12(4): 752.

[142] Fredlund D G, Rahardjo H. Soil mechanics for unsaturated soils[M]. New York: John Wiley & Sons, 1993.

[143] Gao Y. Soil-water retention behavior of compacted soil with different densities over a wide suction range and its prediction[J]. Computers and Geotechnics, 2017, 91: 17-26.

[144] Coates G, 肖立志, Prammer M. 核磁共振测井原理与应用[M]. 北京: 石油工业出版社, 2007.

[145] Yao Y, Liu D, Che Y, et al. Petrophysical characterization of coals by low-field nuclear magnetic resonance(NMR)[J]. Fuel, 2010, 89(7): 1371-1380.

[146] 周科平, 李杰林, 许玉娟, 等. 基于核磁共振技术的岩石孔隙结构特征测定[J]. 中南大学学报, 2012, 43(12): 4796-4800.

[147] 陈珊珊, 李然, 俞捷, 等. 永磁低场核磁共振分析仪原理和应用[J]. 生命科学仪器, 2009, 7(8): 49-53.

[148] Williams J, Prebble R E, Williams W T, et al. The influence of texture, structure and clay mineralogy on the soil moisture characteristic[J]. Soil Research, 1983, 21(1): 15-32.

[149] Gardner W R. Some steady-state solutions of the unsaturated moisture flow equation with application to evaporation from a water table[J]. Soil Science, 1958, 85(4): 228-232.

[150] Brooks R H. Hydraulic properties of porous medium[M]. New York: Colorado, Fort Collins, 1964.

[151] Mckee C R, Bumb A C. The importance of unsaturated flow parameters in designing a monitoring system for hazardous wastes and environmental emergencies[C]// Proceedings of the Hazardous Materials Control Research Institute, National Conference, 1984, 50-58.

[152] Fredlund D G, Xing A. Equations for the soil-water characteristic curve[J]. Canadian Geotechnical Journal, 1994, 31(4): 521-532.

[153] Van G, M T. A closed-form equation for predicting the hydraulic conductivity of unsaturated soils[J]. Soil Science Society of America Journal, 1980, 44(5): 892-898.

[154] Korringa J, Seevers D O, Torrey H C. Theory of spin pumping and relaxation in systems with a low concentration of electron spin resonance centers[J]. Physical Review, 1962, 127(4): 1143.

[155] 孙德安. 非饱和土的水力和力学特性及其弹塑性描述[J]. 岩土力学, 2009, 30(11): 3217-3231.

[156] 陶高梁，李进，庄心善，等. 利用土中水分蒸发特性和微观孔隙分布规律确定 SWCC 残余含水率[J]. 岩土力学, 2018, 39(4): 1256-1262.

[157] 陶高梁，柏亮，袁波,等. 土-水特征曲线与核磁共振曲线的关系[J]. 岩土力学, 2018, 39(3): 943-948.

[158] 叶为民，钱丽鑫，白云,等. 由土-水特征曲线预测上海非饱和软土渗透系数[J]. 岩土工程学报, 2005, 27(11): 1262-1265.

[159] Hillel D. Introduction to environmental soil physics[M]. New York: Elsevier, 2003.

[160] 苏里坦，宋郁东，陶辉. 不同风沙土壤颗粒的分形特征[J]. 土壤通报, 2008, 39(2): 244-248.

[161] 赵来，吕成文. 土壤分形特征与土壤肥力关系研究-以皖南地区水稻土为例[J]. 土壤肥料, 2005(6): 7-11.

[162] Su Y Z, Zhao H L, Zhao W Z, et al. Fractal features of soil particle size distribution and the implication for indicating desertification[J]. Geoderma, 2004, 122(1): 43-49.

[163] 詹卫华. 土壤水力特性分形特征的研究[D]. 北京：中国农业大学, 2000.

[164] Leij F J, Alves W J, Genuchten M T V, et al. UNSODA unsaturated soil hydraulic database[J]. 1996.

[165] Rawls W J, Brakensiek D L, Saxtonn K E. Estimation of soil water properties[J]. Transactions of the ASAE, 1982, 25(5): 1316-1320.

[166] 曹智国，章定文. 水泥土无侧限抗压强度表征参数研究[J].岩石力学与工程学报, 2015, 34(S1): 3446-3454.

[167] 陈四利，董凯赫，宁宝宽，等. 水泥复合土的渗透性能试验研究[J]. 应用基础与工程科学学报, 2016, 24(4): 758-765.

[168] 米栋云，李熠，田高源，等. 赤泥掺入对水泥土渗透系数的影响[J]. 广西大学学报, 2016, 41(4): 1095-1100.

[169] 张雷，王晓雪，叶勇，等. 水泥土抗渗性能室内试验研究[J]. 岩土力学, 2006, 27(S2): 1192-1196.

[170] 朱崇辉，王增红. 水泥土渗透系数变化规律试验研究[J]. 长江科学院院报, 2013, 30(7): 59-63.

[171] 蔡国庆，尤金宝，赵成刚，等. 双孔结构非饱和压实黏土的渗流-变形耦合微观机理[J]. 水利学报, 2015(S1): 135-141.

[172] Philip J. Linearized unsteady multidimensional infiltration[J]. Water Resources Research, 1986, 22(12): 1717-1727.

[173] Irmay S. On the hydraulic conductivity of unsaturated soils[J]. Transactions of AGU, 1954, 35(3): 463-467.

[174] Brooks R H, Corey A T. Properties of porous media affecting fluid flow[J]. Journal of the Irrigation and Drainage Division, 1966, 92(2): 61-88.

[175] Childs E C, Collis-George N. The permeability of porous materials[J]. Proceedings of the Royal Society of London, Series A: Mathematical and Physical Sciences, 1950, 201(1066): 392-405.

[176] 陶高梁，孔令伟. 基于微观孔隙通道的饱和/非饱和土渗透系数模型及其应用[J]. 水利学报, 2017, 48(6): 702-709.

[177] 肖立志. 核磁共振成像测井与岩石核磁共振及其应用[M]. 北京：科学出版社, 1998.

[178] 高敏，安秀荣，祗淑华，等. 用核磁共振测井资料评价储层的孔隙结构[J]. 测井技术, 2000, 24(3): 188-193.

[179] 陶高梁，吴小康，甘世朝，等. 不同初始孔隙比下非饱和黏土渗透性试验研究及模型预测[J]. 岩土力学, 2019, 40(5): 1761-1770.

[180] Tao G L, Zhu X L, Cai J C, et al. A fractal approach for predicting unsaturated hydraulic conduceivity of deformable clay[J]. Geofluids, 2019.

[181] Fredlund D G, Xing A, Huang S. Predicting the permeability function for unsaturated soils using the soil-water characteristic curve[J]. Canadian Geotechnical Journal, 1994, 31(4): 533-546.

[182] Tao G L, Wu X K, Xiao H L, et al. A unified fractal model for permeability coefficient of unsaturated soil[J]. Fractals, 2019, 27(1): 1940012.

[183] Burdine N T. Relative permeability calculations from pore size distribution data[J]. Journal of Petroleum Technology, 1953, 5(3): 71-78.

[184] Zhang J R, Tao G L, Huang L, et al. Porosity models for determining the pore-size distribution of rocks and soils and their applications[J]. Chinese Science Bulletin, 2010, 55(34): 3960-3970.

[185] Moore R. Water conduction from shallow water tables[J]. Hilgardia, 1939, 12(6): 383-426.

[186] Muarem Y. A catalogue of the hydraulic properties of unsaturated soils[D]. Srael Institute of Technology, 1976.

[187] Pachepsky Y A, Shcherbakov R A, Varallyay G, et al. On obtaining soil hydraulic conductivity curves from water retention curves[J]. Pochvovedenie, 1984, 10: 60-72.

[188] Nemes A, Schaap M G, Leij F J, et al. Description of the unsaturated soil hydraulic database UNSODA version 2.0[J]. Journal of Hydrology, 2001, 251(3-4): 151-162.

[189] Richards L. Water conducting and retaining properties of soils in relation to irrigation[J]. Journal of Investigative Dermatology, 1982, 78(5): 375-80.

[190] Hansbo S. Consolidation of clay with special reference to influence of vertical sand drains[M]. Swedish: Swedish Geotechnical Institute, 1960.

[191] Hansbo S. Deviation from Darcy's law observed in one-dimensional consolidation[J]. Geotechnique, 2003, 53(6): 601-605.

[192] Liu H H, Birkholzer J. On the relationship between water flux and hydraulic gradient for unsaturated and saturated clay[J]. Journal of Hydrology, 2012, 475: 242-247.

[193] Wang H, Qian H, Gao Y. Non-darcian flow in loess at low hydraulic gradient[J]. Engineering Geology, 2020, 267: 105483.

[194] Xie K H, Wang K, Wang Y L, et al. Analytical solution for one-dimensional consolidation of clayey soils with a threshold gradient[J]. Computers and Geotechnics, 2010, 37(4): 487-493.

[195] Dixon D A, Graham J, Gray M N. Hydraulic conductivity of clays in confined tests under low hydraulic gradients[J]. Canadian Geotechnical Journal, 1999, 36(5): 815-825.

[196] Israr J, Indraratna B. Study of critical hydraulic gradients for seepage-induced failures in granular soils[J]. Journal of Geotechnical and Geoenvironmental Engineering, 2019, 145(7): 04019025.

[197] Xu S L, Yue X A, Hou J R. Experimental investigation on flow characteristics of deionized water in microtubes[J]. Chinese Science Bulletin, 2007, 52(6): 849-854.

[198] Ren X, Zhao Y, Deng Q, et al. A relation of hydraulic conductivity-void ratio for soils based on Kozeny-Carman equation[J]. Engineering Geology, 2016, 213: 89-97.

[199] Wei-min Y E, Wei H, Bao C, et al. Diffuse double layer theory and volume change behavior of densely compacted Gaomiaozi bentonite[J]. Rock and Soil Mechanics, 2009, 30(7): 1899-1903.

[200] Tao G, Li Y, Liu L, et al. A testing method for measurement of permeability coefficient and soil-water

characteristic curve of unsaturated soil based on the axis translation technique[J]. Journal of Hydrologic Engineering, 2022, 27(7): 04022010.

[201] Xie K H, Tian Q I, An-Feng H, et al. Experimental study on nonlinear permeability characteristics of Xiaoshan clay[J]. Rock and Soil Mechanics, 2008, 29(2): 420-424.

[202] Hálek V, Švec J. Groundwater hydraulics[M]. New York: Elsevier Scientific Publishing, 2011.

[203] Yinger D. Mathematical model of nonlinear flow law in low permeability porous media and its application[J]. Acta Petrolei Sinica, 2001, 22(4): 72.

[204] Bird N R A, Bartoli F, Dexter A R. Water retention models for fractal soil structures[J]. European Journal of Soil Science, 1996, 47(1): 1-6.

[205] Vanapalli S K, Sillers W S, Fredlund M D. The meaning and relevance of residual state to unsaturated soils[C]// 51st Canadian Geotechnical Conference, Alberta, 1998: 4-7.

[206] 陶高梁, 孔令伟.不同初始孔隙比土体进气值及土-水特征曲线预测[J]. 岩土工程学报, 2018, 40(S1): 34-38.

[207] 金毅, 宋慧波, 胡斌, 等. 煤储层分形孔隙结构中流体运移格子 Boltzmann 模拟[J]. 中国科学:地球科学, 2013, 43(12): 1984-1995.

[208] Laliberte G E, Corey A T, Brooks R H. Properties of unsaturated porous media[D]. Colorado State University. Libraries, 1966.

[209] 朱学良. 非饱和土颗粒分形特征与其水力特性的关系研究[D]. 武汉: 湖北工业大学, 2019.

[210] 孙大松, 刘鹏, 夏小和, 等. 非饱和土的渗透系数[J]. 水利学报, 2004, 35(3): 71-75.

[211] Kunze R J, Uehara G, Graham K. Factors important in the calculation of hydraulic conductivity[J]. Soil Science Society of America Journal, 1968, 32(6): 760-765.

[212] 陶高梁, 朱学良, 胡其志, 等.黏性土压缩过程临界孔径现象及固有分形特征[J]. 岩土力学, 2019, 40(1): 81-90.

[213] 李旭, 范一锴, 黄新. 快速测量非饱和土渗透系数的湿润锋前进法适用性研究[J]. 岩土力学, 2014, 35(5): 1489-1494.

[214] 程东会, 常琛朝, 钱康, 等. 考虑薄膜水的利用介质粒度分布获取水土特征曲线的方法[J]. 水科学进展, 2017, 28(4): 534-542.

[215] Miao L, Jing F, Houston S L. Soil-water characteristic curve of remolded expansive soils[C]// Fourth International Conference on Unsaturated Soils, Arizona, 2006, 997-1004.

[216] Huang S. Evaluation and laboratory measurement of the coefficient of permeability in deformable, unsaturated soils[D]. Saskatchewan: University of Saskatchewan, 1994.

[217] 王铁行, 卢靖, 岳彩坤. 考虑温度和密度影响的非饱和黄土土-水特征曲线研究[J]. 岩土力学, 2008, 29(1): 1-5.